AF569412

DESIGN

MACHT

DESIGN
MACHT
Ideen ■ Denkweisen ■ Projektionen

Hans A. Muth

Hachinger
Verlagsgesellschaft

Hans A. Muth
MUTH-DESIGN Consulting GmbH
Forellenstrasse 22
82266 Bachern/Wörthsee
muthdesign.consult@gmail.com

Alle Bilder aus privaten Archiven von Hans A. Muth sowie Archiv Muth-Design Consulting GmbH, Fotos und Design-Artware
Weitere Quellen: Auer-Weber, BMW AG, Guggenheim Museum, Georg Martin, Todd Trumbore sowie Werkfotos:
Ducati, Honda, Husqvarna, Kawasaki, Mercedes-Benz AG, Suzuki, Triumph und Yamaha

In Co-Produktion mit
Dustri-Verlag Dr.Karl Feistle GmbH & Co. KG, Bajuwarenring 4, 82041 Oberhaching

Druck: EsserDruck Solutions GmbH, Ergolding, Deutschland

Dustri-Verlag Dr. Karl Feistle
ISBN 978-3-87185-555-9

Hachinger Verlagsgesellschaft mbH & Co. KG
ISBN 978-3-944291-46-8
ISBN 978-3-944291-47-5 (e-book)

Vorwort

DESIGN, die ästhetisch-philosophische Formgebung eines Gegenstands, repräsentiert alle Entwicklungsphasen eines Produkts sowie den Anspruch eines Herstellers hinsichtlich seiner technischen Intelligenz, seines Einflusses, seiner Tradition, Qualität und Nachhaltigkeit.

DESIGN wirkt emotional, faszinierend wie auch polarisierend oder provozierend in seiner jeweiligen formalen Interpretation eines Produkts. Die Bewertungsgremien der Firmenvorstände und Auftraggeber setzen sich zumeist aus Teilnehmern aus Technik, Herstellungsprozess, Finanzwesen und Vertrieb und Marketing zusammen. Sie haben eigene Vorstellungen von Design, Farb- und Formensprache, die sich an Funktionalität und Wirtschaftlichkeit orientieren. Es bedarf schon einer gewissen Kunst von Seiten des Designers, all diese Parameter überzeugend und formal ansprechend durch- und umzusetzen.

Alle in diesem Buch geschilderten Begebenheiten und die damit genannten Personen entsprechen meinen authentischen Wahrnehmungen als aktiver und betroffener Zeitzeuge in den jeweiligen Entwicklungsprozessen.

Es spiegelt die jeweiligen Auffassungen, Anforderungen, Bedingungen, Entscheidungen wie auch die Konsequenzen und Reaktionen wider, mit denen ich in meinen vielfältigen Design-Beiträgen konfrontiert wurde.

Entwicklungen und Projekte werden von Menschen erdacht und entsprechend den gegebenen Anforderungen entwickelt und umgesetzt. Diese sind Tendenzen, Problemen und Widerständen ausgesetzt, sei es rein sachlicher Art oder durch menschliche Faktoren bedingt.

Diesen Widerständen überzeugend sachlich zu begegnen und im Sinne meiner eigenen Entwicklungs-Verantwortlichkeit mich daran messend, aber auch die Herausforderung annehmend, um mit Beharrlichkeit zu versuchen, eine objektive Offenheit herzustellen, war ein großer Teil meines Erfolgs.

Doch was zählte, waren stets der persönliche Auftritt und die Durchsetzungskraft sowie meine Überzeugung vom finalen Ergebnis, welches in Konzeption, Ausführung und Produktbotschaft nachhaltig beeinflusste (Beispiele: BMW-Interieur, BMW-Motorräder, SMC Motorräder, MBB-Kawasaki-Hubschrauber BK-117, Minolta Camera, Maruman Golf).

„Ein Produkt ist erst dann technisch perfekt, wenn es auch vom ästhetischen Standpunkt her perfekt ist“

(Ettore Bugatti)

Inhalt

Vorwort 5
Einführung 9

Teil 1: Design

1 Motorrad: Design und Bedeutung 11
2 Folgt die Form der Funktion? 19
3 Design und Designer 21

Teil 2: R 90 S, R 100 RS, Katana: Wie ich Trends setzte

4 Mein Aufbruch zu BMW 23
5 Wie die R 90 S entstand 39
6 BMW Motorrad Design 49
7 Mann-Maschine-Philosophie & R 100 RS-Entwicklung . . 53
8 Die schützenden Hüllen des Zentauren 59
9 Präsentationen und Berühmtheiten 61
10 BMW Motorrad wird ausgegliedert 69
11 Boxer-Dämmerung 73
12 Das Wagnis 77
13 Auflösung und Neubeginn 81

Teil 3: Japan – meine „dritte“ Lehrzeit

14 Die fernöstliche Verlockung 85
15 Die Integration 97
16 Kommunikation 101
17 Innovation 103
18 Die Erweiterung der Design-Zone 109
19 Zurück nach Europa 123
20 Neue Ideen entstehen 135
21 Fernöstlich-europäisches Wetterleuchten 147

Teil 4: Über Mut(h) und was wir für die Zukunft brauchen

22 Über Muth 153
23 Jugendzeit 159
24 Ausbildung 167
25 Stuttgart – der Karrierestart 171
26 Das moderne Motorrad 175
27 Zur Zukunft des Motorrads 179

Glossar 184

Einführung

Design darf man nicht mit Styling verwechseln. Es ist das Zusammenspiel von ergonomischen, technischen und funktionalen Anforderungen.

Nach fast sechzig Jahren aktiven und engagierten Wirkens als Designer möchte ich mit diesem Buch einen Eindruck vermitteln, wie sich Design zu einem emotionalen wie wirtschaftlich-strategischen Faktor entwickelte.

Die Motivation, Designer zu werden, wurde von A.G. von Loewe und Raymond Loewy bestimmt. Ersterer, mein Großvater mütterlicherseits, Automobilkonstrukteur, Künstler und Automane, letzterer der international bekannte, französisch-amerikanische Grafiker und Designer. Der Erste durch seine Skizzen, Konstruktionen, Lebensart und Auffassung, der Andere durch seine Vielschichtigkeit, Esprit und Leichtigkeit, die ich seinem Buch „Hässlichkeit verkauft sich schlecht" entnahm. Beide gemeinsam durch ihre kritisch konstruktiven Blicke auf Dinge und Objekte, die man durch Kreativität, Engagement, Begeisterung und Hingabe zu einer funktionalen Eleganz entwickeln kann.

A.G. von Loewe wurde 1875 in Kiew geboren, Raymond Loewy 1893 in Paris. Während mein Großvater in Frankreich und Deutschland seinen diversen automobilistischen Aktivitäten und Engagements nachging, wanderte Loewy 1919 in die USA aus, um dort als Pionier des amerikanischen Industrie-Designs zu wirken.

Bei der Recherche zu den beiden Persönlichkeiten stieß ich auf einige interessante Gemeinsamkeiten. Beide führten einen extravaganten Lebensstil mit entsprechenden Eigenheiten. Beide liebten Pferde und Automobile, beide schrieben sie ein Buch.

Während A.G. von Loewe mit 59 verhältnismäßig früh starb, überlebte ihn Loewy um 34 Jahre, doch im aktiven Leben war ihm von Loewe mit 3 Jahren voraus. Loewy starb 1986 in Monaco, mein Großvater, kurz vor Kriegsende, im Herbst 1944 in meiner Heimatstadt Rathenow. Beide waren meine Mentoren und Vorbilder. Statt der Liebe zur Jagd und den Pferden, standen bei mir Autos und Motorräder im Fokus. Mit Raymond Loewy hatte ich zudem die Liebe zu den Lokomotiven gemeinsam, mit meinem Großvater die leichte Skizzier-Hand und mit beiden die Marotten, allerdings lebte ich diese – zeitbedingt – nicht ganz so stilvoll aus. Diese wichen einer fast manischen Faszination für Gesamtmobilität und ausgewählte Marken und Typen der Zwei- und Vierradhersteller, die sich auch auf Uhren übertrug. Großvater von Loewe schrieb sein Buch „Der Automobilmotor" zusammen mit Willy Pfitzner in Berlin, Loewy begann mit seinem Buch während einer sich verlängernden Atlantiküberquerung und beendete es in Zermatt im Schatten des Matterhorns, während ich mit diesem Buch in Talloire/Savoyen, hoch über dem Lac d'Annecy auf der Pool-Terrasse im Anwesen meiner Tochter und meines Schwiegersohns begann und es in meinem Studio in Bachern/Wörthsee, in der bayerischen 5-Seenlandschaft beendete.

Wenn ich mich als Dritten hinzustelle, so teile ich mit meinen Vorbildern und Mentoren die Begeisterung, die emotionale Leichtigkeit und die Offenheit für alles Neue, wie auch die Intensität in den kreativen Prozessen. Meine eigene Formel dazu war und ist der Begriff „WIN", der für „Wahrnehmung, Interesse und Neugierde" steht.

Dieses Buch gibt Einblicke aus der Sicht und Wahrnehmung eines aktiven Insiders in die Welt des Designs, deren Entstehungs- und Begleitprozesse, von Faszination bis zur Ernüchterung, von begeisterter Akzeptanz bis zur Ignoranz, bedingt durch die menschlichen, sachlichen, wie auch die geografischen Begleitumstände.

Ich hoffe, dass mein Buch auch dazu beiträgt, den Designer, der oft als abgehoben betrachtet wird, etwas ernsthaft engagierter und geerdeter erscheinen zu lassen. Ein Glossar, das die Fachbegriffe, die im Buch vorkommen, erklärt, rundet das Werk ab.

Teil 1 Design

Daimler Reitwagen, 1885

1 Motorrad: Design und Bedeutung

Als die Sumerer im Jahr 3500 vor Christus das Rad erfanden, beließen sie es nicht dabei. Denn zur funktionellen Anwendung folgte sofort ein zweites, parallel angeordnetes Rad, um ein Transportmittel in Form eines Karren zu ermöglichen.

5.317 Jahre später, im Jahr 1817, wollte der nachdenkliche und intelligente Freiherr von Drais sich von der Pferdezugkraft unabhängig machen und kombinierte beides zu einem. Er platzierte das zweite Rad „in Linie", also hintereinander, verband es mit einer vorderen lenkbaren Rahmenstruktur und ersetzte die Pferdekraft durch seine eigene: Das „Laufrad" war geboren!

Wieder 43 Jahre später, im Jahr 1860, entwickelten zwei Franzosen, Pierre Michaux und Pierre Lallement, die Idee des Fahrrads durch den Anbau von Pedalen weiter. Die Erfindung der Fahrradkette 1884 durch einen Engländer und der mittigen Pedalanordnung durch einen Schweizer führte zum motorischen Fahrrad, angetrieben durch Muskelkraft. Das ließ auch dem bekanntermaßen unermüdlich neugierigen Schwaben Gottfried Daimler in seiner Cannstatter Gartenlauben-Werkstatt keine Ruhe. Nachdem Gas oder Petroleum als Kraftmaschinenantrieb zum Patent angemeldet wurde, entwickelte er mit seinem Partner Wilhelm Maybach den Reitwagen. Während das Fahrrad schon eine gewisse eigenständige, transparente Leichtigkeit zeigte, erinnerte dieses „rollende Versuchslabor", dieses „Mehr-Rad", denn es hatte pro Seite zusätzlich je ein kleines Stabilisierungsrad, doch noch sehr an den „Urahn Kutsche". Man hatte die nötige Balance noch nicht gefunden.

Gottfried und Wilhelm beließen es zunächst bei diesem Prototyp, der nie lief. Hingegen diente der zweite Prototyp, pilotiert von Maybach selbst, als erstes Rennmotorrad bei einer Veranstaltung in Bad Cannstatt, womit Heinrich Hildebrand, Chefredakteur der Zeitschrift „Radfahr-Humor und Radfahr-Chronik", das Potenzial zu einer solchen individuellen Mobilitätsform erkannte. Im bayerischen Landsberg am Lech wurde der Faden weiter gesponnen. Im Jahre 1884 entwickelten die Freunde Alois Wolfmüller als Konstrukteur und Hans Geisendörfer als mechanischer Umsetzer das erste Motorrad der Welt. Mit Heinrich Hildebrand als Kapitalgeber wurde dieses in Serie gefertigt.

In Frankreich wurde die „Hildebrand & Wolfmüller" von Duncan, Suberbie & Cie in Croissy in Lizenz unter dem Namen „La Petrolette" vertrieben. Mit den vielen Bestellungen und Verkäufen wuchs auch die Anzahl der Beschwerden unzufriedener Kunden. Vor allem die komplizierte Handhabung der Glührohrzündung brach der Firma das Genick. Die vielen Schadenersatzforderungen führten 1895 zum Konkurs. Dennoch war das H. & W. Rad technisch innovativer und im Erscheinungsbild wesentlich graziler, transparenter. Durch den Pleuelstangenantrieb des 1,5-Liter-Twin-Motors auf das Hinterrad entstand zugleich der Begriff eines „Drivetrains". Das Rahmen-Dreieck bestimmte das generelle Layout in Form einer Verbindungslinie zwischen Lenkkopf zum Hinterradaufstandspunkt, der die Bestimmung der konzentrierten Massen definiert, und von dort, unterhalb des Motors, nach vorn zum Ausgangspunkt Lenkkopf. Bis in die Mitte der 1920er-Jahre befand sich der Tank in der Regel innerhalb des Rahmens und fokussierte den Blick.

Megola 650 Sport, 1922

Der Tank war das Identitätsmerkmal, die dreidimensionale formale Visitenkarte, versehen mit dem Herstellerlogo – oder auch einer Namensgebung – auf lackiertem Grund, mit Zierlinien umrandet, die sich auf den Schutzblechen der Räder fortsetzten. Generell beherrschte die Technik in ihren diversen funktional erforderlichen formalen Ausführungen und Anordnungen das Gesamterscheinungsbild des frühen Motorrads, welches somit den Begriff „Motor-Rad" in seiner klaren Definition nachvollziehbar aufzeigt. Der Sattel, ein vom Fahrrad übernommenes Detail, körpergerecht verbreitert und abgefedert, die Lenkerenden mit den Griffen zu den angewinkelten Armen ausgerichtet, die Füße auf strukturierten Metallplatten ruhend – all das ergab zusammen zwangsläufig die aufrechte Sitzposition.

Von dem Begriff „Design" und einer bewusster Designanwendung kann man zu dieser Zeit noch nicht sprechen; es agierten Konstrukteure und Metallhandwerker. Beide hatten ein intuitives Gefühl für Formen und Details. Die 1920er-Jahre ließen einen Trend zu mehr Formen erkennen, beeinflusst durch die geschwungenen Kotflügelformen des Automobils. Die bayerische Megola, die deutsche Mars wie auch die französische Majestic 350 zeigten Richtungen auf, um vom bislang üblichen Erscheinungsbild des reinen, auf den Motor bezogenen Images wegzukommen, indem der jeweilige Motor ins Vorderrad delegiert, als Unterflurversion ausgelegt oder völlig verschalt wurde. Doch den generellen Trend zeigten, in der Silhouette erkennbar, BMW mit der R 32 in seiner ehrlichen, fast geometrischen Auslegung wie auch zum Beispiel die englischen Brough Superior SS 100 Alpine oder die Ariel Square Four auf. Ein geschlosseneres, kompakteres Erscheinungsbild beruhte auf den neuerdings aus Stahlblech gepressten Rahmen, die beispielsweise bei den Marken BMW mit der R 11, Gnome et Rhône M1 und Zündapps K600 Verwendung fanden.

Auch motivierte der Motorradsport mit seinen spezifischen Anforderungen und funktional spezifischen Auslegungen von Tank, Sitzbank und Kotflügel sowie den kleinen aerodynamischen Deflektoren zur thematischen Übernahme in die Serie. Legendär war die Norton Manx 30 aus dem Jahr 1949, die in der Tankauslegung schon ergonomisches Feeling aufwies. Es war DKW, welche Ende der 1930er Jahre mit einem kleinen und leichten RT 125 ccm Modell (`ReichstypA, RT) eine gewisse progressive Dynamik zeigte. Sie zeigte eine logische Linienführung, von der Hinterachse schräg nach oben vorn zum tropfenförmigen Tank, dann über den Lenkkopf bis in den von der Vorderradgabel gehaltenen weit herausragendem Scheinwerfer gehend. Kein Wunder, dass dieses Image Ausgangspunkt vieler europäischer Interpretationen wurde, die sich dann auch auf die neuen Hersteller in Fernost übertrugen. Es waren die neuen Material- und Herstellungsmöglichkeiten, wie der Pressstahlverformung, welche sich in den NSU-Typen Fox, Max und Lux niederschlug. Auch das leicht verformbare Aluminium verlieh dem Motorrad eine neue Anmutung, wie beispielsweise bei der Heinkel Perle mit Druckguss-Monocoque-Rahmen.

Auch der Rennsport, bedingt durch den vermehrten Treibstoffbedarf, beeinflusste die Tankformen, welche nun zu einer bewusst modulierten, ergonomisch aerodynamischen ausgerichteten Formensprache führten und dem Motorrad-Gesamterscheinungsbild eine erkennbare Identität verliehen. Beispielhaft für „aufgeräumte" Motorräder stehen die Firmen BMW, Viktoria und Horex mit den Modellen R 51/2, Bergmeister und Regina. Trotz der funktionalen Auslegung, vermittelten sie zusammen mit der Farbgebung, eine technisch emotionale Sinnlichkeit. Nachdem viele europäische Hersteller sich vom Motorrad verabschiedeten und es den Asiaten überliessen, kam schließlich erstaunlich Neues zurück, und das nicht nur im technischen Sinn! Hondas C-Serien präsentierten sich technisch und formal als stimmig und ausgewogen. Die Standardauslegung eines Motorrads ergab sich aus einer fünfteiligen Komponentenkonfiguration. Neben dem Motor bestand diese aus Vorderradkotflügel, Scheinwerfer, Tank, Sitz/Sitzbank und Hinterradkotflügel. Diese setzte sich weniger aufgrund von ästhetischen Gesichtspunkten als aufgrund von funktional und ergonomisch bestimmten Raumanforderungen zusammen. Den jeweiligen emotionalen Schwung übernahmen mehrfarbige, grafische Elemente in Form von Dekorflächen und Streifen mit den Hersteller-Logos und Typbezeichnungen auf der jeweiligen Farbgebung, besonders wahrnehmbar an der Yamaha RD 350 von 1981. Die mehrzylindrigen Gilera- und MV-Agusta-Modelle stehen, ähnlich den BMW-Modellen, für eine dynamisch kraftvolle Ausgewogenheit, bedingt durch die glattflächigen Motorauslegungen, technisch funktionalen Komponenten und formal modulierten Flächenteilen. Sie können somit als Musterbeispiele für das Zusammenspiel von Technik, Form und Farbe gelten. Dazu zähle ich auch die Laverda SFC 750, die trotz des strukturierten Motors durch die gestreckten, konsequent in Uni-Orange lackierten Komponenten – beginnend mit dem Tauchrohr der Telegabel, über die Vorderradabdeckung und die rahmenfeste Cockpitverschalung/Tank-Flyline bis hin zum Sitzhöckerabschluss – alles zu einer dramatischen „Mann-Maschine" vereint.

Ich fand eine BMW R 50 oder R 68 von ihrer Form her sehr viel ansprechender als die 5-Serie seit der Wiederaufnahme der Produktion im Jahre 1969. Dies war schließlich auch meine Motivation, zu BMW zu wechseln. Mit der BMW R 90 S wurde zum ersten Mal ein Motorrad mithilfe eines professionellen Designers als wesentlichen Akteur innerhalb einer Gesamtentwicklung erstellt. Das übertrug sich auf alle Nachfolgemodelle bis einschließlich des Typs G/S 80 und der Vorentwicklungs-Phase der K1-Reihe. Design wurde als ausschlaggebender Marketing- und Verkaufsfaktor entdeckt.

Mit der Suzuki GSX 1100 S Katana und der Vorstudie in Form der MV Agusta Prova änderte sich das bisherige Image von Motorrädern radikal. Die Hersteller versuchten durch bewusste Designanwendung eine Art Marken- und Produktidentität mit einer individuellen Sprache hinsichtlich formaler Auslegungen, die sich hauptsächlich auf Cockpitverschalungen und den Tank bezogen, sowie Farbgebung und Graphics zu erreichen. Es etablierte sich auch der Begriff „Flyline", eine durchgehende Gestaltungslinie.

Neuorientierung im Motorrad-Design

Statt der bisherigen Gliederung einzelner Komponenten, beginnend mit dem Vorderradkotflügel und den nachfolgenden Elementen Scheinwerfer, Tank, Sitzbank mit Seitenblenden und Heckverschalung, zeigte die MV-Agusta-„Prova"-Studie eine durchgehende dynamische Linie, eine Flyline, wie ich sie beginnend mit der BMW R 90 S erstellte.

Diese ist bei der Prova entschiedener, den jeweiligen Anforderungen emotionaler, purer und ergonomisch logischer durchgeführt. Pur auch in der roten Farbgebung, der italienischen Rennfarbe, hier in Anlehnung an das Ferrari-Rot, das sich auch im Rahmen sowie in Details wiederfand, wie zum Beispiel in den Ventildeckeln à la Testa-Rossa. Begeisterung und Leidenschaft übertragen sich!

Mit dieser formalen Interpretation zu einem Motorrad, ohne irgendwelche Vorgaben, nur der eigenen Vision von Konzeption und Design folgend, entstand ein neuartiges Motorrad-Image, das sich später auf die Konzeption der Suzuki Katana übertrug. Als Serienprodukt musste letztere sich aber einigen funktionalen wie herstellungstechnischen Vorgaben unterwerfen. Beide Modelle in ihrer radikalen, funktionalen wie emotionalen Formgebung stehen seit den 1980er-Jahren für eine Neuorientierung im internationalen Motorrad-Design.

rechte Seite:

Majestic 350, 1930 (oben links)

Brough Superior SS 100 Alpine GS, 1931 (oben rechts)

BMW R 32/2,1926 (mitte links)

Ariel 500 Square Four, 1931 (mitte rechts)

Stahlpressrahmen: Gnome & Rhône M1, 1934 (unten links)

Stahlpressrahmen: Zündapp K 600, 1941 (unten rechts)

3544-RT-01

TO 2857

ARIEL

D 51377

DKW 125, 1952

Heinkel Perle 50, 1952

Sunbeam 500 S7, 1947 (oben)

Norton Manx 500, 1962 (unten)

NSU Standardmax, 1953

MV Agusta 750 S, 1973

BMW R 69/S, 1960

Laverda SFC 750, 1975

Horex Regina, 1954

Viktoria Bergmeister 350, 1953

MV-Agusta-Studie „Prova“,1980

Suzuki Katana 1100 S, 1981

Ein Bild von einem Motorrad und die moderne Auslegung in Form der Yamaha RD 350 von 1975

Teil 1 Design

2 Folgt die Form der Funktion?

„Wenn ich Schönheit als Verheißung der Funktion, Aktion als das Vorhandensein der Funktion und Charakter die Bestätigung der Funktion definiere, so unterteile ich willkürlich, was eigentlich untrennbar zusammengehört“, Horatio Greenwood, 1845, zitiert 1969 in der Publikation einer Sammlung von Aufsätzen zum Thema „Form & Function“ der University of California.

Folgt die Form der Funktion, wie die „Form follows function“-These es besagt? Oder gilt es auch im umgekehrten Sinn? Ist Form bloß als Folge einer Funktion zu verstehen oder als Manifestation im Sinn von „Form ist Funktion?“ Das wäre somit eine mögliche Variante zur berühmten These, welche besonders beim Bauhaus ihre stärkste Bestätigung erfuhr.

Die alternative These würde besagen, dass die Funktion hier über ihren rationalen Begriff des sachlichen und ergonomischen Funktionierens um einen ästhetisch emotionalen Faktor erweitert ist, den es besonders bei der Gestaltung von Motorrädern zu erfüllen gilt. Die Anwendung eines bewussten professionellen und marketingorientierten Designs am Motorrad ist verhältnismäßig jung in seiner fast 135-jährigen Geschichte als motorisiertes Zweirad. Die Interpretation von maschineller Kraftentfaltung, Bewegung und Geschwindigkeit und deren formale Umsetzung ist die Aufgabe eines professionellen Designers. Je nach Charakteristik betrifft das die gesamten dreidimensionalen Körperflächen in ihren jeweiligen Auslegungen im Zusammenhang mit den technischen Komponenten, um diese zu einem formalem, harmonisch stimmigen Gesamterscheinungsbild zusammenzufügen, das die Farbgebung, grafische Ornamentik, Symbole und Logos einbezieht.

Seit 1812 zeigte sich das Motorrad in unterschiedlicher Gestalt: Es wandelte sich von generell wahrnehmbarer, motorisierter, individueller Mobilitätsmöglichkeit zum diversifizierten Autoersatz, einem beliebten Allzweck-Freizeit-/Alltagsflucht-Fahrzeug bis hin zum motorisierten Lustobjekt. Stets ergab sich eine technisch handwerkliche, formale Ästhetik, bei der die Vielfältigkeit der Details das Gesamte ergab. Doch der Mensch rückte schließlich wieder in den Mittelpunkt. Er brauchte nicht mehr die Form, um Technik zu empfinden; stattdessen brauchte die Technik nun die Form, um den Menschen zu erreichen, denn Funktionen wurden schlichtweg erwartet. Die Evolution des Motorrads wurde durch die steigende Nachfrage als agile, sportliche wie individuelle Alternative zum Auto bestimmt. Die daraus resultierenden Anforderungen betrafen die großen Stückzahlen in diversen Modelltypen zur Abdeckung der differenzierten Märkte und individuellen Wünsche der Konsumenten. Die Verwendung von stärkeren Motoren mit entsprechend höheren Leistungsabgaben und somit dem hohen Geschwindigkeitspotential verlangte – im Sinne der „Mann-Maschine“-Philosophie – nach professionellem Design. Die Übertragung der sich entfaltenden Kräfte auf die Straße, ein sicheres Fahrverhalten der Maschine und die Überwindung der Fahrwiderstände zwangen zur aerodynamischen Ausrichtung des Produkts „Motorrad“, auch zur physischen Integration von Pilot und Co Pilot in die Maschine zum „Zentauren“.

War am Anfang die mit dem Schirm nach hinten gedrehte Sportmütze des Piloten die einzige aerodynamische Referenz, wurden zunehmend entsprechende Erkenntnisse aus der Luftfahrt und der automobilen Welt übernommen.

Die Verkleidung, zunächst nur zweckgebundene Komponente zur Verringerung des Luftwiderstands – vorwiegend bei Rennmaschinen verwendet –, erfuhr neue und optimierte Funktionen und wurde in Form einer Cockpitverschalung zum Gesicht des Motorrads und damit auch zur Identifikation mit Typus und Hersteller. Das Motorrad „zog sich an“ sozusagen – nur zeitweilig vielleicht zu sehr und zu üppig – im Gegensatz zu seinem ursprünglich strukturiertem, leichten und agilen Image.

Kein anderes Fahrzeug erfüllt zugleich die Möglichkeit, die durch die Formen erweckten Emotionen persönlich erlebbar umzusetzen. Hier bedeutet und initiiert Form die Funktion. Mehr als nur ein motorisiertes Zweirad symbolisiert das Motorrad in seiner filigran transparenten Technik und den skulpturartigen, modellierten Formen die Vorstellung von Kraft, Geschwindigkeit und dynamischer Eleganz. Designer interpretieren dies in stimulierende, trendsetzende Formen um, um dem Motorrad mit der sich daraus ergebenden Flyline eine klar erkennbare formale Identität zu verleihen – das Motorraddesign als innovative, sportliche und formale Produktaussage. Es befruchtet mit seiner reichhaltigen und interessanten Formenwelt sogar das sportliche Image des Autos und zahlt somit seine früheren emotionalen und ästhetischen Anleihen zurück. Die Form stellt sich heute also nicht mehr als eine nur den Funktionen Ausgelieferte und abhängig Nachfolgende dar. Vielmehr ist sie selbst ein bestimmender Faktor geworden.

Eine frühe Studie zu einem City-Bike

3 Design und Designer

Generell versteht man „Design" und „Industrial Design" als eine Gestaltungsplanung im Sinne eines umfassenden und ganzheitlichen Problemlösungsprozesses. Das Ziel ist es, einerseits Gebrauchsgüter den Bedürfnissen der Benutzer anzupassen und anderseits im Sinne des Unternehmens, den Regeln des Marktes, der Corporate Identity und der wirtschaftlichen Fertigung zu entsprechen. Design ist darüber hinaus ein kultureller, gesellschaftlicher und ökologischer Faktor. So beschreibt es treffend Gerhard Heußler in seinen „Design Basics".

Ganz im Gegensatz zum oft missverstandenen Begriff „Styling", welcher sich ausschließlich auf die oberflächenreduzierte Produktanmutung bezieht. Kurz, Design bedeutet ein Statement an Authentizität, Inhalt und Substanz, Styling hingegen steht für reine Kosmetik.
Für mich begann Design und Industrial Design nachvollziehbar mit dem Franzosen Raymond Loewy zu werden, der 1919 seinem Bruder in die USA folgte, und sich dort, als Modeillustrator beginnend, der professionellen Gestaltung von Industriegütern, wie Vervielfältigungsapparaten, Kühlschränken, Staubsaugern bis hin zu stromlinienförmigen Lokomotiven und Automobilen annahm. Design basiert auf Strukturen und nicht auf Oberflächen. In einem Produkt repräsentiert Design alle Entwicklungsintelligenzen und Inhalte, wie die Ansprüche des Herstellers zu Qualität, Positionierung, Tradition und eine erkennbare Identität in seiner formalen Darstellung. Es hat sehr lange gedauert, bis Design in diesem Sinn als entscheidender, auf die Emotionen strategisch abzielender Faktor entdeckt und anerkannt wurde. In meinen aktiv erlebten Zeiten als Designer bis zum Beginn meines BMW Engagements wurde Design nicht vom Designer präsentiert und vorgetragen, sondern vom verantwortlichen Manager. Der Designer wartete draußen nervös und ungeduldig und hatte – als verantwortlicher Gestalter – weder eine Möglichkeit dem Gremium – *en face* – seine Motivationen, Gedanken und Argumente darzulegen, noch, spontan kompromissbereit, konstruktive Alternativen zu verlangten Änderungen anzubieten. Das Design wurde von einem vorab für das jeweilige Projekt informierten verantwortlichen Management-Teilnehmer präsentiert, nicht vom Designer selbst. Somit war die Präsentation des Designs eine Information aus zweiter Hand und stets von der individuellen Stimmung, Verfassung und dem Interesse des jeweils Vortragenden, abhängig. In guten Restaurants kommt nach dem Essen der Koch persönlich, um sich nach der Zufriedenheit mit dem Angerichteten zu erkundigen, mit kleinen Erklärungen dazu abgebend, zugleich aber auch dankend die Huldigungen, wie auch Einwände oder Kritik entgegenzunehmen – anders bei damaligen Design-Präsentationen. Das Design wurde in den meisten Fällen in einem Leporello beispielhaft an bevorzugten Karosserieparten der alternativ gezeigten Modellvarianten präsentiert, die dann in ihrem nachfolgend zusammengestrickten Endergebnis das darstellten, worüber sich nicht nur die Presse wunderte. Das führte teilweise zu verfrühten, zum Teil aufwendigen und kostspieligen Facelift-Aktionen. Die gefassten Beschlüsse verlangten in den meisten Fällen viel Einfühlungsvermögen und Verständnis, um sich daraus ein klares Bild für die weiteren konstruktiven Abläufe zu machen.

Hier erwies sich das Motorrad-Design, gegenüber dem Auto, als das Leichtere, da im Gegensatz zum vierrädrig großen Bruder weniger Modellalternativen erstellt und präsentiert werden mussten. Die Ansprüche an einen Designer sind vielfältiger als sein illustres Image auszusagen scheint. Raymond Loewy beschreibt diese in seinem Buch „Hässlichkeit verkauft sich schlecht" als ein Zusammenspiel von Vorausschaubarkeit und den Mut zum Handeln, wie das eines Chirurgen, der Wachsamkeit eines Trappers, dem diplomatischen Geschick eines Talleyrand und der Ausdauer eines Weltumseglers wie Magellan. Meinen Studenten erklärte ich eine ähnliche, wenn auch dramatischere Version, die der heutigen Generation leichter in den Kopf geht: Ein Designer sollte sich in einer Mischung aus Sherlock Holmes, Captain Bligh und Superman darstellen: im Recherchieren, Herausfinden und dem Kombinieren zu dem Was, Warum und Wie, um alle die gestellten und beinhaltenden Anforderungen zu einem Produkt in eine durchgehende, funktional ästhetische Formensprache zu bringen, Standfestigkeit in all den stürmischen Wellengängen einer Gesamtentwicklung sowie in seinem persönlich charismatischen, fundiert eloquenten Auftritten und dem Überzeugungs- und Durchsetzungsvermögen seiner Arbeit. Zu den Grundanforderungen eines Designers gehören Kreativität, Phantasie, Intuition und Inspiration sowie Flexibilität, Kompromissbereitschaft, Spontanität, Improvisationsgabe und Teamfähigkeit. Ebenso unabdinglich ist ein vielseitiges Interesse an allen Themen, ob Wirtschaft, Kunst und Kultur, Politik, soziale Fragen sowie aktuelle wie generelle internationale Entwicklungen, um diese mit seiner intuitiven 24-stündigen Empfangsantenne zu empfangen und aufzunehmen. Sein persönliches Charisma wie auch sein optischer Auftritt hat einen bedeutenden Anteil an dem, was er präsentiert, wozu er überzeugen will, wobei sein Wissen und Handeln zu Fragen der internationalen Etikette vorausgesetzt wird: Disziplin und Bescheidenheit bei überzeugender Präsenz, stets mit einer Prise Demut und aufkommender Kritik kreativ konstruktiv und kompromissbereit begegnend. Ein Grundwissen in Technik, Herstellungsprozessen, Materialien, Farbenlehre wie auch Psychologie und Marketing sehe ich ebenso als absolut notwendig an. Es ist nicht nur das formal Äußere, dem Auge schmeichelnde oder kritisch darbietende Design-Image eines Produkts, was es zu überzeugen gilt. Es sind zugleich die nicht sichtbaren Inhalte, wie die technisch ergonomischen Intelligenzen und Qualitäten, die durch das Design repräsentiert werden und somit, intuitiv ausgestrahlt wirkend und rückschließend nachvollziehbar, mit einbezogen sind. Das Wissen darum ist die Basis zu einer Überzeugungsdarstellung. Dieses war und ist meine Erkenntnis und Basis in den Zielsetzungen, die sich in vielen meiner Entwürfe an den Beispielen für BMW, Suzuki, Maruman oder MBB/Kawasaki widerspiegelt. Alles, was ein Designer erschafft, ist auch ein aktiver, beeinflussender Kulturbeitrag.

Das Münchner Olympiastadion aus der Vogelperspektive: In dieser aufregenden Stadt also würde ich meine Kreativität in Top-Form bringen

4 Mein Aufbruch zu BMW

Der Lufthansa-Flug von Köln nach München verlief nach Plan. Der Himmel über München war bajuwarisch weiß-blau. Ich im Kontrast ganz in Schwarz gekleidet, in der bevorzugten Kleidungsfarbe aller Designer. Das Taxi – kein BMW, sondern ein beiger Mercedes – erreichte pünktlich zum Termin um 11 Uhr die Dostlerstraße in München-Milbertshofen, den Hauptsitz der Bayerischen Motoren Werke AG. Ich war mit Direktor Oswald, dem Vorstand für Technik, verabredet. Es war Mitte 1971, München bereitete sich auf dem Oberwiesenfeld baulich auf die Olympischen Spiele vor. Die Überdachung des Olympiastadions, die in der Anmutung einem Zirkuszelt ähnelt, wurde von einem Kran in die Höhe gezogen. Ganz im Gegensatz zu dem gleichzeitig entstehenden Neubau der BMW-Zentrale, dem „4-Zylinder", der sich Meter um Meter von unten nach oben in die Höhe hob. Die jeweilige Botschaft war einladend, alle verbindend und ließ Anspruch und Aufbruch erahnen, die ich als gutes Omen für mein eigenes Vorhaben deutete.

„Herr Muth, wie pünktlich Sie sind, meng's an Kaffee mit einem Glaserl Wasser dazu?", fragte mich eine der beiden Sekretärinnen. „Herr Oswald erwartet Sie bereits, an Moment noooh, i muass bloß noooh seinen Tee herrichten." Ebenso herzlich locker die Begrüßung von Herrn Oswald, der wohl sehr gut über mich informiert war und gleich zur Sache kam: „Interessiert Sie Fahrzeug-Interieur?", fragte er mich. Und auf meine spontane Bejahung meinte er: „Dann übernehmen Sie ab sofort als Design-Chef die Verantwortung für das Interieur. Wann könnten Sie bei uns anfangen?" Die Vertrags-Modalitäten besprach ich anschließend mit dem Personalchef, der mich danach zum Mittagessen auf den Fernsehturm einlud. Vor dem Essen zeigte er mir auf der Außenterrasse München mit seinem Panorama. Er machte das so detailliert und intensiv, dass ich ihn fragte, ob er auch sicher sei, dass ich mich als zukünftiger Chef für das Interieur beworben hätte und nicht als Fremdenführer. „Schauen Sie gut her, Herr Muth, dies alles, was ich Ihnen hier gerade zeige, ist Teil Ihres zukünftigen Gehalts in Form des Freizeitwerts, welchen es so nur in Bayern gibt!", war die charmante Antwort.

Ein Blick zurück: Zum 1. April 1965 hatte ich meine erste Festanstellung als Erster Designer im Design-Center der Ford-Werke AG in Köln/Niehl angetreten. Der Weg dahin war recht ungewöhnlich und begann mit dem Auftrag eines amerikanischen Unternehmers, den ich zufällig in Stuttgart kennenlernte. Dieser hatte die Idee, das Erfolgsmodel, den amerikanischen Mustang von Ford USA, nach Deutschland zu importieren, die Karosse zu demontieren und mit einem attraktiv mediterranen Design à la Ferrari für den europäischen Markt zu bestücken. Meinen Entwurf dazu sandte er, ohne mein Wissen, ins Ford-Hauptquartier in Dearborn/Michigan, USA. Dort war man wohl von dem Entwurf oder mehr noch von dem Designer, der dahinter steckte, sehr beeindruckt.

Das Design-Center von Ford in Köln bekam den Tipp, mich zu einem Gespräch einzuladen, weil talentierte Designer dort immer gebraucht wurden und sich wohl schwer finden ließen. Die Einladung aus Köln zu einem Gespräch ließ nicht lange auf sich warten. Obwohl ich zunächst nicht unbedingt eine Festanstellung suchte, war das Angebot, das man mir machte, so verlockend, dass ich mich entschloss, es anzunehmen. Die Aussicht auf ein kontinuierliches Einkommen zusammen mit der Tatsache, dass sich ein zweites Kind bei uns anmeldete, waren zwei Faktoren, die mich dazu motivierten.

Nach schneller und intensiver Eingewöhnung in die Atmosphäre und an die spezifischen Anforderungen professioneller Design-Entwicklung und Erstellung wurde ich schon im Spätsommer mit einer Crew von Modelleuren ins englische Dunton/Essex, dem Standort der englischen Ford-Dependance, geschickt.

Die Aufgaben waren unterschiedlich schwierig, aber herausfordernd. Es ging um die Erstellung von Design-Konzepten und 1:1-Modellen zu den Escort- und Capri-Projekten aus deutscher Sicht und Interpretation.

Im darauffolgenden Jahr ging es dann – diesmal wohl mehr zur Indoktrinierung – ins Hauptquartier der Ford Motor Company nach Dearborn/Michigan, USA. Es war eine interessante und spannende Zeit. Ford entwickelte aus dem Erfolg des Mustangs heraus seinen Ford GT, einen reinrassigen Rennsportwagen, der bei den internationalen Rennen den Ford-Slogan „Powered by Ford" durch Siege belegen sollte. Die Mitarbeit in den verschiedenen Design-Studios, wie LTD, Mustang, Lincoln, Cougar sowie das Truck- und Special-Development-Studio, brachten mir viel Erfahrung und Wissen ein und somit eine solide professionelle Ausbildungsbasis. Zugleich wurden aber auch große Erwartungen an meine Kreativität und Integrationsfähigkeit gestellt wie auch an die Fähigkeit, die vielfältigen Anforderungen in der erwarteten Menge und Vielfalt an Design-Beiträgen innerhalb der üblicherweise sehr kurzen Zeitvorgaben zu bewältigen.

Das Angebot zum ständigen Verbleib in den USA lehnte ich ab. Zurück in Köln wurde ich mit einer Ernennung zum Design-Executive for Advanced Exterior and Pre-Program Interior überrascht. Allerdings gingen die Aktivitäten für das Interior-Design im englischen Ford-Studio in Dunton/Sussex vonstatten. Dort stellte man mich mit folgendem Vermerk vor: „This is Häääns, he had been in the States, he's clean!"

Die BMW-Welt, München: Mann und Maschine als sportliche Einheit

Das verlangte, im zweiwöchigen Turnus, einen Flug mit der firmeneigenen Gulfstream IV nach England, mit Landung auf dem ehemaligen Royal-Air-Force-Stützpunkt Stansted. Von dort aus ging es weiter mit einer Zephir- oder Zodiac-Limousine – unüberschaubare, rechteckige Rechtslenker – zur individuellen Weiterfahrt ins Entwicklungs-Center Dunton. Die Landstraßen dahin waren extrem schmal und von hohen Hecken eingefasst, weshalb sie scherzhaft „Ho-Chi-Minh-Pfade" genannt wurden. Das Fahren erforderte ein höchstes Maß an Konzentration, mal abgesehen von der gewöhnungsbedürftigen obligatorischen

Design-Referenzmodell

linken Straßenseite. Bei Begegnungen mit einem entgegenkommenden Fahrzeug konnte man nur auf eine Einbuchtung in den Hecken hoffen, die normalerweise den dreirädrigen Milchwagen zur täglichen Anlieferung dienten.

Durch den Zusammenschluss der deutschen und englischen Töchterstandorte zu Ford of Europe wurde Köln-Merkenich als neues gesamteuropäisches Entwicklungszentrum bestimmt und erbaut. Zur Einweihung war auch der damalige Wirtschaftsminister Ludwig Erhard geladen, der in einem meiner Advanced-Projekte, einem kleinen viersitzigen, elektrisch angetriebenen City-Car, mit Namen „Berliner", die Besichtigungs-Rundtour unternehmen durfte. Beide überstanden dies mühelos. Die allgemeinen Projekte litten jedoch unter den unterschiedlichen Auffassungen und den sich daraus ergebenden oft widersprüchlichen Entscheidungen des international besetzten Managements: Amerikanische Illusionen prallten auf englische Arroganz und deutsche Nüchternheit. Dazu gesellte sich dann noch die italienische Leichtigkeit des Projektpartners Ghia, dessen Beiträge jedoch nur als „Blue Smoke" gewertet werden konnten. Sie erwiesen sich stets als unrealistisch bezüglich der Dimensionen und der vorgegebenen thematischen Stimmigkeit. Aus dieser unserer bunten Mischung konnten einfach keine homogenen, überzeugenden und attraktiven Produktbeiträge entstehen.

Die englische Sprache in ihrer präzisen und international verständlichen Aussage hatte sich zur Design- und Techniksprache entwickelt. Bei Ford galt Englisch generell als interne Kommunikationssprache, selbst wenn man sich als Deutscher mit deutschen Mitarbeitern besprach. Trotz meiner vielseitig verantwortlichen und gehobenen Position sowie dem finanziellen Status mit allen zusätzlichen Annehmlichkeiten, wie sie in amerikanischen Unternehmen Standard sind, war diese Art der Arbeit nicht das, was mich wirklich erfüllte. Zielsetzung und Output unterlagen eher der Beliebigkeit und nicht einer bewusst angestrebten Authentizität. Es gab drei maßgebliche Punkte, die mich zu der Entscheidung veranlassten, mich von Ford zu trennen. Erstens das ständig schlechte, rheinländische Wetter, zweitens die Tatsache, dass alle unsere engsten Freunde im Süden Deutschlands lebten und drittens der Umstand, dass sich BMW wieder voll zum Motorrad bekannte. Eine Mitwirkung hierzu war mein großer Traum, doch wie konnte ich diesem näher kommen?

Ich bat Arthur Westrup, ein brillanter und dynamischer Presse- und Werbechef der NSU-Werke, mit dem ich zuvor sehr lange und erfolgreich in der Werbung zusammengearbeitet hatte, über seine Kontakte zu BMW wegen eines Wechsels von Ford zu BMW dort für mich vorzufühlen. Dies geschah mit Erfolg. Zunächst wurde ich Design-Chef mit Engagement und Verantwortung für das Fahrzeug-Interieur. Nun war ich erst einmal an Bord.

Konzept-Entwurf für Ford Cougar

Konzept-Entwürfe für Ford Mustang

Am 1. Juli 1971, Punkt 8 Uhr, meldete ich mich zur Übernahme meiner neuen Aufgaben bei Wilhelm Hofmeister, dem Chef der Karosserieentwicklung, dem auch die Stilistik unterstand. Wilhelm Hofmeister, gebürtiger Westfale, stets mit Hut, Schal und Moorman-Boots auftretend, egal zu welcher Jahreszeit, war eine Institution, ebenso gefürchtet. Er war geschätzt und geachtet, knapp aber gezielt in seinen Worten und Anweisungen und stets misstrauisch gegenüber seinen Mitarbeitern. Aber keiner kannte die Anatomie eines Fahrzeugs so wie er. Er hatte die Angewohnheit, besonders wenn er ungeduldig war, die Personen nicht nach ihren Namen, sondern wie er sie persönlich wahrnahm, zu benennen. Kurz vor 8 morgens stand er im Gang zu den Studios, nicht nur um die Pünktlichkeit seiner Mitarbeiter zu überprüfen, sondern auch um seine Anwesenheit zu bezeugen. Damit saß er nicht wenigen tagsüber im Genick. Seine Taktik war es, die Menschen stets im Ungewissen zu halten und dadurch Druck auszuüben. Ich konnte ihn von Anfang an gut einschätzen, und wir kamen ganz gut miteinander zurecht. Aber auch ich war ständig auf der Hut.

Meine erste Aufgabe bestand aus der Innenraum- und Sitzgestaltung zum neuen 5er-Model. Es waren Sommerferien, ich war allein im Studio an meinem Platz, an zwei nicht gerade als neu zu bezeichnenden Tischen, in Werkzeugmaschinen-Grau lackiert. Das unterschied sich schon sehr von der Executive-Ausstattung meines Kölner Büros. Ahnend, was da auf mich zukommen würde, hatte ich mir das entsprechende professionelle Zeichenmaterial mitgebracht. Darunter Filz-Marker mit in gleichem Farb-Code abgestimmten Farbstiften, Kugelschreiber sowie amerikanisches Vellum-Papier, ein leicht durchscheinendes, Marker-festes Papier, das ein beidseitiges Auftragen, ohne Durchbluten erlaubt, zudem ein Satz Schiffskurven und Ellipsenschablonen.

Die Darstellungen zu neuen Entwürfen wurden in Seiten-, Front- und Heckansichten gezeichnet und mittels Spritzpistole dreidimensional angelegt. Ich begann, einen perspektivischen Aufriss in den ungefähren Dimensionen anzufertigen, mit diesem Layout einige Blau- oder Sepiapausen zu erstellen und auf diesen dann Design-Interpretationen zu dem gegebenen Thema zu zeichnen.

Das hat den Vorteil, dass man nicht immer wieder mit jedem neuen Design auch das Grundlayout zeichnen muss. Etwa acht Variationen im DIN A2-Format arrangierte ich im Viererblock mit Tesafilm auf die Rauputz-Wand.

Urban-Car Berliner 1968

Es war Freitag, 14 Uhr, somit erwarteten wir den planmäßigen Besuch des Vorstands in der Entwicklung und Stilistik. Es erschienen, angeführt von Herrn Hofmeister, der Vorstandsvorsitzende Herr von Kuenheim, Herr Oswald, der Einkaufs- und Finanzvorstand mit weiteren Herren aus dem Vorstand und Bereichsleitern. Herr Oswald stellte mich, den Neuling, vor, während von Kuenheim, gleich interessiert auf die Entwürfe an der Wand blickend erstaunt ausrief: „Herr Hofmeister, bei Ihnen gibt es ja mal eine Auswahl." Herr Hofmeister gab ein paar Kommentare zur Zielsetzung des 5er-Interieurs, während sich von Kuenheim aus der Gruppe löste, um sich mit geringerem Abstand wieder den Entwürfen zu widmen. Ich hatte zur besseren Unterscheidung der Entwürfe die Sitze in verschiedenen Farben angelegt, einer davon in Grün. Dies führte in der Vorstandschaft zu der Anregung, diese doch auch mal ihren Frauen zu zeigen, denn ein zweifarbiger, grüner Sitz wäre doch sehr modisch. Meine korrigierende Bemerkung dazu: „Entschuldigen Sie, Herr von Kuenheim, das ist keine zweite Farbe, das ist ein Schlagschatten." Eine solche Präsentation, so mein Eindruck, war man bisher nicht gewöhnt gewesen.

Design-Projektion zum Ford Capri-II-Nachfolger

Entwurf zu einem Ford Mustang: Dank Abrisskante aerodynamisch optimal „ausgestattet“

Der 10-Minuten-Entwurf zur Turbo-Studie

Generell wurde ein Design-Entwurf von Herrn Hofmeister ausgewählt und von ihm persönlich dem Technik-Vorstand Oswald präsentiert: „So, Herr Oswald, haben wir uns das vorgestellt!" Oswalds Antwort hierauf: „Na, dann machen Sie das mal so." Der Entwurf verschwand dann wieder in Hofmeisters Mappe. Zurück in der Stilistik wurde die Entscheidung an alle am Projekt Beteiligten zur Design-Erstellung verkündet und durchgesprochen. Dann begannen die gemeinsamen Ausarbeitungen bis hin zu einem 1:1-Design-Referenzmodell.

Man kann heute darüber lächeln, doch diese kurzen Wege in der Entscheidungsfindung wie auch in der weiteren Abwicklung zeigten auch das Vertrauen in die jeweiligen Fachkompetenzen. Was das Design betraf, so erging man sich nicht in launischen oder besserwisserischen Einwänden und Diskussionen. Fragen wurden aus der jeweiligen Kompetenz heraus entsprechend von dem beantwortet, der der Urheber war und letztlich die Verantwortung für seine Entwürfen trug.

Herr Oswald frotzelte gerne bei seinen spontanen, unangemeldeten Besuchen, doch damit wollte er nur prüfen, inwieweit man selber hinter dem stand, was man tat. Dazu ein Beispiel: Das kleine 02er-Modell sollte im Zuge einer sportiven Produkterweiterung mit einem Turbo-Motor versehen werden. Dieser Leistungsanspruch sollte sich natürlich auch formal am Fahrzeug erkennbar niederschlagen. Während sich das Exterieur durch Frontspoiler mit spiegelschriftlichem Turbo-Aufkleber, pausbäckigen Radverbreiterungen und Breitreifen so richtig austoben konnte, wurde das Interieur zu einer sportiven Magerkur verurteilt, was auch das Budget dazu betraf. Letzteres zwang mich neben Schalensitzen und sonstigen kleinen Detailretuschen zur Konzentration auf das Wesentliche. Diese sah ich in der Erreichbarkeit der Instrumentierung und Schalter. Die fast nüchterne Auslegung des Instrumentenbretts mit dem breiten, auf den Fahrer ausgerichteten Instrumentengehäuse durfte nicht abgeändert werden. Somit positionierte ich zwei Zusatzinstrumente, darunter eine Uhr, seitlich daneben in den Ablage-Tray. Die schräg geneigte Aufnahmeplatte für die drei Hauptinstrumente ließ ich mit rotem Nextel beschichten. Dank meiner Zeit bei Ford hatte ich Kontakte zur Firma 3M in Neuss aufgebaut. Dieses Material bot in seiner leicht strukturierten Mattigkeit und in der multiplen Farbauswahl für mich interessante Möglichkeiten.

Herr Oswald kam einen Tag vor der angesetzten Präsentation zur unangemeldeten „Dawn patrol" ins Modellbau-Studio, um sich kurz ein Bild von dem zu machen, was ihn am nächsten Tag erwarten würde. Nach Besichtigung des Exterieurs, das ihm Maître Bracq, Leiter der Stilistik, enthusiastisch gestikulierend erklärte, setzte er sich hinter das Lenkrad. „Herr Muth, was soll das denn, diese rote Farbe, was haben Sie sich denn dabei gedacht?" Ich: „Das habe ich von der Flugzeugtechnik abgeschaut. Es heißt, dass das Auge auf die Farbe Rot besonders schnell reagiert, was bei einem solch sportlich potenten Fahrzeug zum kurzem Check der Instrumente schon seinen Sinn und Zweck hat." Er: „Sind Sie Flieger?" Ich: „Nein, aber Sie!". „Das will ich morgen nicht sehen, egal was und wie Sie das machen!" Er stieg aus und verließ das Studio. Der Maître schaute mich schulterzuckend an, meine vier Modelleure blickten verdutzt, geradezu fassungslos: „Herr Muth, was nun, was machen wir jetzt? Bis morgen kriegen wir nichts Neues mehr hin!" Ich: „Es wird nichts Neues geben, wir machen das jetzt fertig und so werden wir es morgen präsentieren!" Auf die Bestätigung meiner Entscheidung nahmen sie die Arbeit wieder auf. Am nächsten Tag kam ich nach einer Besprechung mit der Motorrad-Technik später ins Studio und fand meine Studio-Assistentin schon in hellster Aufregung: „Herr Muth, ich suche Sie verzweifelt, habe sogar schon bei Ihnen zu Hause angerufen. Sie sollen sofort in die Kapelle zu Herrn Oswald kommen!" „Kapelle" war unsere scherzhafte Bezeichnung für den Präsentationsraum, der sich im Hauptwerk befand, während die Fahrzeugentwicklung in der Hufelandstraße war. Nun, ich war schon etwas nervös, denn der mögliche Grund war mir bekannt.

Die Kapelle teilte sich in zwei Räume, wovon einer mit einer festen Bestuhlung und einer Drehbühne ausgestattet war, um durch Rundumblick einen Gesamteindruck auf das Präsentationsmodell zu ermöglichen. Die Präsentation fand aber im Nebenraum statt, der durch eine große Falttür abgetrennt war. Die versuchte ich nun zu öffnen, was mir jedoch nicht gelang, da sie entweder oben oder unten klemmte. Durch die kurzen Blickwinkel konnte ich sehen und hören, wie Herr Oswald dem Auditorium gerade mein Fahrzeugcockpit präsentierte und zwar mit meinen Argumenten vom Vortag. In diesem Augenblick öffnete sich die Tür und so stand ich, der verantwortliche Urheber, im schwarzen Cordanzug, schwarzem Hemd und rot gemusterter Krawatte, die Hände noch fest an den beiden Türgriffen,.nun vor den Entscheidungsträgern.

Alle Blicke waren wegen dieses Superman-Auftritts auf mich gerichtet, während Herr Oswald, auf das Interieur weisend, lakonisch meinte: „Da sehen Sie, das ist der Designer dazu." Mit einem „Kommen Sie ruhig näher" stellte er mich den mir bisher nicht bekannten Herren vor, die unisono von den rot unterlegten Instrumenten begeistert waren. Um das Flugzeug-Image noch zu verstärken, hatte ich alle drei Zifferblätter mit einem Fadenkreuz versehen. Diese Grafik wurde viele Jahre unverändert beibehalten.

Auf einen Außenstehenden mag das Verhalten von Herrn Oswald als unkollegial erscheinen, doch er wollte mit seinen Bemerkungen testen, ob ich als Designer wirklich hinter meinem Konzept stehe, was ja auch der Fall war.

Wenn man in einer Firma eine verantwortlichen Position einnehmen will, muss man sich ein Bild von dem machen, wie eine Firma tickt: Was ist der Anspruch, was sind die Zielsetzungen und wie werden diese an die Mitarbeiter weitergegeben? Wie werden die Anforderungen umgesetzt, fachlich und menschlich? Welcher Geist herrscht generell, was sind die motivierenden Kriterien? Man muss ein Gefühl dafür bekommen, um sich darauf einzustellen, z.B. bei Diskussionen und Präsentationen. Wem präsentiere ich was und wie? Wie präsentiere ich mich selbst? Es ist ein Terrain voller Tretminen, auf dem man sich bewegt. In meiner Zeit bei Ford wurde ich darin geschult, denn hier balancierte man auf einem ganz schmalen Drahtseil, um ein Auditorium von Managern verschiedenster Art, Interessen und Auffassungen vom Inhalt einer Präsentation zu überzeugen.

So langsam bekam ich auch hier das Gefühl dafür. Der Turiner Auto-Salon stand bevor und Herr Hofmeister ließ mich wissen, dass er mich zum Besuch des Salons dabei haben wollte. „Sie können Ihre Frau von mir aus mitnehmen", meinte er. Einen Tag darauf erhielt ich einen Autoschlüssel mit den Informationen, dass ich mit einer 3-Liter-Limousine nach Turin fahren solle. Der Wagen würde dann am übernächsten Tag von

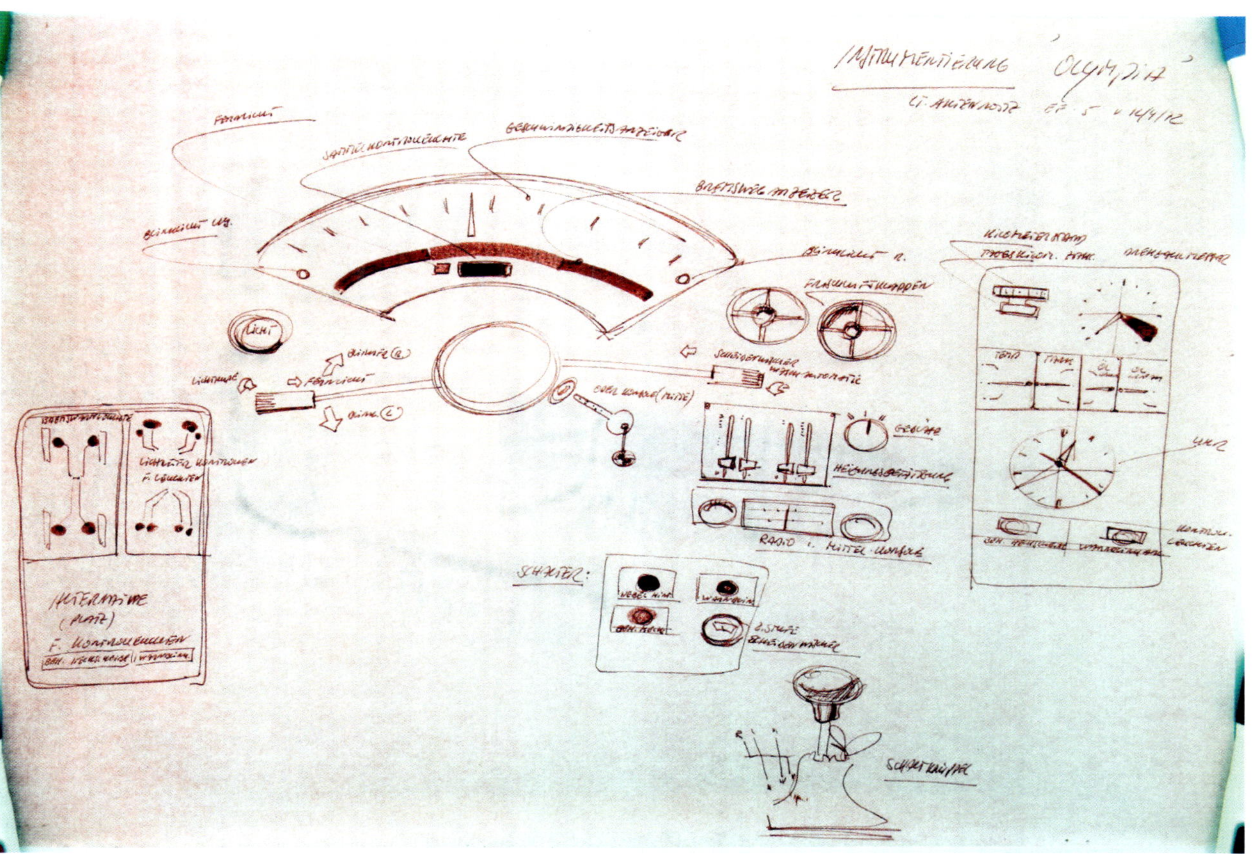

Nach Prioritäten aufgeteiltes Instrumentenlayout

Signore Frua, dem Inhaber der bekannten italienischen Karosserie-Firma Studio Pietro Frua, persönlich vom Hotel abgeholt.

Meine Frau und ich freuten uns über diese komfortable und kraftvolle Reisemöglichkeit. Am Brennerpass wurde ich nach den Papieren gefragt. Ein Check im Handschuhfach ergab nichts, nervöser werdend schauten wir in den Türtaschen nach: Nichts. Ich versuchte, den Sachverhalt zu erklären, doch das reichte wohl nicht, und man bat mich zur seitlich gelegenen Zollbehörde. Dort wieder meine gleichen und dürftigen Erklärungen, Fragen, Antworten und wieder weitere Fragen durch einen anderen Beamten. Man wusste nicht weiter, beide Beamten verließen den Raum. In diesem Augenblick kam ein Fernfahrer, der wohl auch ein Problem hatte, aber sich offensichtlich mit den Gepflogenheiten in solchen Situationen gut auskannte. Er meinte: „Mann, hauen Sie jetzt ganz schnell ab, über die alte Passstraße, nicht über die Autobahn." Genau das machte ich dann auch. Ich stürmte zum Wagen und ohne zunächst die berechtigten Fragen meiner Frau zu beantworten, machten wir uns aus dem Staub. Am nächsten Morgen in Turin rief mich Signore Pietro Frua schon sehr früh am Morgen an und wir verabredeten uns in der Hotellobby, um dann gemeinsam mit dem Wagen zum Auto-Salon zu fahren.

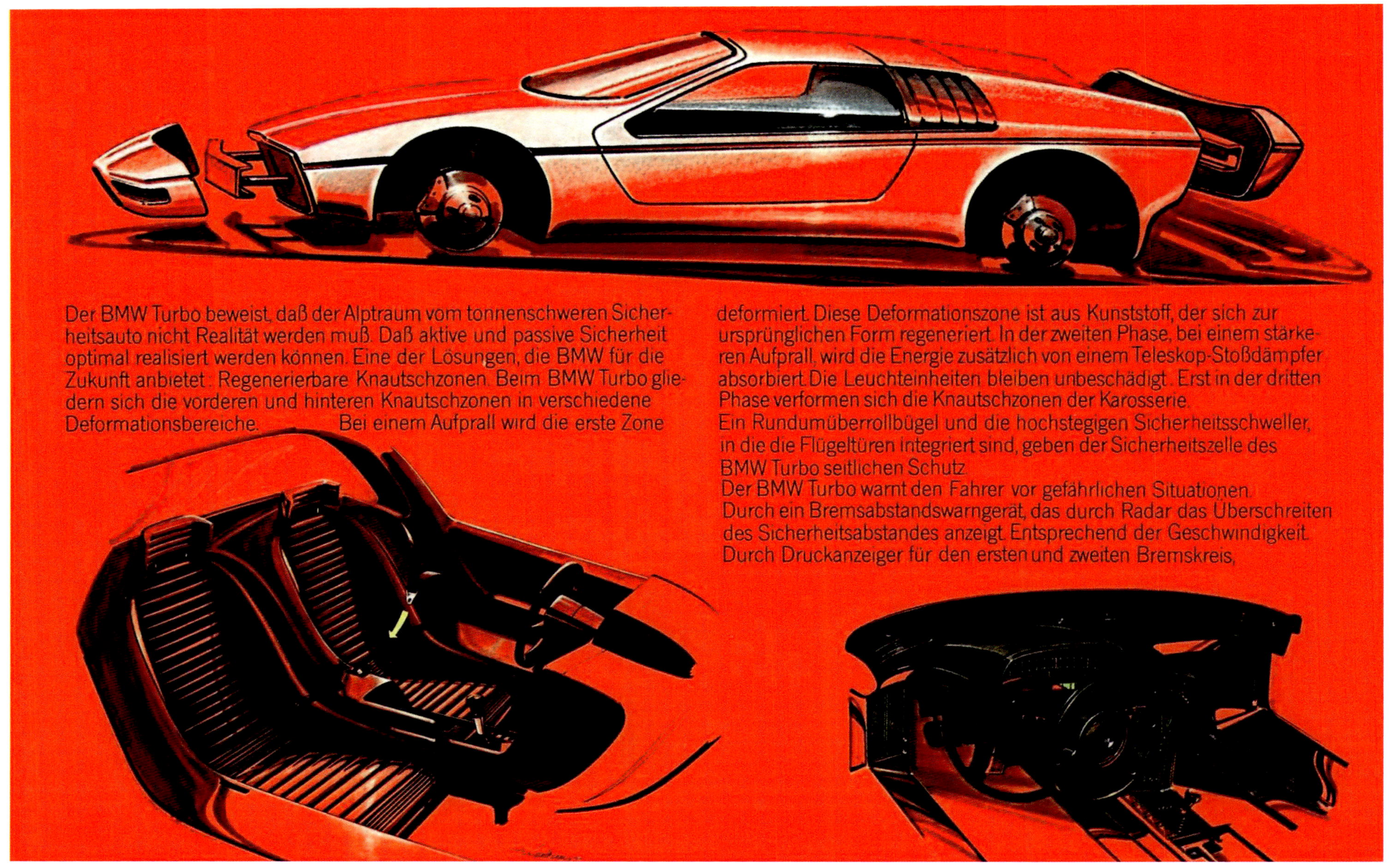
Der BMW Turbo beweist, daß der Alptraum vom tonnenschweren Sicherheitsauto nicht Realität werden muß. Daß aktive und passive Sicherheit optimal realisiert werden können. Eine der Lösungen, die BMW für die Zukunft anbietet: Regenerierbare Knautschzonen. Beim BMW Turbo gliedern sich die vorderen und hinteren Knautschzonen in verschiedene Deformationsbereiche. Bei einem Aufprall wird die erste Zone deformiert. Diese Deformationszone ist aus Kunststoff, der sich zur ursprünglichen Form regeneriert. In der zweiten Phase, bei einem stärkeren Aufprall, wird die Energie zusätzlich von einem Teleskop-Stoßdämpfer absorbiert. Die Leuchteinheiten bleiben unbeschädigt. Erst in der dritten Phase verformen sich die Knautschzonen der Karosserie.

Ein Rundumüberrollbügel und die hochstegigen Sicherheitsschweller, in die die Flügeltüren integriert sind, geben der Sicherheitszelle des BMW Turbo seitlichen Schutz.

Der BMW Turbo warnt den Fahrer vor gefährlichen Situationen. Durch ein Bremsabstandswarngerät, das durch Radar das Überschreiten des Sicherheitsabstandes anzeigt. Entsprechend der Geschwindigkeit. Durch Druckanzeiger für den ersten und zweiten Bremskreis,

Von der Ausarbeitung zur Prototyp-Umsetzung

Dort traf ich auf die Herren Oswald und Hofmeister. Nach der Begrüßung fragte Herr Oswald Herrn Hofmeister: „Wie kam denn der Frua an den Dreiliter?" Antwort:„Den habe ich dem Muth gegeben. Ich dachte, der schafft das schon, ihn über die Grenze zu kriegen!" Schluck, der Wagen war wohl Bestand einer geschäftlichen Projektvereinbarung gewesen. Und dank meiner ahnungslosen Hilfe gelangte das Fahrzeug elegant über die Grenze. Später machten wir zusammen die übliche Salon-Visite, also das übliche Sehen und Gesehen werden. Ich war in meinen Betrachtungen der Neuigkeiten den Herren immer etwas voraus. Weiter hinten sah ich, wie Signore Bertone von seinem Stand auf den Gang trat und sich mit einem Taschentuch aufgeregt die Stirn wischte und schon ungeduldig auf uns wartete. Ich meinte zu den beiden, die gerade einen anderen Stand betrachteten: „Meine Herren, wir sollten gehen, Herr Bertone erwartet uns." Mit kurzem Blick in Richtung des Wartenden befahl Hofmeister: „Nee, Muth, bleibense ma stehn, den lassen wir zu uns kommen." Da standen wir nun und sahen zu, wie Signore Bertone, noch immer seine Stirn trocknend, sich uns näherte, um uns zu begrüßen und zu seinem Stand zu begleiten. Solche Erlebnisse und Einblicke gaben mir einen erkenntnisreichen Aufschluss, wie manche Dinge behandelt werden: mit einem gesunden, überzeugten Selbstbewusstsein und dem Vertrauen darin.

Die Generation an Vorständen und Führungskräften, die ich zu Beginn meiner Zeit bei der BMW AG vorfand und erlebte, zeigte, zumindest was die Entwicklungsabteilungen anging, vollstes Vertrauen in ihre Ingenieure und Designer. Sie waren stolz auf sie, bekannten sich zu ihnen und sprachen das auch öffentlich aus. Dieses Vertrauen schuf eine Basis an Sicherheit, dank der man sich voll auf seine Aufgaben konzentrieren konnte und zugleich stolz war auf das, was man für diese seine Firma beitrug. Das BMW-Emblem, diese grafisch dynamische, blau-weiß-farbige Interpretation eines sich drehenden Propellers, bezogen auf den Bau von Flugmotoren, mit denen BMW im Jahre 1917 zunächst begann, war eine stetige nachvollziehbare Orientierung zu dem Was und Wofür.

Die Stilistik wurde von Paul Bracq geleitet. Er kam von Mercedes-Benz und war dort viele Jahre sehr kreativ für einige Erfolgsmodelle verantwortlich. Er war ein Automobilenthusiast, der auch durch seine zeichnerischen Autodarstellungen eine hohe Reputation genoss. Er war mir durch dieses Metier bekannt, wir hatten uns aber zuvor nie persönlich getroffen. Umso erstaunter war er, als er aus dem Urlaub zurück ins Studio kam und mich dort vorfand. „Monsieur Muth, aber was machen Sie hier?" Ich berichtete ihm von meiner Einstellung als designierter Chef-Designer für das Interieur, worauf er, typisch französisch, mit einem kurz schnalzenden „Tse-tse" und einem Wedeln des Zeigefingers meinte: „Non, non, Monsieur Muth, das alles leite iiisch!"

Für uns beide war das eine etwas delikate Situation, denn er war über meine Anstellung nicht informiert worden. Nach einer offiziellen Klarstellung arrangierten wir uns aber schnell und wegen seines charmanten französisch akzentuierten Deutsch redete ich ihn fortan mit „Maître" an.

BMW wollte natürlich die Aufmerksamkeit anlässlich der Austragung der Olympischen Spiele in München auch für sich nutzen. Das neue 4-Zylinder-Gebäude überragte in seiner Höhe die Olympischen Bauten und sorgte für unübersehbares Aufsehen. Doch man wollte genauso auch mit einer attraktiven BMW-Turbo-Studie einen entsprechenden PR-Effekt erzielen.

Es war kurz vor einem Mittag, als Maître Bracq aufgeregt an meinen Tisch kam: „Monsieur Muth, haben Sie die Interieur-Entwürfe für den Türbo färtiesch? Um zwei Uhr kommt der Vorstand?" Ich fragte, was er damit meinte und dass ich auch von solchen Entwürfen nichts wüsste. „Sie kennen nüsch die Türbo?" Mit den Worten „Kommen Sie bitte mit" bat er mich in sein Büro, die Tische voller Entwurfszeichnungen. Anhand derer klärte er mich über dieses Projekt auf. „Et maintenant, was machen wir jetzt, wir haben keinen Entwurf für das Interieur?", lautete seine verzweifelte, fast ängstliche Frage.

Er solle jetzt einfach zum Essen gehen, beruhigte ich ihn, ich würde mich darum kümmern. Ich holte mir einen Kaffee und machte mir Gedanken zu einer spezifischen Konzeption für ein solches Fahrzeug. Irgendwann nahm ich einen schwarzen Ball-Pen und begann, mit großzügigen Strichen eine perspektivische Design-Projektion aufzureißen. Kaum fertig damit, öffnete sich die Tür und die Herren des Vorstands strömten herein. Herr Oswald steuerte sofort meinen Tisch an, sah meinen Spontanentwurf, nahm ihn vom Tisch, drehte sich um und zeigte ihn der restlichen Gruppe mit den Worten: „Sehen Sie, meine Herren, das wird das Interieur des Turbo. Herr Muth hat genau das umgesetzt, was ich von ihm wollte!" Weder er selbst noch der Maître hatte je mit mir darüber gesprochen. Doch der Entwurf wurde nun genauso ausgearbeitet und in ein dreidimensionales 1:1-Design-Modell übertragen, das zum ersten Mal bei BMW-Design aus bearbeiteten Hartschaumkuben ausgeführt wurde. Wenn man weiß, was man will, verkürzt man die Erstellungszeit gegenüber der traditionellen Tonverarbeitung um ein Drittel der Zeit. Der Entwurf: ein fahrerorientiertes Gesamt-Layout hinsichtlich der ergonomisch bedingten Erreichbarkeit von Schaltern und anderen, in drei Prioritäten eingeteilten, Bedienungselementen. Dieses Konzept wurde nicht nur von der 3er-Serie auf die 6er- und 7er-Serien-Modelle übertragen, sondern erfreute sich reger Beliebtheit zur Übernahme bei fast allen Wettbewerbern. „Welcome to Logic-Design!"

BMW wurde für dieses Fahrzeugcockpit-Konzept als „Hervorragend gestaltetes Industrie-Produkt" mit der vom Wirtschaftsministerium gestifteten Bundespreis „Gute Form" ausgezeichnet. Diese Auszeichnung wurde anlässlich der Aufgabenstellung zum „Fahrerplatz im Fahrzeug-Design" aus 50 teilnehmenden Serienfahrzeugen vergeben.

Fototermin Turbo

Die BMW-Turbo-Studie war im eigentlichen Sinne ein experimentelles Sicherheitsfahrzeug-Konzept. In den beginnenden 1970er-Jahren beeinflusste das Thema „Fahrzeugsicherheit", aus den USA kommend und durch die kritischen Untersuchungen der amerikanischen Automobile hinsichtlich ihrer Sicherheitsstandards durch Ralph Nader ausgelöst, auch die europäischen Hersteller. So auch BMW, die im Unterschied zu den Wettbewerbern mit der Turbo-Flügeltüren-Studie aufzeigen wollten, dass diese Thematik sich auch funktional attraktiv auf sportive Fahrzeuge übertragen lässt. Im Gegensatz zu den monströsen Stoßstangenverlängerungen, mit denen nicht nur die US-Firmen versuchten, den neuen Anforderungen gerecht zu werden, wies die BMW-Turbo-Studie an Front und Heck separate, formintegrierte, crash-absorbierende Stoßfängereinheiten auf, die das Gesamterscheinungsbild ästhetisch unterstützten und nicht minderten oder sogar etwa verdarben. Das Flügeltür-Konzept stieß beim Stuttgarter Wettbewerber auf heftiges Missfallen, war dieses doch zum Synonym des 300 SL-Modells geworden. Doch die Erfindung dazu beruhte auf einem englischen Patent aus dem Jahre 1939. Kaum fertig gestellt, kam schon seitens des Vorstands die Bitte, das Fahrzeug für einen Fototermin zur Verfügung zu stellen. Das amerikanische Journal „Automobile Quarterly" hatte für die Ausgabe 11/1 (1973) den bekannten Fotografen Don Vorderman beauftragt, das Fahrzeug im Zusammenhang mit den neuen

Cockpit-Konzept-Transfer auf die neue 3er-Serie

architektonischen Highlights in Form des BMW-4-Zylinder-Verwaltungsgebäudes und des benachbarten Olympiastadions in Szene zu setzen. Ob dieses unerwarteten und außerplanmäßigen Eingriffs in die täglichen Soll-Erfüllungen herrschte entsprechende Aufregung in den Design-Studios und Werkstätten. Also wurde die Prototyp-Studie mit aller Vorsicht in den LKW-Transporter geschoben und entsprechend verzurrt und befestigt, wobei noch vor die Vorderräder ein Balken befestigt wurde, um das Fahrzeug während des Transports an seiner vorgesehenen Position zu halten. Mit dem Transporter wurden zwei Modelleure zwecks Abladehilfe und der eventuellen Fotopositionierungen in Marsch gesetzt. Ich war zu dieser Zeit noch mit Interieur-Detailabstimmungen mit dem Fahrzeug beschäftigt und somit oblag diese Aktion meiner Verantwortung. Nach zirka 30 Minuten erhielt ich einen Anruf, in dem mir ein völlig ratloser Modelleur stammelnd berichtete, dass das Modell während des Transports beschädigt worden sei. Ich bat ihn, mir zunächst über das Wo und Wie und über Art und Umfang der Schäden zu berichten. Es stellte sich heraus, dass der Transporter, von der Knorrstraße kommend, den Frankfurter Ring bei Gelb überfuhr und plötzlich bremsen musste, da sich ein Motorradfahrer des Querverkehrs schon in Bewegung gesetzt hatte. Die Folge war, dass sich das Modell im Laderaum selbstständig gemacht hatte und mit der Front gegen die vordere Wand geprallt war, was sich bei der speziellen Lackierung in Leuchtorange nun besonders fatal auswirkte. Zusammen mit einem entsprechenden Profimodelleur, ausgerüstet mit Spachtel und Spachtelmasse, Ziehklingen und Schleifpapier sowie Sprühdosen zur Grundierung, der Leuchtfarbe und Klarlack, machte ich mich mit ihm auf den Weg zum Olympiapark. Es sah grausam aus: Der Wagen hatte auf der linken Seite der vorderen Stoßfängereinheit ziemlich gelitten. Wir gingen sofort an die Arbeit, doch waren wir uns nicht sicher, ob wir es in der noch verbleibenden kurzen Zeit fotografiertauglich hinbekommen würden. Mittlerweile war das Fahrzeug zum Mittelpunkt des öffentlichen Interesses geworden. Die Meinungen zum Turbo sowie zu dem Malheur ergaben ein gemischt breites Spektrum an Staunen, Neugierde und Bedauern. Die Reparaturarbeiten gingen gut voran. Nach dem Trocknen der ersten Sprühabfolgen und dem letzten Auftrag mit transparentem Klarlack war der Schaden professionell kaschiert.

Ich schaute auf meine Armbanduhr und drehte mich intuitiv um. Da sah ich die Herren Oswald und Mr. Vorderman auf unsere Ansammlung zuschreiten. Die Modelleure im Kittel und das Ausbesserungsmaterial machten Oswald doch stutzig und misstrauisch: „Herr Muth, was geht denn hier vor?“, wollte er wissen. „Herr Oswald, ich darf Ihnen berichten, dass die Turbo-Studie ihren ersten, unvorhersehbaren Impact im Crashtest, bis auf ein paar Farbretuschen, erfolgreich überstanden hat“, so meine forsche Antwort. Er ließ sich das Geschehen berichten, schaute sich die Stelle genauer an, wischte mit der typischen Handbewegung darüber und stellte mir dann seinen Gast, Don Vorderman vor, der sich nach einem kritisch interessierten Rundgang um das Fahrzeug wieder zu uns gesellte. Die Farbfotos zum Bericht über den BMW Turbo im „Automobile Quarterly“ ließen nicht auf das Malheur schließen.

Teil 2 R 90 S, R 100 RS, Katana: Wie ich Trends setzte

5 Wie die R 90 S entstand

Das Interieur hatte ich überschaubar im Griff. Ich hatte also Zeit, mich nach der Motorradentwicklung umzuschauen. Und da hatte ich es nicht weit, denn diese befand sich genau über mir im 1. Stock. Während einer Mittagspause machte ich mich also auf den Weg. Das Vorzimmer war unbesetzt, doch die Tür zu dem Leiter war halb offen. Hans Günter von der Marwitz, Leiter Motorradentwicklung, saß, etwas studierend, an seinem Schreibtisch: „Ja, bitte?". Ich stellte mich kurz vor: „Ich habe eine Frage, wer macht bei Ihnen das Design für die Motorräder?" – „Wir, die Technik, warum fragen Sie?" – „So sehen sie auch aus!", lautete meine recht freche Antwort. Er: „Was machen Sie genau?" Nach einer kurzen Erklärung über mich und meine neue BMW-interne Verantwortlichkeit, fragte er: „Mögen Sie Motorräder? Fahren Sie Motorrad?" Auf mein spontanes „Ja, sehr", erwiderte er salopp: „Dann machen Sie das von jetzt an!"

Verblüfft über ein wieder einmal erstaunlich kurzes „Job-Interview" verließ ich sein Büro. Ich konnte es einfach nicht fassen, war mir aber auch letztlich nicht über die sich nun daraus ergebenen Konsequenzen im Klaren. Was würde Hofmeister dazu sagen?

Hans A. Muth als junger Chef-Designer

Am nächsten Tag meldete sich die Sekretärin von Herrn von der Marwitz und lud mich zu einem Meeting ein, in dem von der Marwitz mich über die aktuellen und geplanten Projekte informierte. Zugleich stellte er mich seinen Mitarbeitern aus „Versuch und Technik" vor, die mir teilweise mit Skepsis und andererseits mit Entgegenkommen begegneten.

H.G. von der Marwitz, Nachfahre einer der ältesten preußischen Familien der Mark Brandenburg, die nicht nur der preußischen Armee mehr als 100 Offiziere gestellt hatte, darunter acht Generäle, sondern auch einen königlichen Kammerherren. Einer der Offiziere, ein Oberst, der fast den gesamten Siebenjährigen Krieg hindurch das Regiment Gensdarmes zu großen Erfolgen führte. Geschichtlich wird Johann Friedrich Adolf von der Marwitz unter dem Begriff „Der Hubertusburg-Marwitz" geführt: Er hatte sich einem Befehl Friedrich des Großen verweigert, ein sächsisches Schloss als Revanche für das von den Sachsen geplünderte Schloss Charlottenburg zu plündern. Auf die wiederholte Frage des Königs, ob das Schloss Hubertusburg ausgeplündert sei, verneinte er. „Warum nicht?", die zornige Rückfrage des Königs. Die Antwort darauf: „Weil sich dies allenfalls für Offiziere eines Freibataillons schicken würde, nicht aber für den Kommandeur von seiner Majestät Gensdarmes." Das Regiment Gensdarmes war das berühmteste und exklusivste preußische Reiterregiment. Diese Weigerung verbaute ihm seine weitere Karriere. Er verließ die Armee und starb 1781. Auf seinem Grabstein liest man: „Er wählte Ungnade, wo Gehorsam nicht Ehre brachte."

Es trafen sich also zwei Preußen mit einem gemeinsamen Faible für Motorräder. Hans-Günther von der Marwitz mit preußischer Geradlinigkeit und einem gefürchtetem Oppositionsgeist sowie der Designer Hans A. Muth mit Kreativität und herausforderndem Selbstbewusstsein. Aus dieser Zusammenarbeit entwickelte sich eine sehr enge und vertraute Beziehung, die sich im Laufe der gemeinsamen Zeit auch auf alle Familienmitglieder ausdehnte.

Das erste Engagement im Design diente einer noch zaghaften optischen Optimierung der /5-Serie, hauptsächlich, um den Wünschen des amerikanischem BMW-Importeurs Butler & Smith nachzukommen. Im Gegensatz zu dem bisherigen Erscheinungsbild einer BMW 500, fast niedrig gestreckt mit einer von hinten nach vorn über den Tank zum Schweinwerfer hin ansteigenden Tendenz, dem Vollschwingen-Fahrwerk und den tief horizontal geführten Auspuffrohren, sahen die neuen /5-Modelle in meinen Augen plump, schwer, fast bockig statisch aus. Das Vorderrad, geführt von einer enorm lang scheinenden Telegabel mit den – von mir „Strampelhosen" genannten – Gummimuffen geführt, stemmte sich optisch gegen eine

Motorrad-Chefentwickler H.G. von der Marwitz

MV Agusta 750S: Der 2-rädrige Abarth

Vorwärtsbewegung. Dies erklärte sich aus der fast rechteckigen, 24 Liter beinhaltenden Tankauslegung mit den seitlichen, aufgesetzten elliptischen Gummi-Knieanlagen und der sich anschließenden Doppelsitzbank mit Balkon-Reling und den beiden nach hinten leicht ansteigenden Auspuffrohren und -töpfen. Alles notwendig, technisch und funktional erklärbar, doch in einer unemotionalen, rein formalen Durchführung eben sozusagen „preußisch korrekt", doch „bayerisch schwerfällig", um mit Klischees zu hantieren! Für den USA-Markt bot man einen schlankeren Tank mit Chrom-Blende, verchromter Batterieblende und kleinen Extras für die amerikanischen Fans von „Beemers" an.

Dieser neue optische Auftritt einer BMW-Maschine entsprach nicht meiner Vorstellung und veranlasste mich zum Einschreiten: Denn Design „repräsentiert"!

Weitere Impulse zu der neuen /6-Entwicklung kamen von Robert A. Lutz („Bob"). Ihn hatte man von der GM-Tochter Opel abgeworben, um Paul Hahnemann, den bisherigen BMW-Vertriebschef, zu ersetzen. Bob, Autonarr, Ex-US-Marine-Jet-Pilot, war ebenso ein enthusiastischer Motorradfan und fuhr noch im Hessenland eine Honda CB 750 Four. Statt vier aufrechten japanischen Zylindern erwarteten ihn nun zwei bayerische in horizontaler Kampfposition. Einen persönlichen Eindruck von seiner Einstellung zum BMW-Motorrad konnte ich mir kurz nach seinem Einzug in den Vier-Zylinder machen. Ich kam etwas später in mein Studio und wurde sofort gerufen, da der neue Vertriebschef, Herr Lutz, mich in seinem Büro erwarten würde. Für mich war es der erste Besuch im neuen BMW-„Leuchtturm". Alles war beeindruckend und ich war neugierig, ob der Geist dieser imposanten Architektur sich auch ins Innere übertragen hätte. Die lange Fahrstuhlfahrt aus der Tiefgarage hinauf war eine passende Gelegenheit, dies herauszufinden. Ich betrat den Fahrstuhl, positionierte mich in einer Ecke und blendete meine neuen „BMW-Gene" vollkommen aus. Mit geschlossenen Augen lauschte ich, ob sich aus den Gesprächen der Mitfahrer erraten ließe, in welcher Firma man sich wohl befand? Es ergaben sich von Stockwerk zu Stockwerk verschiedene Gesprächsfetzen mit Eindrücken zu personellen, meist kritischen Beurteilungen und Einschätzungen aus gerade beendeten oder bevorstehenden Meetings. Ich hörte aber auch Urlaubsimpressionen bis hin zu Grill-Tipps. Aus diesen Eindrücken zumindest ließ sich auf keinen Fall erkennen, was in diesem Haus wirklich geschieht, einem Haus, wo Mobilitätsprodukte in Form von Autos und Motorrädern erdacht, entwickelt und hergestellt werden. Doch ist jeder, der sich, wenn auch nur für kurze Zeit, in diesen Fahrstühlen aufhält, ein Teil dieses Ganzen. Sind denn die Objekte, mit denen man durch persönlich aktive Beiträgen sein Geld verdient, nicht inspirierend genug, um auch im Aufzug für Gesprächsanreize zu sorgen? Kommunikation diesbezüglich etwa nur telefonisch, selbst wenn der Kollege gleich nebenan sitzt? Wo war der stets beschworene Geist von BMW, der sich doch nicht nur in den Produkten widerspiegeln sollte, sondern im täglichen engagiert Gelebten all der Mitarbeiter, die das alles mit Dynamik und Frische repräsentieren sollten? Nichts von dem, was ich jedenfalls im Fahrstuhl hörte, ließ mich neugierig werden...

Robert Lutz war noch mit der Gestaltung seines neuen Büros beschäftigt und räumte gerade einige Bücher in das Regal, auf dem bereits ein großes Alfa-Romeo-Modell von der italienischen Firma Pocher seinen Platz gefunden hatte. Wir machten uns gegenseitig bekannt, die kurz zum Handschlag in der linken Hand gehaltene Zigarre wanderte wieder in den rechten Mundwinkel. Während er weiterräumte, fragte er mich mit seinem charmant klingenden Schweizer Akzent: „Herr Muth, wissen Sie, wie ein BMW-Motorrad auszusehen hat? Wenn nicht, dann so", wobei er mit der Zigarre über die linke Schulter nach hinten oben zeigte. An der Wand hinter seinem Schreibtisch-Ensemble prangte ein breites Poster, welches Walter Zeller auf einer BMW-Rennmaschine in der Kurve zeigte. Er hatte die richtige Vorstellung mitgebracht und somit war meine Antwort knapp:„Herr Lutz, ich weiß es!" Lutz hatte nicht nur klare Vorstellungen von einem BMW-Motorrad, sondern verfügte auch über sehr genaue Kenntnis, was die fernöstlichen Wettbewerber anging, die das Motorrad als attraktives Exportprodukt entdeckt hatten und nicht nur den europäischen Markt mit technisch reich ausgestatteten Modellen überschwemmten. Temperamentvoll, stylisch und vielfältig in ihren jeweiligen Interpretationen. Wir mussten versuchen, diesen Wettbewerbern nicht nur hinsichtlich erforderlicher Leistung gerecht zu werden, sondern auch mit den nun einmal durch das Boxermotor-Konzept limitierten Möglichkeiten etwas Eigenständiges entgegenzusetzen. Aus dem Lastenheft ergaben sich für das Design nachfolgende Erfüllungsparameter: Wir mussten eine zweisitzige sportliche Tourenmaschine als Flaggschiff der gesamten Motorrad-Linie, zusammen mit dem BMW-Motorrad-Anspruch in einer Mischung aus Tradition und Modernität dynamisch attraktiv repräsentieren. Ich persönlich sah damit auch eine Möglichkeit, das bisherige BMW-Image aus Funktionalität, Gediegenheit und Zuverlässigkeit, in Schwarz gehüllt und mit weißen Zierlinien umrändert, nun zu einem zeitgemäßen Auftritt zu verhelfen. Gefragt war also nicht nur ein kosmetisches Aufpolieren in trendiger, fernöstlicher Angleichung, sondern in einer neuen, BMW-spezifischen Design-Sprache mit einer durchgängigen Flyline, beginnend mit einem Face, d.h. einem Equinox an Form, Farbe und Funktion.

Neben einer 500er-BMW hat mich unter anderem ein Motorrad immer besonders interessiert – eine MV Agusta 750 S, die der BMW dank ihrer geschlossenen Motorauslegung ähnlich war, jedoch viel kompakter und emotional ansprechender auf mich wirkte. Auch der Motor, obwohl ein Reihen-Vierzylinder

Genesis der ... „Flyline"

und kein Boxer, hatte die gleiche Geschlossenheit im Aufbau. Die groß dimensionierte Fontana-Trommelbremse mit den kleinen drahtvergitterten Lufteinlässen, der weich modulierte, geschwungene Tank in blauer Farbe und weißem, nach vorne sich verjüngenden Band mit dem MV-Agusta-Schriftzug, sowie die rote lederne Sitzbank und die Schutzbleche aus poliertem Aluminium, waren einfach eine Hommage an den „Vero stile italiano". Diese zweirädrige Verführung sprach mich aber nicht nur optisch an. Es war wieder einmal der Sound, der mich dieses Mal aus vier Auspuff-Trompeten unwiderstehlich zum Kauf hinriss. Mein Proberitt ging raus aus München, rauf auf die Autobahn in Richtung Starnberg. Ich, in Sozia-Position, nach Luft ringend, stieg nach der Rückkehr vor der Werkstatt in der Hansastraße berauscht ab. Mein einziger Kommentar lautete: „Gekauft!" Die Maschine nahm ich mit ins Studio und stellte sie, als dreidimensionale Motivation, neben meinen Arbeitstisch. Bei einem Besuch der Vorstände Lutz und Oswald, meinte Oswald: „Herr Muth, was soll denn dieser Eisenhaufen hier?" Bob Lutz hingegen, der sich der schönen Italienerin hingebungsvoll widmete, nahm mir eine Anwort ab, indem er schwelgerisch meinte: „Ach, Herr Oswald, das isch äbbe absolut ädle Mächanik!" Danke, Bob!

Für mich war von Anfang an klar, dass eine neue BMW-Motorrad-Generation nicht in der Fortsetzung der bisherigen konventionellen 5-Komponenten-Gliederung bestehen konnte, also Vorderradkotflügel, Scheinwerfer, Tank mit Sitzbank und Hinterradkotflügel.

In der Frontansicht lässt sich, bedingt durch das Boxermotor-Layout, eine BMW klar identifizieren, doch es brauchte noch einen formalen Fokus als Face. Im Profil strebte ich eine Integration der einzelnen Komponenten an, die, mit dem Cockpit beginnend, sich durch harmonische Übergänge der einzelnen Komponenten in eine von mir so benannte „Flyline" verwandelte und ein dynamisches, sich im Stand schon vorwärts bewegendes Image vermitteln sollte. Die aerodynamischen Anforderungen erfüllten sich mit dem kleinen Cockpit, dem Face, das zumindest einen minimalen Wind- und Wetterschutz bot. Über den beiden in einem separaten Gehäuse zusammengefassten Hauptinstrumenten und Kontrollleuchten präsentierten sich, halbkreisförmig angeordnet, ein Voltmeter und eine Uhr, komplettiert mit Wartungsinformationen. Die neue Tankauslegung, bestimmt durch den geforderten Tankinhalt von 24 Litern, gestaltete ich mit einer akzentuiert ergonomischen Verjüngung im seitlichen Knieanlagebereich. Dann die sich anschließende anatomisch definierte Doppelsitzbank mit hinterem, umlaufendem Haltebügel, integriert in einen Rahmen mit elegant schrägem Heckabschluss und eingelassenem BMW-Logo sowie Typenbezeichnung. Darunter befand sich ein Staufach für Handschuhe und sonstige persönliche Notwendigkeiten. Die beiden seitlichen Batterieblenden, zwar formal auf die Flyline abgestimmt, waren für mich in ihrer Befestigungsart ein ständiger Diskussionspunkt. Diese wurden mit zwei gegeneinander verspannten Weckglas-Gummis gehalten. Das widersprach meiner Vorstellung von einer in allen notwendigen Funktionen durchdachten und manuell nachvollziehbaren Qualität. Doch die dazwischen positionierte Batterie, bei deren Entnahme sogar der Rahmen durch Lösen der zwei oberen Schrauben nach hinten abgekippt werden musste, ließ einfach keine andere professionellere Lösung zu.

Design-Referenzmodell

Auch der Motor bekam ein stilistisches Update: Auf der vorderen Steuertriebverschalung gestaltete ich analog zum Automotor erhabene Rippen; zur Modellidentifizierung designte ich eine längliche Plakette mit dem Schriftzug „BMW R 90 S", wobei sich die auf einem quadratischen Feld in Rot ausgelegten Ziffern „90" besonders hervorhoben. Auch die Hinterradnabe wurde formal funktional optimiert. Mein Vorschlag wurde heftig diskutiert, die bisherigen, von mir ja als „Strampelhosen" bezeichneten Gummimanschetten an der Telegabel zu ändern. Für mich stellten diese ein Relikt aus dem Kradmelder-Milieu dar. Wir einigten uns auf eine kleine, im oberen Teil geriffelte Manschette. Diese ästhetische Thematik wiederholte sich auf den Alukappen der hinteren Federbeine. „Herr Muth, welche Farbe bekommt die Maschine?", war die ständige Frage von Marketing und Vertrieb anlässlich der kontinuierlich stattfindenden Besprechungen. „Es wird weder Grün noch Rot noch Candy-Flake-Metallic", so meine Antworten. Man tat sich schwer damit, sich zu gedulden, doch für mich bedeutet Farbgebung nicht nur zu einer beliebigen Farbe zu greifen, da diese für mich einen wichtigen Teil in der Gesamtaussage hinsichtlich Charakter und Identität eines Produkts darstellt. Für Henry Ford war ein Auto schwarz, obwohl die Motivation dazu wohl eher seiner effizienten Produktionsphilosophie entsprach und nicht seinem persönlichen Geschmack, Das belegte seine Vorliebe für die „rote" Marke Alfa-Romeo. Sein Wahlspruch zur Farbauswahl der T-Modelle lautete: „Sie können jede Farbe haben, vorausgesetzt es ist Schwarz." BMW-Motorräder trugen seit Generationen schwarz, ausgenommen waren nur spezielle Farbgebungen für Behörden oder Militär. Der einzige Farbakzent bestand in Form einer weißen Linierung, meistens in parallel geführter Doppellinie in unterschiedlicher Strichstärke.

Erst mit der Entwicklung der /5-Serie bot man bei BMW Motorrad, besonders im Hinblick auf den USA-Markt, eine größere Farbauswahl an. Diese aber richtete sich nicht gezielt, sondern eher nach den allgemeinen Farbtrends im Sinne von Shakespeares „Was ihr wollt" aus. Da die fernöstlichen Wettbewer-

900cc
BMW R 90 S

R 90 S in „Daytona Orange“, die „juicy color“

ber in Form und Farbwahl keine bewusste herstellerspezifische Design-Sprache aufwiesen und sich somit beliebig darstellten, sollte die neue R 90 S einen Unikatscharakter erhalten.

Im Auto-Design werden die Präsentationsmodelle in der Regel silberfarbig lackiert, also neutral. Käufer sollen beim Betrachten eines Modells nämlich nicht durch eine bestimmte Farbe negativ in ihrer möglichen Kaufentscheidung beeinflusst werden können. Vielmehr sollen sie sich ausschließlich derWahrnehmung des Gesamterscheinungsbilds, dem Design, widmen können. Sehr oft schon aber beeinflusste oder lenkte eine bestimmte Farbe von der Substanz eines wirklichen attraktiven Entwurfs ab und führte schnell zu einem unverdienten Ende.

Die Farbe Silber ergibt eine Farbneutralität und wird mit dem Begriff „Technik" wie auch mit „zukunftsweisend" assoziiert, welches auch der Grund zur Anwendung bei Design-Studien und Prototypen ist. Farbe und Produkt stehen in einem engen Zusammenhang. Ein weißer BMW-328-Sportwagen aus den 1930er-Jahren ist ein fester Begriff, wie auch ein schwarzer Rolls-Royce oder ein roter Ferrari. Form und Farbe, in ihrer sich komplettierenden Ästhetik, ergeben so eine unverkennbare Produktidentität. Meine Farbvorstellung zu der R 90 S war eine Kombination des traditionellen BMW-Schwarz zusammen mit Silber und somit eine Möglichkeit zu der sich ergebenen Thematik „Tradition trifft Modernität". Doch nicht in einer harten, sich gegeneinander absetzenden Art, sondern in einer sich weich verbindenden Art. Aus dem traditionellen Schwarz tritt nebelförmig das Silber hervor, beginnend mit der Cockpitfront über den Tank bis zum Heck. Ich nannte es „Silberrauch".

„Häääns, we need a juicier color for the 90 S", so die Bitte des amerikanischen BMW-Importeurs Butler & Smith an mich wegen einer zweiten Farbvariante zum bisher serienmäßigem Silberrauch. Die R 90 S, inzwischen auch als erfolgreiche Rennmaschine in den USA im Einsatz, feierte in Daytona Siege, und so wollte ich mit der neuen silber-gelben-Kombination diesen eine „juicy" Referenz erweisen. Was lag da näher als die Farbe „Daytona Orange" zu benennen?

Die Stadt Würzburg ist nicht nur für den Bischofssitz und den Boxbeutel berühmt, sondern sie beherbergte auch den damaligen BMW-Lackfabrikanten, die Firma Herbol, bei der ich auf eine interessierte und experimentierfreudige Labormannschaft stieß. In den Diskussionen und anschließenden Experimenten boten sich spezielle Lasurfarben und deren Verarbeitung an. In der angestrebten Flyline sollte sich, mit dem Cockpit beginnend, die Farbgebung auch auf die anschließenden Flächenkomponenten moduliert fortsetzen, was sich durch diese Technik nachvollziehbar darstellen ließ. Der notwendige Lackierprozess sah eine Erstlackierung der Lasurfarbe Schwarz vor, mit anschließender Trocknung im Ofen. Danach erfolgte die Aufbringung der zweiten Lasurfarbe Silber, per Handlackierung auf entsprechend definierte Flächen aufgebracht mit wiederholtem Trocknungsdurchgang. Danach erfolgten die Aufbringung des Klarlacks und eine anschließende dritte Ofentrocknung. Erst danach kam die Farbgebung zu ihrer vollen und angestrebten Ausstrahlung. Die traditionellen weißen Zierlinien wichen einer goldenen. Die den Scheinwerfer umfassende Cockpitfront wurde durch das Silber hervorgehoben, ebenso die seitlichen Tankflanken mit kurzem Auslauf der oberen Kante.

Das Gleiche geschah am Heckbürzel mit der BMW-Plakette und dem 900 cc-Typenschild, während die Batterieblenden in gleicher Schrift wie bei der Motorplakette jeweils mit einem Aufkleber und der Kubikzahl „900 cc" versehen wurden.

Logisch wäre es natürlich, die Kubikzahl am Motor zu kennzeichnen, doch mir war wichtig, dass die Typenbezeichnung am Heckprofil stets sichtbar war, da die Batterieblenden immer durch die Beine des Piloten verdeckt werden.

Gut behelmt zur Presseveranstaltung nahe Paris: Robert „Bob" Lutz, BMW Vertriebs-Chef und Vater der R 90 S

Die von mir dem gesamten Vorstand vorgetragene Präsentation der Maschine, zu der ich entsprechend mit schwarzem Designer-Outfit beitrug, brachte großen Applaus. Bob Lutz ließ es sich nicht nehmen, gleich aufzusatteln. Er erklärte, darauf sitzend, begeistert das sich nun daraus ergebene Vertriebskonzept. Für von der Marwitz blieben somit nur die Informationen zur neuen Kubikzahl, Leistung und Technik übrig. Es war ein gelungenes Debüt zum „Design am Motorrad". Selbst Herr Hofmeister bedachte mich mit einem mild freundlichen Lächeln und meinte beim Hinausgehen: „Aber morgen geht's am Interieur weiter!"

Der Doppel-Job, von mir selbst initiiert, war durch diese erste gelungene zweirädrige „Muth"-Probe seitens Herrn Hofmeister aber noch lange nicht akzeptiert, sondern nur still geduldet. Es gab offiziell keine Stellungnahme zu diesem Status, weder als Titel noch in einem finanziellen Ausgleich zu meiner offiziellen Interieur-Verantwortlichkeit. Es wurde zu einer stillen Selbstverständlichkeit. Bei Besuchen einer der beiden Herren Hofmeister oder Lutz reagierte ich der Situation entsprechend, indem ich dann sofort die gerade auf dem Tisch befindliche Projektarbeit gegen die erforderlich aktuelle auswechselte. Am folgenden Tag reisten die Herren der Berliner Produktion an, um zu prüfen, ob das alles so „feasible" sei. „Feasibility" – ein internationaler, in Technik und Design gültiger Begriff – steht für die Durchführbarkeit in den jeweiligen Entwicklungsprozessen und Prozessmöglichkeiten eines Herstellers. Das Hauptthema war die Realisierung der Farbgebung in Silberrauch, die eine Verlaufs-Spritztechnik erfordert. Ein Verantwortlicher aus der Produktion umkreiste die Maschine, die rechte Hand stützte bedenklich sein Kinn. Er meinte: „Datt sieht ja alles janz jut aus, bloß wer soll datt denn machen? So wie der Designer sich datt ausjedacht hat, können wa dett nich, datt is ja schiere Handarbeit!" In einer solchen Situation – wie oft habe ich solche nicht schon zu meinen Ford-Zeiten erlebt – richten sich alle Augen der Beteiligten auf den Verursacher. Sie warteten gespannt darauf, wie dieser den ketzerischen Fragen wohl begegnet, um sich nun aus der Affäre zu ziehen. Doch ich hatte genug Erfahrungen gesammelt, wie man dem begegnet: Zunächst informierte ich ihn über die Zielsetzung, Bedeutung und die Entstehung der Farbe, sowie auch den selbst miterlebten Lackierprozess, um den gewollten Verlaufseffekt zu erzielen. „Det klingt und sieht ja auch janz juut aus, bloß, wie soll dett denn nu bei uns in Balin so loofen?", seine verzweifelte Frage. Nach langer Diskussion versuchte ich, diese mit einem konkreten Vorschlag positiv zu beenden: „Wie wäre es mit einem Treffen in Berlin? Ich komme rüber und spreche persönlich mit den Lackierern", so mein Vorschlag, den er erleichtert entgegennahm. Auch von der Marwitz war von diesem Vorschlag sehr angetan, standen wir doch durch die vom Vorstand abgenommene Präsentation im Wort. Ein Termin wurde bestimmt, doch zuvor verabredete ich mich mit Herbol, machte in Würzburg kurz Halt, um dann mit Tüten voller Werbematerial, wie Kugelschreiber, Kappen, Feuerzeuge und Taschenmesser, kurz, mit allem, was ein Lackierer so braucht und schätzt, meine Reise nach Berlin fortzusetzen. In der Hoffnung, mit diesen Präsenten für gute Stimmung zu sorgen, betrat ich den Besprechungsraum, wo bereits alle betreffenden Lackierer skeptisch und gespannt auf meine Ausführungen warteten. Meine Botschaft war schlicht und überzeugend. Ich verkündete ihnen, dass sie bisher nur „Lackierer" gewesen waren, aber ab jetzt „Künstler" seien. Denn jede Lackierung, die ja mit einem mit der Hand lackierten Verlauf des Silbers in die schwarzen Flächen endete, könne niemals exakt identisch werden und brächte somit ein gewolltes Unikat hervor. Danach legte ich mit ihnen mittels erstellter Schablonen die betroffenen Partien für die silbernen Flächen und Verläufe fest. Wir übten die restlichen vier Tage gemeinsam. Das Gleiche geschah mit der Festlegung der neuen Linierung mit der dafür verantwortlichen, meist aus dem ehemaligen Jugoslawien stammenden, Damen-Crew. Bei allen

Beteiligten stellte sich eine sehr konstruktive und an dem neuen Verfahren interessierte Stimmung ein. Mein persönliches, aktives und informatives Engagement zum bevorstehenden, außergewöhnlichen Lackierablauf wurde durch das große Engagement aller Beteiligten honoriert. Überzeugungskraft, Durchsetzungswille und Integrationsbereitschaft erwiesen sich wieder einmal als die richtige Formel.

Unglücklicherweise fiel die Erstpräsentation der R 90 S zusammen mit dem Null-Zwei-Turbo in die Zeit der Ölkrise. Ein im Rückspiegel erkannter, sich schnell nähernder BMW mit dem lesbaren Turbo-Schriftzug widersprach den verkündeten Fahrverboten. Bob Lutz als Initiator dieses Projekts sowie BMW als Ganzes gerieten schwer unter Beschuss und Kritik durch die Presse wie auch innerhalb des Vorstands. Man fürchtete, dass sich das auch negativ auf die Markteinführung der R 90 S auswirken würde, wurde diese doch auch als das zu dieser Zeit schnellste Motorrad beworben. Doch das Gegenteil traf ein: Begeisterte Reaktionen der nationalen wie internationalen Presse und der BMW-Importeure und natürlich auch der weltweiten BMW-Motorrad-Fans. Die Präsentation für die Presse und die europäischen Importeure fand auf einem Jagdschloss nahe Paris statt, mit Besichtigung und Probefahrtangeboten der gesamten Motorrad-Palette. Auch hier erlebten wir nur begeisterte Zustimmung.

Meine Modelleur-Crew bestand aus vier sehr unterschiedlichen Charakteren. Der Chefmodelleur war vormals Töpfer bei Nymphenburger Porzellan, ein ruhiger und besonnener Bayer mit großem Einfühlungsvermögen und begnadet goldenen Händen zum handwerklichem Geschick, was meine formalen Wünsche betraf.

Sein stellvertretender Kollege war Gärtnersohn aus Niedersachsen, sensibel, ehrgeizig und begeisterter Ferrari-Fan, und stand im ständigen Wettstreit mit dem Chefmodelleur und somit im Fokus allgemeiner Neckereien ob seines Strebens nach Extravagantem.

Ein weiteres Crew-Mitglied war ein Urgestein aus Niederbayern, mit einer Friesin verheiratet, ebenso Ex-Töpfer und somit ein Top-Modelleur für besonders schwierige Details, ein nonkonformistischer, charmanter Berserker, wie er sich auch als Motorradler erwies.

Nummer Vier kam aus Linz/Österreich, war gutmütig, bedächtig und interessiert, aber durch seine langwierigen, problematischen Fragen zu seinen Arbeitsaufgaben und einem Faible für die Erstellung von Miniaturauto-Modellen, die er in der Schublade seines Arbeitstisches verborgen hielt und sich damit stets im ständigen Wettstreit zwischen Hobby und seiner Pflicht befand. Daher war auch er eine beliebte Zielscheibe allerlei typischer Werkstatt-Witze und Frotzeleien.

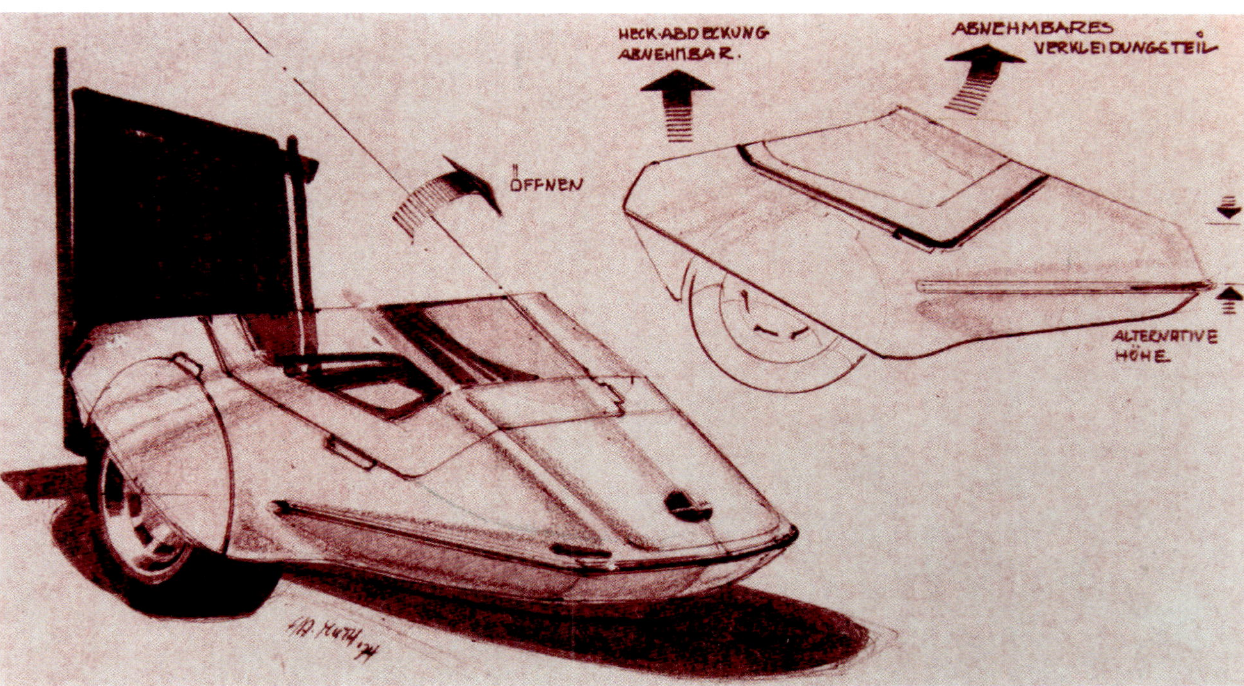

Seitenwagen-Projekt für Russland

Nachdem sich die Anforderungen bezüglich der Motorradprojekte progressiv erweiterten, wurde die Crew ergänzt. Zunächst wurde eine der drei Marwitz-Töchter als Modelleur-Praktikantin eingestellt, gefolgt von zwei weiteren männlichen Modelleuren und einer Modelleurin. Das Team wurde mit meiner neuen Studio-Assistentin vervollständigt, die ich nur mit größten Anstrengungen von der Personalabteilung zugesprochen bekam. Eine Sekretärin war in meiner offiziellen Position als Chef für Interieur-Design eben nicht vorgesehen, doch mit der Forderung nach einer Studio-Assistentin, eine bei BMW bis dato unbekannte Position, ließ sich die Personalabteilung ob meines Doppel-Jobs überzeugen: „Nomen est omen."

Seitens russischer Behörden kam eine Anfrage zu einem BMW-Gespann. Eine passende Maschine wäre nicht das Problem gewesen, wohl aber ein passender Seitenwagen, der zu dieser Studie führte. Zur Präsentation fertigte ich noch ein Rendering an. Nicht nur das Projekt verschwand ohne Nachhall, sondern auch das Rendering. Es ziert nun wahrscheinlich einen Partykeller in Moskau oder in Münchens Umgebung?

In dieser Formation wurden wir allgemein als „Muths Balletttruppe" bezeichnet. Das gemeinsame Engagement, die Effektivität in der Bewältigung der gestellten Aufgaben, der überzeugende Output, der menschliche Zusammenhalt durch gegenseitige Akzeptanz und Respekt und durch die sich daraus ergebende positive Stimmung, all das brachte uns vielfach Bewunderung und ebenso Neid ein. Ich empfand uns als ein kleines, gut abgestimmtes und wirkungsvolles Kammerorchester. Es bestand aus ganz individuell talentierten Solisten, jeder ein Profi in seinem Fach, zugleich ausgleichend, beitragend und in der Gesamtheit ergänzend. So waren wir optimal aufgestellt, um unsere Zielvorgaben zu erreichen. Meine Rolle war die des Komponisten, Moderators, Impresario, Dirigenten und Design-PR-Managers.

Teil 2 R 90 S, R 100 RS, Katana: Wie ich Trends setzte

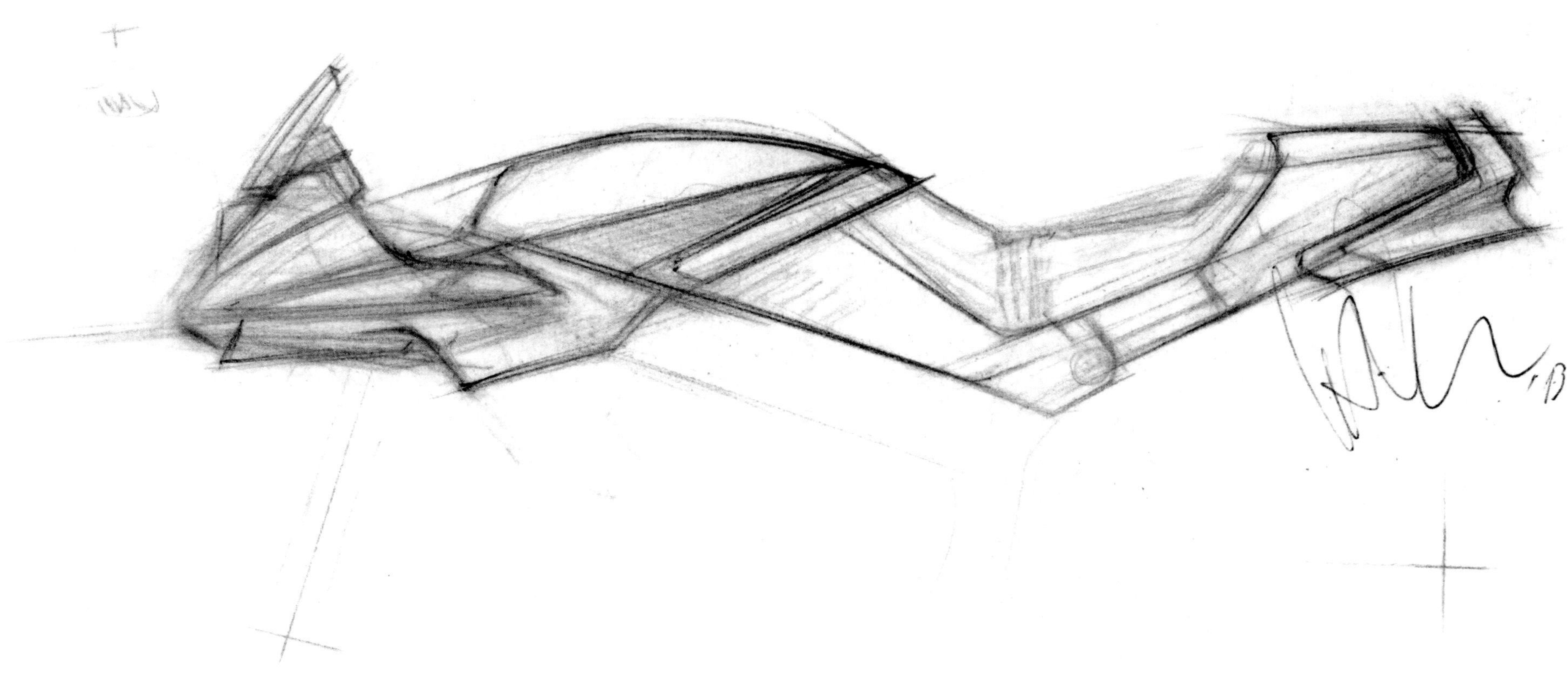

Auch heute herrscht immer noch die Meinung vor, dass es weitaus einfacher sein müsste, ein Motorrad zu designen als ein Auto, schon allein wegen der geringeren Dimensionen und Komplexität. Nach 49 Jahren Erfahrung ist meine eindeutige Antwort dazu ein definitives Nein! Nach einer ersten generellen, optisch positiven oder kritischen Wahrnehmung eines Autos steigt man ein, begibt sich in eine strukturierte, schützende Hülle.

Der äußerliche, formale Gesamteindruck, ob attraktiv, gediegen oder sportiv sollte sich im Inneren, dem Interieur, widerspiegeln, also eine Analogie ergeben. Die Beurteilung erfolgt optisch, emotional, haptisch sowie taktil – mit den Fingerspitzen. Letzteres ist wichtig beim Check der anatomischen und ergonomischen Kriterien, der Sitzhaltung und Position, sowie der Erreichbar- und Bedienbarkeit der Schalter und Schalterflächen. Das erstrebenswerte Ziel ist ein Equinox, eine Gleichheit zwischen dem Exterieur und dem Interieur. Denn man „schiebt" ja schließlich nicht sein Auto, um sich von außen an den Formen zu ergötzen, sondern man erlebt das Fahrerlebnis mit einem Auto ja von innen heraus.

In der Gesamtmobilität stellt das Auto sozusagen eine „Pflicht" dar, ein Motorrad hingegen eine „Kür", was sich auch auf das Design bezieht. Sobald man auf ein Motorrad aufsteigt, wird es allein optisch gesehen ein physischer Teil des Fahrers, beide verschmelzen sozusagen zu einem Zentauren. Alles, was man sichtbar wahrnimmt, wird nicht durch eine Hülle verborgen und geschützt, wie das beim Auto der Fall ist. Pilot und Sozia sind Wind, Witterungen, Staub und Schmutz ausgesetzt, es sei denn, dies wird in begrenztem Maß durch Cockpitverschalungen oder, wie bei der BMW R 100 RS, durch eine Integralverkleidung gemildert oder gar abgewehrt.

Wie beim Auto steht auch beim Motorrad zu Beginn des Design-Prozesses das Package, welches die Grundstruktur aller beinhalteten Komponenten in deren Dimensionen sowie die Außen- und Richtmaße definiert. Das richtet sich nach dem jeweiligen Motorradtyp, ob Straßen-, Sport-, Supersport- oder Reisemaschine bis hin zum Chopper oder Enduro. Alle diese Typen erfordern eine spezifische Auslegung der anatomischen wie ergonomischen Anforderungen, seien es die operativen Funktionen der Lenkerarmaturen, die präzise Erkenn- und Ablesbarkeit der Instrumente und Funktionsangaben, der handbetätigten Kupplung und Vorderradbremse oder der fußbetätigten Schaltung und Hinterradbremse. Die Art der Lenker und deren Auslegung, welche auch die Positionierung und Höhe des Sitzes bestimmt, haben direkten Einfluss auf die Sitzhaltung und deren ergonomische Anforderungen, was zu formalen Konsequenzen in der Design-Gestaltung führt. Alles ist viel direkter, räumlich begrenzter, erreich- und wahrnehmbarer als bei einem Auto und zwingt nicht nur den Designer zu einer umsichtigen, koordinierenden und verantwortlichen Gesamtgestaltung: Es muss einfach alles stimmen, harmonieren, funktionieren und letztlich überzeugen.

Ein Produkt, in diesem Falle das Motorrad, stellt in der Wahrnehmung des Gesamterscheinungsbilds nicht nur eine jeweilige Modellauslegung dar. Es beinhaltet zugleich die Erfüllung höherer Ansprüche seines Herstellers hinsichtlich Tradition, Bedeutung, Markteinfluss, Entwicklungsintelligenz, Kompetenz und Qualität. Dies alles wird durch das Design repräsentiert.

Die formale Repräsentanz eines Motorrads ergibt sich aus der Typisierung und deren Nutzungszielsetzung. Seit Beginn meiner Design-Aktivitäten bei BMW, beginnend mit der R 90 S, erhielt ich keinerlei Vorgaben zum Design, weder seitens des Vorstand von Technik, Marketing oder Vertrieb. Meine Design-Motivationen ergaben sich intuitiv zu den jeweiligen Aufgabenstellungen, den technischen Gegebenheiten und spezifischen Zielsetzungen, wie zum Beispiel zur R 100 RS. Je nach Aufgabe kann professionelles Design den Charakter einer Maschine zielgerecht darstellen, diesen unterstreichen oder untermalen, sei es gedrungener oder gestreckter, kompakter oder ausladender, sportlich sehnig „muskulös" oder rein emotional. Die Möglichkeiten sind gegenüber dem Auto trotzdem begrenzter, sei es bezüglich der erwähnten Einzelgliederung oder einer integrierten Flyline. Die Phantasie des Designers muss sich, ob der limitiert proportionierten Möglichkeiten, in seiner Kreativität disziplinieren. Dazu bedarf es der Erstellung und Anwendung eigener Designkonzeptionen und Produktphilosophien sowie eigener Entwicklungsformeln zu den „4 Ws" eines Designers, also was, warum, wie und wann.

Wie wichtig dies war, zeigte sich im nächsten Projekt zur R 100 RS-Entwicklung. Obwohl BMW mit der R 90 S sich wieder einen auch international überzeugenden Auftritt verschafft hatte, konnte man es nicht bei diesem Erfolg belassen, denn der fernöstliche Wettbewerb produzierte ständig nach. Ein Phänomen, welches später, wenn auch in abgewandelter Form, sich auch bei BMW zeigte. Doch auch die BMW-Klientel hatte wieder Appetit bekommen und forderte nach einem Mehr. Es gab natürlich Möglichkeiten zu einer vielleicht nur mäßigen Leistungssteigerung sowie zu der wohl nötigen Fahrwerksoptimierung sowie zu weiteren kleinen technische Änderungen und Ergänzungen, die sich aus den R 90 S-Erkenntnissen ergaben. Doch das allein hätte nur ein technisches Facelift ergeben.

BMW-Motorräder waren international auch bei Behörden sehr beliebte wie begehrte Maschinen. Solche Maschinen bedurften einer Vollverkleidung, die zugekauft wurde. All diese Verkleidungen stellten sich aber als nicht produktkompatibel heraus. Sie bestanden aus handlaminierten GFK-Schalen, waren schwer, teils seitenwindempfindlich und generell, so meine Meinung dazu, absolut hässlich. Ich finde sogar, sie entstellten geradezu das Gesamterscheinungsbild einer BMW. Somit stellten sie, besonders auch durch die ausladenden Dimensionen bedingt, keinen repräsentativen Beitrag für ein BMW-Motorradprodukt dar. Die BMW AG in ihrer traditionellen Reputation und mit hohen Ansprüchen präsentierte sich auch bei offiziellen Ereignissen mit seinen Produkten, so etwa bei Staatsbesuchen mit den äußerst medienwirksamen Polizeimotorrad-Kavalkaden, in pfeilförmiger Formation die Wagenkolonnen anführend und umringend.

Ausgelöst durch die kleine Cockpitverkleidung der R 90 S, die sich neben der Rolle als „Gesicht" und Bedeutung als „Cockpit", sich aber leider bezüglich aerodynamischer Anforderung als „recht launenhaft" erwies – wie es Andy Schwietzer in seinem ersten Buch „Die BMW-Zweiventiler Boxer" (Band 1) beschrieb –, entstand die Idee einer BMW-eigenen Entwicklung einer Vollverkleidung. Damit eröffnete sich ein neues Motorrad-Kapitel, zu dem ich meine Gedanken zu einer Mensch-Maschine-Philosophie entwickelte. Diese beinhaltet die nachfolgende Formel: Je sicherer das generelle Fahrverhalten eines Motorrads, bedingt durch das Fahrwerk, den Motor in Auslegung und Leistungsabgabe und je reduzierter die aerodynamischen Beeinträchtigungen auf die Maschine und den Piloten einwirken, desto konzentrierter kann sich dieser dem Verkehrsgeschehen sowie den straßenbedingten Anforderungen widmen. Das erhöht nicht nur seine eigene Sicherheit und die der anderen Verkehrsteilnehmer, sondern wirkt sich auch positiv auf das angestrebte Fahrerlebnis aus, welches den BMW-Slogan „Freude am Fahren" persönlich nachvollziehbar bestätigt.

Doch was für den ideellen Anspruch an die Maschine in Form eines Zentauren gilt, gilt zugleich auch für den Mann als Pilot mit Sozia zur Erfüllung der Mensch-Maschine-Philosophie. Hier mag eine trendige Alltagskleidung, z.B. den Helm – ohne ihn festzuschnallen – lässig nach dem Motto „bin mal eben nur um die Ecke" übergestülpt, zwar den individuellen Bedürfnissen entsprechen, doch in Wahrheit ist dies eine einseitige Delegierung der eigenen Sicherheit und Verantwortung auf das Motorrad.

Das Zentauren-Image verlangt nach einer geschlossenen Einheit. Peter Ustinov, der bekannte Schauspieler, Schriftsteller

und Entertainer erzählt in seiner Biographie, dass er sich mit sechs Jahren wie ein Auto fühlte: „When I was six, I was an Amilcar." Ich hingegen war schon mit Fünf ein Bugatti Typ 35, aus Faszination zu dem begehrlichen kleinen Modell dieses Typs auf dem Schreibtisch meines Großvaters. „Nicht nur damit spielen, sondern es auch sein", lautet die Devise!

Das Motorrad ist ein fragiles Objekt, ohne schützende Fahrgastzelle oder Knautschzone wie beim Auto. Schützen kann sich der Pilot gegen aerodynamische Widerstände wie Wind und Wetter außer mit einer entsprechenden Bekleidung lediglich durch eine Vollverkleidung. Die Sozia hingegen kann nur auf einen breiten Rücken des Piloten hoffen, woraus sich die Formel „Bekleidung für den Mann, Verkleidung für die Maschine" ergibt.

Teil 2 R 90 S, R 100 RS, Katana: Wie ich Trends setzte

7 Mann-Maschine-Philosophie & R 100 RS-Entwicklung

Vollverkleidungen und deren Anwendungen unterscheiden sich in drei Kategorien: rennsport-, touren- und behördenspezifisch. Der Schutzumfang richtet sich nach Art und Größe der verlangten Einsatzfunktion. Zur Erfüllung der R 100 RS-Projektzielsetzung bedeutete das einen Mix aus den spezifischen Ingredienzien aller drei Kategorien, also bestmöglich in Aerodynamik, Sicherheit und Schutz formal zu einem Gesamterscheinungsbild umgesetzt und ästhetisch durch das Design repräsentativ optimiert.

Das Lastenheft zu einer solchen rahmenfesten Vollverkleidung beinhaltete noch weitere wichtige Anforderungen wie unkomplizierte, flexible Fertigung, simple Montage und Austauschbarkeit einzelner Komponenten, die sich durch ein modulares Aufbaukonzept mit neun Teilen erfüllten. Zusätzlich ist eine einfache Wartung wichtig – und das alles bei gleichbleibender Erfüllung des sehr hohen BMW-Qualitätsanspruchs. Bedingt durch deren konventionellen Herstellungsprozesse und das Material waren bisherige Verkleidungen nicht nur schwer, unattraktiv, in den meisten Fällen weiß lackiert und zudem zum Teil auch noch gefährlich. Sie rissen, zerbrachen und hatten umlaufend scharfe Kanten, die mit meist schwarzen Kedern versehen wurden, um Verletzungen vorzubeugen. Diese Verkleidungen lösten sich nicht nur leicht, sondern verliehen dem Motorrad eine amateurhaft anmutende Optik.

All diese negativen Faktoren berücksichtigte ich in meiner Design-Konzeption. Basierend auf dem R 90 S-Package, skizzierte ich einige Entwürfe, die aber eher Variationen zu einem bereits gedanklichen Grundthema waren, welches sich behauptete. Das Layout der oberen Cockpit-Schale bestimmte sich durch die Lenkerposition in Auslegung und Breite, den Lenkereinschlag und der gewünschten, frontal zu integrierten Pilotensilhouette, den Knie- und Beinbereich mit abdeckend, ebenso der groß dimensionierte Scheinwerfer in seiner definierten Positionierung. Die Außenkanten der Ober- wie auch der Unterschale versah ich mit einem formintegrierten Radius. Das bedeutete nicht nur den Entfall der Keder, sondern zog auch noch eine TÜV-Verordnung für den Wettbewerb nach sich, was somit für uns einen intelligenten Produktvorteil bedeutete.

Ich zeichnete die Verkleidung intuitiv, aber den aerodynamischen, ergonomisch erforderlichen und erwarteten Funktionen entsprechend. Ohne die den Skizze in eine seitliche Profilansicht im Maßstab 1:1 auf einer das Package überdeckenden, transparenten Folie mittels flexiblen Tapes zu übertragen, wie sonst üblich, gingen wir direkt ins 1:1-Design-Referenzmodell.

Auf einer den definierten Dimensionen und Proportionen entsprechenden, direkt auf das Motorrad-Chassis montierten Unterbaustruktur aus dünnem Sperrholz und darauf aufgetragenem Ton, wurde die Gesamtformgebung inklusive der Scheibe per Hand erarbeitet. Nach diversen Feasibility-Checks seitens Technik und Produktion wurden von der Verkleidung Abgüsse gemacht und daraus GFK-Formteile erstellt, die zu glatten homogenen Oberflächen ausgearbeitet wurden. Dann wurden die passenden Verbindungen der drei Kernmodule erstellt. Zur Überprüfung der Aerodynamik buchten wir den Windkanal von Pininfarina in Turin, da der in weitaus geringer Entfernung liegende Windkanal der Firma Daimler-Benz in Stuttgart für uns nicht verfügbar war (obwohl dieser normalerweise auch für andere Hersteller zugänglich war). Aber die Aussicht auf einen Italien-Trip war ja auch ganz reizvoll, auch hinsichtlich der köstlichen piemontesischen Küche und Weine. Der Transport dahin – das Modell und die Mitarbeiter vom Versuch im separaten Transporter, die ausgewählte Design-Modelleur-Crew auf BMW-Maschinen, meine Frau und ich im eigenen Auto – glich einer U-Bootfahrt. Der erst mäßig beginnende Regen bei Bozen verstärkte sich auf dem Teilstück Richtung Mailand zu einem Wettersturz. Nach Mailand wurden wir durch mehrfach sich wiederholendes Aufblinken von Scheinwerfern zu einem Stopp veranlasst. Es stellte sich heraus, dass es meine drei berittenen Modelleure waren, die unseren Range Rover erkannt hatten. Sie hatten auf dem Motorrad-Ritt nach Turin bestanden und so sahen sie auch aus: Dennoch nahmen sie, aus allen Nähten triefend, tapfer und rasant die Weiterfahrt zum Turiner Hotel auf. Während wir trotz Allradantrieb mit Aquaplaning kämpften, schien es ihnen nichts auszumachen, ihr Tempo aufrecht zu halten, da ein Zweirad darin immun ist. Am kommenden Tag begrüßte uns bei Pininfarina Ingegnere Antonello Cogotti, der Chef des Windkanals. Nach kurzem Gespräch begann das Einrichten der Maschine auf der Platte vor dem eigentlichen Windkanal. Die Versuche verliefen problemlos positiv und bestärkten mein Design-Konzept: Ich fühlte mich stolz bestätigt. Und da es nur weniger Retuschen bedurfte, war die allgemeine Stimmung ausgelassen.

Am Abend wollten wir das bei einem gemeinsamen Abendessen à la Pietmontese feiern. Ein Restaurant wurde mir von Signore Cogotti empfohlen und von ihm persönlich reserviert. Wir waren hungrig und somit als Erster am Lokal, wo wir auf von der Marwitz warteten. Es vergingen 10 Minuten, doch kein von der Marwitz, bis Eugen Kainz plötzlich aufschrie: „Ja, mei, Ihr glaubs't net, da kimmt er auf bajuwarisch." In der Tat, ich konnte es nicht fassen, von der Marwitz in kurzen Lederhosen. Ich wusste ja schon, dass er eine Schwäche für Gamsleder hatte und ich ihn stets etwas amüsiert in seinem bajuwarischen Werksoutfit in Lederweste und Kniebundhose wahrnahm. Doch diesmal in Turin, einer Stadt bekannt für sein elegantes Flair, wo selbst Bandarbeiter nach Feierabend nicht im Blaumann, sondern picobello ihre Arbeitsstätten verlassen und auf ihrer Vespa durch das Werkstor brausen, war sein Aufzug so einfach nicht tolerierbar. Er verweigerte sich nicht nur meinen Argumenten, sondern auch denen der restlichen Crew. „Dann müsst Ihr Euch eben ein anderes Lokal suchen, ich gehe hier so rein", so sein Standpunkt. Das sahen wir aber ganz anders. Nach weiterem Meinungsaustausch zu modisch adäquaten Aufzügen in nicht bayerischen Regionen, verweigerte er, zwecks entsprechender Kleidungskorrektur, weiterhin den kurzen Gang zurück ins Hotel. Somit bildeten wir eine rechteckige Formation, nahmen ihn, somit nur von Kopf und Schultern sichtbar, in die Mitte und betraten das Lokal. Somit verging der Abend äußerst harmonisch, bis von der Marwitz die Toilette aufsuchen wollte. Da ich neben ihm saß, rückte er nach mir raus. Um unsere bisherigen Camouflage-Bemühungen nicht doch noch zunichte zu machen, löste ich mit einem Ruck die Tischdecke vom unbesetzten Nebentisch und band sie von der Marwitz um die Hüften. So durchquerten wir hintereinander im Gleichschritt den Saal in Richtung WC. Nun galt uns schließlich die volle Aufmerksamkeit der Gäste, denen sich einiges erklärte. Sie bedachten uns mit großem Applaus. Improvisation und Humor stellen eben auch im Design unter anderem zwei erforderliche Faktoren dar, und richtig angewandt, kann es manche Situationen positiv beeinflussen oder gar retten, wie man auch hier sieht.

Zurück in der Hufelandstraße erwartete uns ein Entwicklungsstab der Firma Grillo, die zur Herstellung der Integralverkleidung auserkoren war. Der Herstellungsprozess sollte aus Grillodur-Kunststoff im Heißpressverfahren erfolgen, was die Qualitätsvorstellungen auch seitens der Berliner Produktion hinsichtlich Verbauung und Lackierung gewährleisten sollte. Berlin hatte soweit keine Bedenken bis auf eventuelle kleine Einfallstellen bei den größeren Flächen, die in ungewollten zeitraubenden Nachbesserungsarbeiten enden könnten. Nach der Probeverarbeitung einiger Muster sah man sich bezüglich der Bedenken aus der Fertigung bestätigt.

Von der Marwitz war ein Sicherheitsfanatiker, was im Gegensatz zu seiner brachialen Fahrweise stand. Anfang der 1970er-Jahre war Fahrzeugsicherheit ein großes Thema. Ausgelöst wurde die Debatte in den USA, wo generell von allen Importautos die Erfüllung extremer Sicherheitsauflagen verlangt wird, was zunächst zu unförmigen Stoßfänger-Auswüchsen führte, aber immer noch an ihren monströsen Bumper-Formationen abzulesen ist. Den BMW-Auto-Modellen, heiß begehrt in den USA, tat dieser chirurgische Eingriff alles andere als gut, doch was tut man nicht alles für den Exportmarkt. Diese Sicherheitsdebatte übertrug sich natürlich auch auf das Motorrad. Im Zentrum stand die Nichtwahrnehmbarkeit eines sich dem Auto von hinten nähernden Motorrads, das zum Überholvorgang ansetzt, im Rückspiegel des Autos. In England wurde dazu ein Plakat publiziert, welches das Problem sehr nachvollziehbar darstellte. Es zeigt mittig einen Bleistift in vertikaler Position und dahinter, teilweise verdeckt, die Front-Silhouette eines Motorrads und folgendem Text: „It only needs a pencil line to race you off." Im Rückspiegel eines Autos erscheint ein Motorrad als ein sehr schmales Objekt. Es ist beim kurzen Kontrollblick, auch wegen seiner Geschwindigkeit, nicht sofort wahrnehmbar. Eine entsprechende Farbwahl könnte eine Lösung für das Problem sein und die Antwort dazu war ein sogenanntes „Semi-Satin Silver", ein seidenmattes, metallisches Silber, das zusammen mit dem matten Klarlack, eine Mattigkeit erzeugt, die zugleich auch mögliche produktionsbedingte Unebenheiten der Verkleidungsschale verschwinden ließ. Die optische Erweiterung der Silhouette erhöhte die Wahrnehmbarkeit, zumal der Farbton Silber dem Charakter einer solchen Maschine entsprach, war dieser doch schon in der Farbgebung der R 90 S als Zukunftsfarbe definiert, wie auch analog eine Referenz zu den verkleideten Rennmaschinen.

Der Farbton der Zierlinie wurde passend zu Silber in Blau bestimmt, ebenso auch als Detailfarbe, die in eloxierter Ausführung am vorderen Radbremszylinder Anwendung fand.

Zur Diskussion standen auch die bisher verbauten Speichenräder trotz all ihrer Vorzüge hinsichtlich Flexibilität und Leichtigkeit. Auch hier war es der Wettbewerb, der das Guss-Rad ins Spiel brachte, was natürlich ganz neue Möglichkeiten in der Gestaltung eröffnete. Es war von der Marwitz, der das Thema ansprach und dabei meine Zustimmung fand. Denn bei der integral verkleideten R 100 RS würde ein solches Rad sehr viel stimmiger zum Gesamterscheinungsbild passen als ein transparentes Speichenrad. Die einzige Auflage war, das Gewicht so

M
EV 2112

niedrig wie möglich zu halten, um es nahe an das Gewicht des Speichenrads zu bringen, was sich natürlich auf die Gestaltung auswirkte. Für mich ergab sich daraus eine Guss-Interpretation des traditionellen Speichenrads, grazil, doch kompakt und modern, sodass das Design auch dem gewünschten Gewichtsziel sehr nahekam.

Im Pre-Check zur Vorstandspräsentation erwies sich das Design-Referenzmodell als ein in sich stimmiges Design. Der von der R 90 S übernommene Tank fügte sich passend in die obere Verschalung, die als Beinschutz diente und sich um die Zylinder und die Auspuffrohre formte.

Die nach den spezifischen aerodynamischen Funktionen formal ausgelegte und modulierte Oberschale mit vergrößerter Scheibe und dem gleichen Instrumenten-Layout mit den seitlichen, nach vorne gerichteten Spoilern, den integrierten Blinkern sowie den seitlichen, unteren Schächten zur Umfassung der Zylinder, lösten die erforderliche Verkleidungsmassen in einem dynamischen, funktional logischen und ästhetischen Design auf.

Die verkürzte Sitzbank im Sozia-an-Pilot-Layout und seitlich integrierten Halteschalen für die Sozia, gestaltete ich sportlich straff mit einem nach hinten spitz zulaufendem Heckabschluss. Bei der finalen Präsentation der R 100 RS, welche im Resultat für alle am Projekt Beteiligten sehr positiv verlief, standen im Mittelpunkt aller Fragen die fünf horizontalen orangefarbigen Streifen im Scheinwerfer-Abdeckglas in der oberen Verschalung. Die Größe des Glases bedingte sich aus den Lichtaustrittsanforderungen des zurückversetzten Scheinwerfers. Jedoch missfiel mir das dadurch entstandene Fisch-Augen-Image. Mit den orangefarbigen Streifen wurde das Glas optisch unterteilt. Gleichzeitig dienten sie der Wahrnehmung, ähnlich der Warnstreifen bei Glastüren und großen Fensterflächen. Es gab dem Face, dem Gesicht, das besondere Etwas. Das Protokoll Nr. 20/75 vom 15. Juli 1975 lautete wie folgt: „Der Vorstand genehmigt die Facelift-Maßnahmen in vollem Umfang und lobt die gelungene stilistische Ausführung des neuen RS-Modells. Beim RS-Modell ist die Spiegelanordnung noch zu verbessern." Das bedeutete den Stapellauf des ersten serienmäßig mit einer Vollverkleidung hergestellten Motorrads.

Nachdem sich die Mensch-Maschine-Philosophie sichtbar im Design des Motorrads niedergeschlagen hatte, musste nun der Fokus auch auf den Menschen fallen. Anfang März 1975 gab es – durch die Freigabe des angeforderten Budgets – den Startschuss zum BMW-Motorrad-Bekleidungs- und Zubehör-Projekt. Die Zeitvorgabe war äußerst knapp, und ich war noch sehr mit der Finalisierung des RS-Projekts beschäftigt. Ich brauchte Assistenz und fand diese in der Werbegruppe Nymphenburg, geleitet von Ursula König. Das erste Gespräch, das sie in Begleitung ihres damaligen Partners mit mir führte, gab mir ein gutes Gefühl. Und somit entschied ich mich für eine Kooperation. Zusammen entwickelten wir eine Gesamtkollektion für Motorradbekleidung und Accessoires, die sich auf die Anforderungen und Vorgaben von von der Marwitz bezogen.

Die Flexibilität und Dynamik, mit der Uschi König das Projekt anging, war ungewöhnlich. Sie fand die richtigen Hersteller, die sich besonders im österreichischen Raum befanden. Schon zu dieser Zeit beinhaltete die Kollektion eine leichte Schutz-Warnweste, dank derer Pilot und Maschine deutlich erkennbar wurden. Die Weste fand erst nach 2000 ihren Einsatz. Die Anforderung an die Funktionalität einer Lederbekleidung hinsichtlich der Wasserdichtigkeit und des Schutzes bei Stürzen, besonders im Rücken- und Armbereich, konnten wir erfolgreich erfüllen.

Ähnliches galt für Handschuhe, Nierengurt, Lederhalstuch, Regenanzug bis hin zu den attraktiven und neuartigen Accessoires wie der magnetischen Tanktasche oder der kleinen Gürteltasche für die persönlichen Kleinigkeiten. Mit im Paket waren ebenso Stiefel und eine Sonnenbrille, welche die Firma Rodenstock fertigte, und ein großformatiges Halstuch, das als visualisierte Thematik Erste-Hilfe-Tipps gab. Für eine produkt- und materialdurchgehende Farbgestaltung dieser Kollektionen wählten wir ein Silbergrau im Zusammenspiel mit einem dunklen Blau.

Die interne Vorstandspräsentation verlief sehr gut und ohne irgendwelche Einwände. Die einmal jährlich erfolgten Motorrad-Vorstandsfahrten, die sich aus den Vorständen aus Technik, Einkauf, Finanzen und Personal zusammensetzten, wirkten sich sehr positiv auf die Absegnungen meiner Design-Aktivitäten für das Motorrad aus.

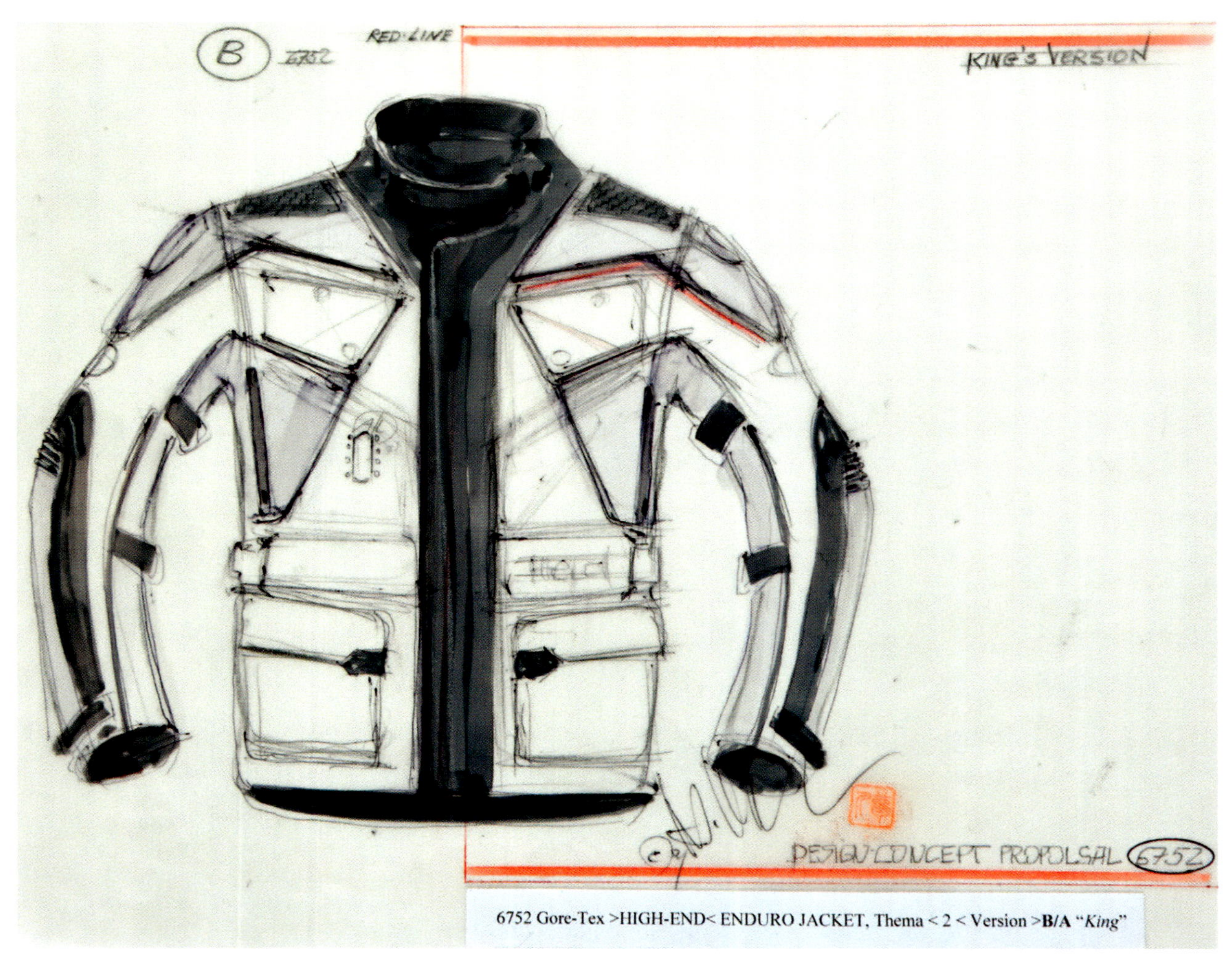

6752 Gore-Tex >HIGH-END< ENDURO JACKET, Thema < 2 < Version >**B/A** “*King*”

8 Die schützenden Hüllen des Zentauren

Zusammen mit dem Journalisten Klaus Herder und dem Fotografen Stefan Wolf machte ich einen „kritischen“ Messerundgang auf der IMOT 2014. Meine Aufgabe war es, zu bestimmen, was ich persönlich für gut befände, wobei es egal war, ob sich meine Benotung auf Motorräder, Roller, Messestände, Zubehör, Bekleidung oder gar die engagierten Messestand-Damen bezog.

Auf dem Stand des Allgäuer Bekleidungsherstellers Held fiel mir ein Motorradhandschuh auf, der sich materialmäßig als Tigertatze darstellte. Mir gefiel diese provokante Interpretation, ganz im Gegensatz zu den vielen üblichen Modellen, die sich nur durch Farben und mit Materialmix bestückten Applikationen unterschieden. Wir kamen ins Gespräch und mein Vorschlag zu einem gemeinsamen Projekt stieß sofort auf Interesse.

Das Thema „Motorradbekleidung“ beschäftigte mich seit meiner ersten BMW-Bekleidungs & Accessoires Kollektion, doch es ergab sich keine weitere Aktivitäten hierzu. Wie gewohnt ging ich das Thema erst einmal analytisch an, denn ein anspruchsvoll funktionales Motorradbekleidungs-Outfit unterliegt vielen Auflagen. Der Begriff „Schützen“ bezieht sich nicht nur auf Witterungsbedingungen, sondern auch auf das Wohlbefinden. Dazu gehören neben dem generellen Schnitt des Fahrzeugs verschiedene Ventilationssysteme sowie die Erfüllung von ergonomischen wie wetterfest ausgelegten Staumöglichkeiten. Jeder behandschuhte Griff muss später sitzen, um die bezweckte Funktion reibungslos durchzuführen, wie zum Beispiel die Bedienung eines Reißverschlusses zum Öffnen der Ventilationspartien. „Schützen“ auch im Sinne der „Erkennbarkeit“, dem Schutz vor und bei Unfällen. Das in meiner Philosophie „Die Einsamkeit des Jagdfliegers“ (s. Kapitel 14) beschriebene Ritual zu Beginn eines Ausritts entspricht dem Sehen und Gesehenwerden, in der Verbindung von Mensch und Maschine zu einem Zentauren. Diese stationären Phasen, welche auch eine Ankunft oder Unterbrechung beinhalten, stellen die modische Auftrittsphasen dar: Hier zeigt sich der „Held/in“ mit modischem Anspruch und individueller Aussage. Während der Fahrt hingegen wandelt sich der modische Effekt zu einem visuell erkennbaren, schützenden Element. Die Anforderungen an eine Motorradbekleidung, sei es zum Beispiel Partnerlook bei unterschiedlichen Schnittauslegungen oder die Identifizierung der Bekleidung mit den jeweiligen Vorstellungen und Ansichten der Biker, sind die Herausforderungen an den Hersteller. Trotz der zahlreichen Angebote gibt es aber immer noch unbedachte Details, die zu neuen Lösungen führen können.

6752 Gore-Tex >HIGH-END< ENDURO JACKET, Thema >2 < Version >**B/A** *“Queen”*

Teil 2 R 90 S, R 100 RS, Katana: Wie ich Trends setzte

Für mich das Höchste: Aero-Vette

9 Präsentationen, Celebrities und Follow-Ups

Die R 100 RS erfuhr drei Präsentationen. Los ging es mit einem Auftritt in der ZDF-Sportschau in Mainz. Ernst Huberty ersetzte den amtierenden, doch wegen Krankheit ausgefallenen Sportmoderator Dieter Kürten. Neben uns Entwicklern, also von der Marwitz, Wirth und ich, stellte sich auch der Vertriebschef sowie BMW-Rennfahrer-Legende Georg „Schorsch“ Meier seinen Fragen. Die offizielle Präsentation fand anlässlich der IFMA in Köln statt, bei der zusammen mit der Maschine die neue Bekleidungs- und Accessoires-Kollektion der Presse vorgestellt wurde. Ursula König hatte die Idee, diese so lebendig wie möglich durch eine Münchener Tanzgruppe mit einem choreographierten Auftritt zu gestalten. Eine gelungene Umsetzung der Mensch-Maschine-Philosophie .

Besonders erfüllt wurde diese Botschaft auf der Pressevorführung am 16. September 1976 in Murnau/Staffelsee. Die PR-Abteilung hatte dafür das Alpenhotel angemietet und einen entsprechenden Streckenverlauf für die Probefahrten ausgesucht. Der Vorabend war ein angeregtes Get-Together mit der begehrten bayerischen Flüssigkeit. Am kommenden Morgen goß es wie aus Kübeln, was zu einer allgemeinen Unruhe der international angereisten und fahrbegierigen Journalisten führte. Schon fahrfertig in ihren speziell angefertigten schneidigen, weißen Nylon-Blousons, tigerten sie ungeduldig durch die Säle, wo sie sich mit noch einem Espresso, Wasser, oder einem leichten Weißbier die Zeit vertrieben. Karl-Heinz „Kalli“ Hufstadt, dynamischer und allseits beliebter BMW-Motorrad-Pressesprecher, kam an unseren Tisch und meinte: „Ja, jetzt schleicht's Eich doch endlich, wofür hamma denn des Motorradl entwickelt? Auf geht's, Buam!“ Und so starteten die aufgesattelten Journalisten mit ihren Maschinen, kurz getaktet wie auf einem Flugzeugträger-Einsatz. Der erste Journalist, der das Hotel wieder erreichte, war ein Belgier. Er stoppte, nahm den Helm ab, zog die Handschuhe aus, fasste sich mit den Händen auf die Schultern und rief etwas ungläubig und sehr glücklich: „Je suis sec, je suis sec!“(„Ich bin trocken, ich bin trocken!“). Bedurfte es einer besseren Bestätigung?

Der Blinkerschalter

Im Bestreben, die Bedienungskomponenten optimaler auszurichten, entwickelte Technik und Versuch einen ergonomischen Blinkerschalter in Kipp-Formation. Statt an jeder Lenkerseite einen Blinkerschalter anzuordnen, sollte nun nur noch linksseitig ein Blinkerschalter in den Lenkerarmaturen positioniert und mit einer vertikalen Daumenbewegung bedient werden, wobei die Hand geschlossen am Lenker verbleiben kann: Daumen hoch nach links, Daumen gesenkt nach rechts. Test und Technik begrüßte diese Entwicklung, weniger Beifall kam von einigen kritischen Anzugträgern und Journalisten. Auf der IFMA an den neuen Modellen präsentiert, sprach ein leitender BMW Motorrad-Techniker eine Motorrad-Journalistin auf ihre negative Meinung zu dem neuen Blinkerschalterkonzept an. Die Journalistin verwies auf die einfache Bedienbarkeit japanischer beidseitig angebrachter Schiebeschalter. Von der Marwitz und ich wurden anschließend dazu aufgefordert, unseren „Unsinn“ zu beheben. So geschah es; wir kehrten zur „fernöstlichen Vernunft“ zurück. Doch es wurmte uns, wie eine Entwicklung wie diese durch einen Meinungsaustausch zwischen „Chefetage“ und einer Journalistin ohne eine interne Diskussion mit den Entwicklern so schnell zunichte gemacht werden konnte.

R 100 RS-Präsentation im ZDF-Sportstudio

Präsentation der Motorradbekleidung auf der IFMA

Bill Mitchell war nicht nur ein absoluter Auto-Aficionado, ein „Car-Nut“, sondern auch ein begeisterter Bike-Enthusiast. Er sammelte Motorräder, beließ diese aber nur kurz in ihrem Originalzustand, um sie dann entsprechend seiner eigenen

Präsentationen und Celebrities

William L. „Bill“ Mitchell, Vice-President von General Motors Design, gerühmt und gefürchtet in seiner Rolle. Seine ungewöhnlichen Tricks, neue Modelle dem Marketing-Vorstand zu „verkaufen“, sind legendär. Seine Einstellung und Meinung über Marketing lautete: „Marketing? Remember what happened to Lot`s wife when she looked back?” Bekanntlich erstarrte diese. In der biblisch festgeschriebenen Begebenheit sah er das, was dem Marketing für die zukünftige Automobilgestaltung bestimmt war. So entwickelt er mit seinen Studios die wirklich neuen Modelle lieber hinter verschlossenen Türen. Es gab in diesen Fällen immer zwei Modelle, ein offizielles und ein inoffizielles. Er hatte da seine ganz eigene Art, diese dem Vorstand, ganz en passant, schmackhaft zu machen. Es gelang ihm, das übliche Präsentationsritual mit all den individuellen Ansichten, Meinungen sowie den unausweichlichen Eitelkeiten raffiniert auszuhebeln. Und das war nicht nur GM-speziell, sondern bei Ford noch ausgeprägter. Seine beliebteste Methode war eine Einladung zu einem Weekend-Grill-Event. Gerade zurück aus Old Europe, im Schlepptau lombardische Spezialitäten à la Ferrari, Lamborghini oder Maserati. Die Gästeschar, dank der ersten Martini-Cocktails stimmungsvoll gelockert, den Steakgeruch schon in den Nasen witternd, bedrängte ihn mit neugierigen Fragen: „Hey Bill, how was your shopping in Italy? Let's have a look!“ Die lässige Antwort: „Guys, there was really nothing exciting to see this time”. Doch die Gäste ließen nicht locker, was sie aber ja in Wahrheit auch gar nicht sollten. Scheinbar nachgiebig fing er an, die weißen Garagentore eins nach dem anderen zu öffnen. Zunächst zeigte er nur die bereits bekannten Objekte. Doch die Fragen hörten nicht auf: „Bill, what's in here?“ Er nur: „It's the Testarossa, you all know that!“ Vor den beiden letzten Garagen machte er bewusst kehrt, was die Gästeschar umso mehr reizte. Nun war genau der von ihm beabsichtigte Punkt erreicht. Er drückte den elektronischen Öffner und ganz langsam hob sich das Tor. „Wow! What's that? Come on guys, oh my God, never saw something like that!“ Bill ging hinein, öffnete die Wagentür, startete den Motor und fuhr bedächtig heraus. Sein fast schüchterner Kommentar lautet: „Guys, this is what we think a new Corvette should look like! And since you guys are already here, what do you think about it?” Dank dieser Raffinesse entstanden die wirklich aufregenden GM-Modelle.

Bill Mitchell, der kreative „Design-Spin-Doctor“

Vorstellung zu bearbeiten, zu „customizen“. Dazu ließ er sich, natürlich nach eigenen Entwürfen, auch das dazu passende Outfit schneidern.

Auf einer seiner berüchtigten Dawn-Patrols, diesmal bei den europäischen GM-Töchtern, nahm er die Gelegenheit zu einem Abstecher nach München wahr. Er hatte von der R 100 RS durch die Printmedien erfahren, war voller Interesse, wohl auch, um seine sowieso schon reichhaltige Kollektion zu erweitern. Für mich war Bill Mitchell natürlich als kreativer „Design-Spin-Doctor“ im automobilen Bereich ein fester Begriff. Anlässlich eines Pariser Auto-Salons wurde ich ihm sowie auch Charles „Chuck“ Jordan, dem damaligen Design-Chef von Opel, vorgestellt. Damals nahm ich Armin Gnadt, den jüngeren Bruder meiner Frau unter meine Fittiche und begleitete ihn aktiv fördernd zu seinem angestrebten Design-Beruf. Nach einem Praktikum bei Mercedes-Benz und dem Studium auf der Hamburger Wagenbau-Fachschule heuerte er bei Opel im Design-Center an. Er hatte sich dort, ohne es selbst zu wissen, einen ganz speziellen Ruf geschaffen. Als ich Chuck Jordan auf ihn ansprach, beschrieb er ihn, erstaunt und begeistert ob des Verwandtschaftsverhältnisses, mit den Worten: „Gee, Armin is sketching the nicest Blitzn!“, womit er wohl das Blitz-Symbol im Opel-Logo meinte.

Die BMW-Presseabteilung informierte mich über Mitchells anstehenden Besuch und dessen Interesse, die neue R 100 RS kennenzulernen, sowie aber auch über den Wunsch, mich dabei zu haben. Wir verabredeten uns am Ismaninger Testgelände. Ich war spät dran und ziemlich aufgeregt. Leider merkte ich auf der Fahrt dorthin, dass sich die Benzinanzeige meines Range Rovers schon im Ende des roten Bereichs befand und ein Tankstopp dringend erforderlich war. Dazu bot sich eine Tankstelle in der Nähe der Teststrecke an. Tankdeckel auf, Griff nach dem Tankzapfen, in die Tanköffnung geführt und den Zapfen auf Durchlass blockiert: Treibstoff – Tempo, tempo! Ein Blick auf die Uhr zeigte mir, dass ich wirklich spät dran war. Zugleich wunderte ich mich über den Dieselgeruch. Also Blick auf die Tankuhr, Zapf-Blockierung lösend und den Zapfen mit dem Schlauch wieder einhängend. Da entdeckte ich, dass ich Diesel statt Super getankt hatte. Ich alarmierte den Tankwart, und der reagierte spontan.

Also: eine Wanne unter das Auto, Tankstutzen gelöst und geöffnet und dann den Diesel in die Wanne. Dies war nur dank der Bodenfreiheit des Range Rovers möglich. Nach neuer, nun korrekter Super-Betankung weiter zur Teststrecke, wo Bill Mitchell schon seine Runden absolvierte. Nach kurzer Begrüßung des BMW-Empfangskomitees, bei der sich auch George Gallion, zu dieser Zeit Chef-Designer des Rüsselsheimer Design-Centers befand, beendete Bill seine Proberunden und rollte aus. Er war begeistert und mit einem „I have to get one! This bike is really teriffic, Häääns“, begann er, noch immer auf der Maschine sitzend, sofort mit seinen Eindrücken und Fragen. Es endete mit einer Einladung in das GM Technical-Center, die ich mit einer Reise nach Daytona verbinden konnte, um dort das Rennen für Produktions-Motorräder zu besuchen. Zusammen mit meiner Frau und Familie Krauser flogen wir nach Daytona. Die Piloten Steve McLaughlin und Reg Pridmore auf den Rennausführungen der R 90 S brillierten mit einem Doppelsieg. Nach dem Besuch des Rennens stieß ich im Hotel auf Willie G. Davidson, was den Abend nicht nur gesprächslastig, sondern auch sozusagen recht „flüssig“ gestaltete, die Nacht und den Morgen danach inklusive.

Es stand der Weiterflug nach Detroit an, wo wir von einer GM Design-Abordnung herzlich empfangen wurden. Nach einem Coffee und einem Briefing für den kommenden Tag überreichte man uns die Wagenschlüssel zu einem für uns bestimmten, im Hotel deponierten Chevrolet und einer Erklärung zu GMC. Wir erreichten das Technical Center, dem „Heiligtum“ von General Motors, am nächsten Tag kurz vor 11 Uhr. Nach herzlicher Begrüßung bat uns Bill zunächst in sein Office. Das Gespräch fokussierte sich ganz auf das Thema Motorrad. Wir diskutierten leidenschaftlich unsere Ansichten zum Motorrad-Design, zu den Entwicklungen und unseren Erfahrungen. Der Kaffee wurde, zumindest bei uns beiden, kalt, während wir all den vielen Fragen und individuellen Erkenntnissen zu diesem so anregenden Thema Motorrad gerecht zu werden versuchten. Zum Lunch ging es dann in den Executive-Dining-Room mit der legendären, fast 1,5 Meter im Durchmesser dimensionierten Drehplatte auf dem Esstisch.

Das gesamte an diesem Tage im Hause anwesende Design-Executive-Ensemble war zugegen, darunter einige Chief-Designer,

die ich bereits persönlich kannte, wie Chuck Jordan und George Gallion. Wie immer bei solchen Anlässen: Das Augen und Sinne verlockende Angebot an Speisen wurde leider ein „kaltes Opfer", da wir zu beschäftigt waren, alle Fragen zu beantworten. Somit kam mir die Drehscheibe wie ein Roulette vor: „Faites votre choix." Nach Kaffee und Eis wurde noch einmal angestoßen, und Bill überraschte mit folgender Ankündigung: „Häääns, we appreciate your and Judy`s coming over. I have a surprise for you! Let's go downstairs!" Nach der allgemeinen Verabschiedungsrunde im Basement angekommen, eine Türe zum Auditorium öffnend, erwartete uns in der Tat eine exklusive Überraschung in Form sämtlicher Design-Studien zur Corvette, inklusive des von Zora Arkus Duntovs, in den 1950er-Jahren entwickelten Rennwagens. Es war schon sehr beeindruckend, diese Studien, die ich bisher nur teilweise aus Publikationen kannte, in voller Größe zu betrachten. In einem Umschlag überreichte mir Bill einen Stapel Fotos seiner „customized" Bikes und meinte dazu: „I am glad you did not follow the design studies Bob Lutz asked me for when he entered BMW." Kurz nachdem Bob Lutz der BMW AG beigetreten war, erhielt ich über von der Marwitz einige Renderings mit Design-Vorschlägen zu einem modernen BMW-Motorrad nach amerikanischem Verständnis, die vom GM-Designer Ron Hill entworfen waren. Lutz hatte diese wohl ob der konservativen Tristesse der damaligen /5-Motorräder über seinen Draht zu Detroit dort angefordert. Von der Marwitz, dem ich die Entwürfe zeigte, blätterte die Mappe durch und schob sie mit abweisender Handbewegung weg. Die Darstellungstechnik fand ich sehr gelungen, der Design-Inhalt hingegen spiegelte nicht nur die amerikanische Auffassung von einem europäischen Motorrad wider, sondern ließ auch vermuten, dass der Designer kein Biker war, was sich viele Jahre später bestätigte.

Ein Fahrer fuhr uns zum Carpool zur Übernahme eines anderen Modells, diesmal ein Buick. Auf dem Weg dahin passierten wir den neben dem Styling-Center liegenden „Aluminum Dome", dem eleganten, auf drei Pylonen ruhenden Wasserspeicher, den stolzen Verweis auf das gerade fertiggestellte Windtunnelanlage-Gebäude. Dazu hielt der Fahrer den Wagen an und klärte uns nicht nur über den Sinn einer solchen Anlage, sondern auch über die Wichtigkeit von Aerodynamik am Auto auf, was meine Frau zu der Bemerkung veranlasste, dass bei dem Anspruch dieses GM-Tech-Centers eine solche Installierung aber auch mehr als nötig gewesen sei. Denn generell sei von angewandter Aerodynamik bei amerikanischen Fahrzeugen nicht viel zu sehen, bis auf allenfalls schmückende Motive. Besser hätte ich es auch nicht formulieren können.

Mit einem weiteren halben Tag zu unserer Verfügung besuchten wir die Firma AMT, in Troy/Michigan, die Modellautos als Promotionsgeschenke für die US-Autohersteller sowie Modellbausätze aus Plastik in verschieden Maßstäben herstellten. Persönlich lernte ich den Entwicklungsstab anlässlich meiner

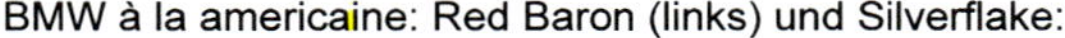
BMW à la americaine: Red Baron (links) und Silverflake:

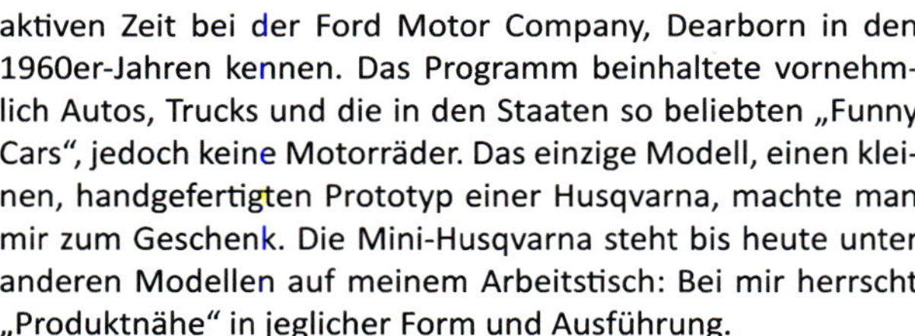
aktiven Zeit bei der Ford Motor Company, Dearborn in den 1960er-Jahren kennen. Das Programm beinhaltete vornehmlich Autos, Trucks und die in den Staaten so beliebten „Funny Cars“, jedoch keine Motorräder. Das einzige Modell, einen kleinen, handgefertigten Prototyp einer Husqvarna, machte man mir zum Geschenk. Die Mini-Husqvarna steht bis heute unter anderen Modellen auf meinem Arbeitstisch: Bei mir herrscht „Produktnähe“ in jeglicher Form und Ausführung.

Zurück in München erwartete man von mir Design-Vorschläge zum R 90 S-Nachfolger, der R 100 S. Generell konzentrierte sich das Lastenheft auf technische und leistungsbedingte Optimierungen. Designmäßig schien es mir mehr die Frage eines reinen Facelifts zu sein, da eine Neufassung zur aerodynamischen Optimierung eines lenkerfesten Cockpits im Budget nicht enthalten war. Somit blieb mir nur eine Art Dominospiel übrig. Die Beibehaltung des 90 S-Cockpits und des Tanks in Kombination mit der sportiven 100 RS-Sitzbank verlieh der Maschine eine sehr moderne, gestreckte Flyline. Bei dem als Design-Referenzmodell erstellten Prototyp versuchte ich wieder, Farbe als Teil einer neuerlichen Identität zur R 100 S zu verwenden – diesmal ausgeführt in einem metallischen Rot-Orange mit leuchtend roter Linierung in Verbindung mit dem an Gabeltauchrohren, Ventildeckel, Batterieblenden, Seitenspiegel und Auspuff verwendeten Matt-Schwarz. Der Radbremszylinder erhielt ein mattes Rot statt des eloxierten Blau der 90 S. Wir fanden, dass die Maschine schlichtweg eine Wucht war. Der Wegfall von Chrom, das Silber nur bei den Aluspeichenrädern beibehaltend, heizte die rote Linierung in Verbindung mit dem Matt-Schwarz und dem Rot-Orange als Hauptfarbe zu einer außergewöhnlichen Sicherheitsfarbe auf. Von der Marwitz war begeistert, so auch Bob Lutz. Während wir im Hof vor der „Kapelle“ auf Vorstand Oswald warteten, rollte endlich dessen Wagen vor. Er stieg aus und hob einen Arm hoch, um sich vermeintlich vor der Sonnenblendung zu schützen. Ich ging ihm zur Begrüßung entgegen. Doch es war nicht die Sonne gewesen, die ihn geblendet hatte, sondern die Farbgebung der Maschine: „Herr Muth, was soll denn diese Farbe für ein Motorrad, das ist ja eine Puff-Farbe!“ Ich war sprachlos und begleitete ihn, etwas verwirrt wegen seiner Reaktion, zu den wartenden Herren. Auf seine Frage an Bob Lutz, was er dazu meinte, erwiderte dieser fast nüchtern, den Blick nicht von der Maschine lassend: „Herr Oswald, das alles hier ist tipp-topp, sie sind halt kein Motorradler.“ Doch die Farbe musste sterben und wich einem Metallic Rot mit goldener Linierung. Das Modell in der gewagten Ausführung wurde den Importeuren so nicht vermittelt. Ich bin aber sicher, der US-Importeur Butler & Smith wäre begeistert gewesen. Marketing und Vertrieb erwiesen sich jedoch leider nicht als mutig genug.

Stand die Bezeichnung „RS“ für „Reise/Sport“, folgte nun die Touring-Ausführung in Form einer R 100 RT, einer Reise-/Touring-Ausführung, die durch das bereits entwickelte modulare Verkleidungskonzept für die R 100 RS keine große Herausforderung mehr für mich darstellte.

► Bill Mitchells Test der R 100 RS auf dem Ismaninger Testgelände (rechte Seite, unten links)

R. HILL NOV. '72

R 100 S: Design-Referenzmodell

Hans A. Muth mit einer Villiger-Kiel-Zigarre „auf Abwegen“

Episode Villiger

Heinrich Villiger, bekannter Zigarrenhersteller und leidenschaftlicher Biker, erwarb ein R 90 S-Modell und ließ sich dieses durch den Vertrieb individuell ausstatten. Die entsprechende Umsetzung seiner Wünsche sollte ich übernehmen.

Das tat ich gerne. Bei der Übernahme der nun individualisierten Maschine, die er sehr begeistert entgegennahm, lernte ich ihn dann auch persönlich kennen. Beim Small Talk zu den beidseitig aktuellen Themen wie Motorräder, Zigarren und Lifestyle fragte er mich, ob ich mich zu einem Werbeauftritt zur Verfügung stellen würde. „Warum nicht?“, dachte ich mir und stimmte zu. Mir wurde ein Termin genannt, an dem mich ein Fotograf kontaktieren würde. Wir trafen uns im Olympiagelände. Es entstand ein Foto, das mich in einem Krauser-Lederkombi, auf meiner 100 RS sitzend, zeigt. In der rechten Hand hielt ich eine Villiger. Bis auf meinen im Text erwähnten Namen und der Position bei BMW, den im Bild entfernten, sichtbaren 4-Zylinder, noch ein MV-Agusta-Logo auf der Brust meines Kombis, deutete nichts auf BMW hin. Einige Wochen später nach Erscheinen dieser Anzeige in einigen Medien erhielt ich eine persönliche Mitteilung, in Form einer Kopie dieser Anzeige, versehen mit einer handschriftlichen Bemerkung: „Herr Muth, musste das sein?“

Das Thema war die Gestaltung einer Tourenversion der erfolgreichen R 100 RS. Die notwendigen Ingredienzen dazu waren bereits vorhanden, wie etwa die Doppelsitzbank. Durch Umgestaltung der oberen Integralschale für mehr seitlichen Schutz und der Verwendung einer in der Neigung verstellbaren, noch größeren Frontscheibe sowie der Beibehaltung der unteren seitlichen Schalen und der mittleren durchbrochenen Verbindung, ließ sich diese Aufgabenstellung verhältnismäßig unkompliziert und zügig realisieren.

Auf den Wunsch nach Integration von Zusatzscheinwerfern wurden unterhalb der Blinker kleine Schächte vorgesehen, die von der Münchener Polizei sehr begrüßt wurden, konnte

Präsentation der R 100 S in „Puff-Rot“

man diese doch zur Unterbringung der Kameras nutzen. Der Hinweis auf meine Urheberschaft bei einer Geschwindigkeitskontrolle erwies sich trotzdem leider als nicht hilfreich in der Hoffnung, so die angedrohte Geldbuße reduzieren zu können. Den farblichen Auftritt sah ich mehr in einer elegant ruhigen Farbgebung, welche sich beim Präsentationsmodell in einem Dunkelbraun-Metallic mit roter Linierung in Kombination mit einem Silberbeige-Metallic für die unteren Verkleidungspartien. Die Sitzbank wurde in farblich abgestimmtem beigefarbenem Leder gehalten. Leider dominierten, wie halt stets bei Tourenmaschinen, besonders die schwarzen Koffer, deren Design mit dem integrierten BMW-Logo zwar auch meine Handschrift trugen, doch an der eleganten Erscheinung nagten.

BMW R 45 / R 65

10 Der Übergang in die GmbH

Das Jahr 1976 begann mit der Ausgliederung der Motorradentwicklung in die BMW Motorrad GmbH. Für mich war das nun der richtige Zeitpunkt für ein Gespräch mit Herrn Hofmeister, um mich von der Verantwortlichkeit des Interieur-Designs zu entbinden. Die neue Geschäftsleitung der GmbH unter Graf von der Schulenburg war an meiner Übernahme als offizieller Chefdesigner für Motorräder sehr interessiert. Hofmeister, seinem kargen Kommunikationsstil folgend, meinte nur kurz: „Muth, wenn Sie mir nen Neuen beschaffen, können Sie gehen." Unter meinen damaligen Kölner Ford-Kollegen konnte ich Hans Braun dafür gewinnen. Der zeigte sofort Interesse, und dies tat zum Glück auch gleich Herr Hofmeister.

Mit Hans Braun, einem begeisterten und erfolgreichen Rallye- und Oldtimer-Rennfahrer mit eigenem Rennwagen, wurde das Interieur in der von mir eingeschlagenen Richtung des ergonomisch funktionalen Designs erfolgreich fortgesetzt.

Die Motorrad GmbH, nun outgesourced und zugleich sozusagen „kastriert", denn die Motorenentwicklung verblieb und unterstand weiterhin der BMW AG, erwies sich als ein Konstrukt, von dem man sich schon von Anfang an im Klaren sein musste, dass die gesetzten Erwartungen mit den gegebenen Möglichkeiten so nicht erfüllt werden konnten. Leider verwandelte sich der Begriff der „beschränkten Haftung" zu einer „beschränkten Handlungsfähigkeit", was sich in der K-1-Projektentwicklung in allen Konsequenzen schnell herausstellte. Bei der neu installierten GmbH machte sich zugleich auch der Wechsel eines Teils der Vorstände bemerkbar. Eine neue Manager-Generation trat an, die nicht das bisher spürbare sowie notwendige Quantum Benzin im Blut hatte, und somit das motivierende und bestätigende „Feeling" vermissen ließ. Durch ihre Rationalität war es ihnen nicht möglich, sich auch emotional in das jeweilige Entwicklungsszenario hineinzuversetzen, was aber durchaus mit mehr Vertrauen und Engagement hätte kompensiert werden können. Was Entwickler und Entwicklungen brauchen, ist ein Kreis von vielen im Hintergrund Agierenden, die ihre Mitarbeiter leiten und emotional sowie intellektuell auffangen, sie stützen, nicht aber eine Schar von misstrauischen, nach vermeintlichen Fehlern suchenden Managern. Nach meiner Erfahrung hat letzteres nämlich meist nur destruktive Konsequenzen zur Folge.

Ein Beispiel dafür ist eine für mich unvergessliche Situation bei einem Meeting in der AG. Das von der Geschäftsleitung der GmbH vorgegebene Thema war ein besonders vom Vertrieb dringend angemahnter, neuer Motorradmotor. Ein leitendes Vorstandsmitglied sah sich ob all der Aktivitäten in der Automotorentwicklung nicht zu einer positiven Entwicklungszusage bereit. Die individuellen Positionen der Argumente zwischen Graf Schulenburg, von der Marwitz und Dr. Rademacher wechselten lebhaft die Tischseiten, doch es schien mir, dass es wohl nicht nur an der Kapazitätsauslastung lag. Rademacher schien generell wenig Interesse daran zu haben. Da öffnete sich die Tür. Alex von Falkenhausen, der Chef-Motorenkonstrukteur, erschien. Er blickte kurz in die Runde und betrat dann den Raum. Begeistert rief er: „Er läuft, er läuft! Der Zwölfzylinder läuft, einfach großartig rund und mit sattem Ton!" – „Wir reden hier aber gerade über ganz andere Themen", erwiderte das Vorstandsmitglied, woraufhin Falkenhausen, jäh gedämpft in seiner emotionalen Begeisterung, ernüchtert neben uns Platz nahm. Ich war über diese Reaktion seitens eines Vorstands fassungslos und dachte mir: Wo bin ich hier eigentlich? Auch die gemeinsame Rückfahrt mit von der Marwitz und Wirth gestaltete sich, da alle in Gedanken versunken waren, ungewöhnlich „sprachlos". Wo ist die Begeisterung für eine gelungene und gerade bestätigte Motorentwicklung eines 12-Zylinders? Hier wäre doch Prosecco in keiner Weise adäquat, sondern mindestens Champagner in Magnum-Ausführung, um dieser Sternstunde gerecht werden!

Im Grunde lässt sich fast jede Aufgabe, ob von Ingenieuren, Technikern oder Designern, mit Kreativität, persönlicher Begeisterung, Engagement und Durchsetzungswillen umsetzen. Aber es bedarf auch der Bereitschaft eines jeden Entscheidungsträgers, dem ein Entwurf oder Modell präsentiert wird, sich diesem völlig neutral, offen und interessiert, jegliche Vorurteile, Besserwisserei, Eitelkeiten oder Arroganz ablegend, zu öffnen.

Das erste Projekt, das in der neuen Motorrad GmbH angegangen wurde, war die Entwicklung einer neuen jungen Mittelklasse, die 248-Baureihe, in Form einer 450- und 650 ccm-Maschine. Mein Konzept sah dazu ein strafferes, akzentuiertes Design mit einem neuen, schlankeren 22-Liter-Tank vor, der im unteren Bereich, entsprechend moduliert, sich an der Motorblocksilhouette ausrichtete. Der Benzinhahn sollte sich ergonomisch gut erreichbar, nahe dem tiefsten Flanschpunkt auf der linken Seite, befinden. Zugleich erforderte es auch die Gestaltung neuer Batterieblenden sowie einer Doppelsitzbank mit einer lackierten Abschlussverblendung, welche der Flyline einen eindeutigen Abschluss geben sollte. Auch der Vorderradkotflügel wurde der neuen Design-Sprache angepasst. Leider war dieser für mich und im Gegensatz zur Ansicht von Herrn von der Marwitz im unteren Teil zu lang geraten. Meine Vorstellung war eher eine kürzere Version mit einer schwarzen Spritzschutzverlängerung, doch diese Idee, da in seiner Ausführung zweiteilig, fiel dem begrenzten Budget zum Opfer. Die beiden Rundinstrumente sowie Kontrollleuchten und Zündschlüssel erhielten ein neues Gehäuse, welches, den Lenker abdeckend, als Prallplatte dem Sicherheitsaspekt Rechnung trug.

Drei Tage vor der ersten Präsentation besuchte uns Vorstand Hans Koch, um sich einen Eindruck im Fortschritt der Modellerstellung zu machen. Ich war mit den Batterieblenden nicht zufrieden und somit erstellten wir einige Muster mit verschiedenen Strukturen, um diese dann am Modell für eine endgültige Entscheidung zu begutachten. Herr Koch ließ sich zunächst von mir über den Status informieren und blickte dann interessiert auf die Arbeiten an einer Blende sowie auf die Alternativen. Er fragte einen Modelleur, was er denn da tue und was das alles da wohl sei, dabei eine Batterieblende aufnehmend und betrachtend. „Das? Des san Brotzeit-Bredln, Herr Koch!", meinte er heiter, entsprechend seiner unkonventionellen Art. „Herr Muth, das müssen Sie mir aber jetzt erklären", hieß es daraufhin. Das tat ich ausführlich. „Wie kommen Sie da bei den vielen Alternativ so sicher zu einer Entscheidung?", lautete seine weitere Frage. „Um das herauszufinden, erstellen wir ja Alternativen. Bei einer gewünschten Stimmigkeit zu den anderen Flächenteilen fälle ich meinen Entschluss." „Herr Muth, geben Sie mir doch bitte mal einen Ihrer Favoriten mit, die würde ich gerne meinen Söhnen zeigen, die sind begeisterte Motorradkenner." Ein weiterer Modelleur, der ebenfalls an einer Alternative werkelte, kam zu uns, wie typischerweise den Zeigefinger nervös auf den Brillensteg gedrückt, und meinte: „Herr Koch, die brauchen wir morgen früh aber sofort wieder, sonst wird das mit der Präsentation nichts." „Ich lasse Ihnen diese morgen Vormittag rüberbringen."

Das klappte nicht ganz. Wir wurden zwar letztlich pünktlich zum Termin fertig, doch die Anlieferung in den 4-Zylinder erfolgte erst früh morgens um 2 Uhr. Kurz heim für ein Quantum Schlaf und dann geduscht und mit entsprechender Kleidung ausstaffiert, trafen wir uns alle um 7 Uhr im 4-Zylinder. Als wir nach einem abschließenden Check des Präsentationsaufbaus den Fahrstuhl betraten, um uns in die Hufelandstraße ins Studio zu begeben, stand plötzlich Herr Koch vor uns: „Was machen Sie denn hier, ist denn heute nicht Ihre Präsentation?" „So ist es!", bestätigte ich und informierte ihn darüber, dass alles aufgebaut sei.

Auch bei diesem Modell zur neuen Mittelklasse sollte es ohne „Gesicht" nicht weitergehen. Von der Marwitz sprach mich darauf an, ob ich mir Gedanken zu einer kleinen lenkerfesten Cockpit-Verschalung machen könnte. Natürlich hatte ich mir schon mit einigen Skizzen dazu Gedanken gemacht. Das Problem war eine kostengünstige, den qualitativen Anforderungen erfüllende Herstellung. Auf der Suche nach einem kostengünstigen Hersteller kam von der Marwitz auf die Idee, sich mit Craig Vetter – dem kalifornischen Verkleidungsspezialisten, der unter dem Produktnamen „Windjammer" unter anderem auch Harley-Davidson belieferte – in Verbindung zu setzen. Dieser war interessiert. Von der Marwitz schickte mich mit meinen Entwürfen in der Tasche in die USA, um Möglichkeiten auszuloten. Der Flug ging via Los Angeles mit einem Anschlussflug der Gesellschaft Green-Line nach San Luis Obispo. Angekommen in Los Angeles ging ich davon aus, dass dieser Flug von einem Flugsteig innerhalb des Gesamtterminals aus stattfindet. Doch ich konnte nirgends einen entsprechen Hinweis zu Fluggesellschaft oder Gate finden. An der Information erfuhr ich, dass ich das Gelände verlassen müsse. Eine halbe Meile entfernt würden sich die Flughäfen der kleinen Gesellschaften befinden. Nachdem ich endlich ein Taxi erwischt und den Counter erreicht hatte, war das Flugzeug schon fort. Nächster Termin erst „Next day, 9.20 pm, sir." Erneut ein Taxi, und mit einer Hotel-Empfehlung des Chauffeurs checkte ich mich dort dann ein. Ich war beunruhigt, denn man hatte mir keinerlei Kontaktdaten mitgegeben – was mir eine Lehre war. Doch die Zeitverschiebung erwies sich vorteilhaft und somit hinterließ ich eine Nachricht bei von der Marwitz, mit der Bitte, Craigs Office über die veränderte Ankunft zu informieren. In der Nacht, von der Toilette zurückkommend, schätzte ich den Zwischenraum der Betten falsch ein und landete nicht nur hart auf dem Boden, sondern verletzte mich an dem metallenen Bettgestell. Ich sah wie nach einer Schlägerei aus. Lädiert und nach wie vor nervös, das Frühstück opfernd, erreichte ich überpünktlich, den Greenline-Counter. „Did you have trouble, sir?", war die Frage, welche ich mit „You wouldn't believe where!", beantwortete. Auf ihr spontanes Nachhaken „Where?" meinte ich „In the bedroom". Das quittierte sie trocken mit einem: „I hope she doesn't look the same way!" – Welcome to the States!

Ein Mitarbeiter von Craig empfing mich mit dieser typischen amerikanischen Selbstverständlichkeit am Flughafen in San Luis Obispo: „Hi Häääns, welcome to California!" Er warf mein viel zu reichliches Gepäck auf den Pick-up und informierte mich über den weiteren Tagesablauf. Denn Craig würde in Chicago stecken und erst spät abends erwartet. Er würde mich jetzt ins gewünschte Hotel Madonna Inn fahren. Dort würde ein Chevy Camaro bereitstehen. Ich sollte den restlichen Tag ausnützen, um mir auf dem Highway 1 einen Eindruck von der Küste in Richtung Norden zu machen. Er drückte mir mit einem „It's just beautiful and you won't see much traffic" die Wagenschlüssel in die Hand. „Have a good ride, see you tomorrow." Somit fuhr ich mit diesem viel zu groß geratenen Coupé auf dem Highway One bei ständigen, sich wechselnden Wetterverhältnissen gen Norden. Vorbei ging's am hochgelegenen Hearst Castle bis Big Sur, wo ich im Phoenix, einem alternativen Restaurant mit einem Avocado-Sandwich, mit ständig unaufgefordert nachgeschenktem Coffee, mein Lunch nachholte. Auf der Rückfahrt erblickte ich eine kleine Gruppe Wale, die sich in einer Bucht tummelte. Ich fuhr durch silbrig gefärbtes Licht zurück in Richtung Madonna Inn. Die Empfehlung zu diesem einzigartigen Hippy-Hotel hatte ich von unseren Freunden, den Architekten Fritz und Ingrid Auer, die nach Beendigung ihres Engagements beim Bau des Münchener Olympiastadions, dort mal Station gemacht hatten. Jeder Raum hat einen eigenen Charakter mit spezieller Farbe und Ausstattung. So kann man z.B. zwischen einem Caveman's Cage, Safari-Biwak, Red oder Green Room wählen. Ich entschied mich für den Red Room, und in der Tat, alles war in Rot – vom Teppich über die Möbel, Bett und Bettwäsche bis hin zur roten Zahnbürste.

Craigs Office war zugleich sein Heim. In einem hexagonalen Layout, auf einer Düne thronend, mit Blick und Nähe zum Pazifik. Einfach ein Traum! Nach unserer Besprechung über Optionen zur Umsetzung des Cockpit-Projekts hieß es Klamotten wechseln, um mit seinen Quads, für mich bisher neu, durch die Dünen zu driften und zu schaufeln. Das Geheimnis zur Beherrschung dieser vierrädrigen Bikes ist Körperbeherrschung und Balance und ähnelt so dem Skilaufen. Mir wurde wieder die amerikanische Lässig- und Leichtigkeit bewusst, mit der man hier, ohne Verlust der Konzentration auf das Wesentliche, gleichzeitig ernsthafte Gespräche und Verhandlungen führen kann, wobei das Westküsten-Flair und die Lebensauffassung wohl auch positiv beeinflussen. Zurück im Hotel wollte ich von der Rezeptionistin meinen Zimmerschlüssel, was zu Verwirrung führte, man suchte nach einer anderen Zimmerreservierung, fand aber nur den Red-Room-Status. Auf die Frage an ihre Kollegin, ob sie Bescheid wüsste, meinte diese: „He stays in the same room, he seems to be mad about red!"

Die beiden neuen R 45-/65-Modelle wurden Anfang Juni 1978 in einem Hotel im Kleinwalsertal der Presse vorgestellt, die offizielle Präsentation erfolgte im gleichen Jahr auf der IFMA in Köln. Mit Rudolf Graf Schulenburg hatte die Motorradentwicklung einen engagierten, integren und kompetenten Vorstand mit der oft zitierten, doch dieses Mal auch realisierten „offenen Tür". Er hatte zuvor das BMW-Werk in Süd-Afrika geleitet und genoss allgemein und generell eine hohe Reputation. Er stammte von einem alten preußischen Adelsgeschlecht mit herausragenden Persönlichkeiten wie Generäle, die für den Herzog von Marlborough, Prinz Eugen oder Friedrich den Großen kämpften bzw. Menschen, die im deutschen Widerstand für ihre Überzeugungen mit ihrem Leben bezahlten. Auch mir gegenüber zeigte er sich stets offen, gesprächsbereit und interessiert. Es entwickelte sich sehr bald ein freundschaftlich vertrautes Verhältnis. Ich schätzte ihn wegen seiner eigenen Art der Konversation, die anregend, humorvoll war, stets mit kleinen Episoden durchsetzt, aber auch mit Erfahrungen und Erkenntnissen aus seinem Leben, welche sich für mich als wertvolle Weisheiten erwiesen. Er war für mich nicht nur mein Vorgesetzter, sondern zugleich ein Mentor und, nach unserem beiderseitigen Verlassen der BMW GmbH, ein Berater und Freund und sogar Auftraggeber. Er hatte einfach Charisma und Stil!

Teil 2 R 90 S, R 100 RS, Katana: Wie ich Trends setzte

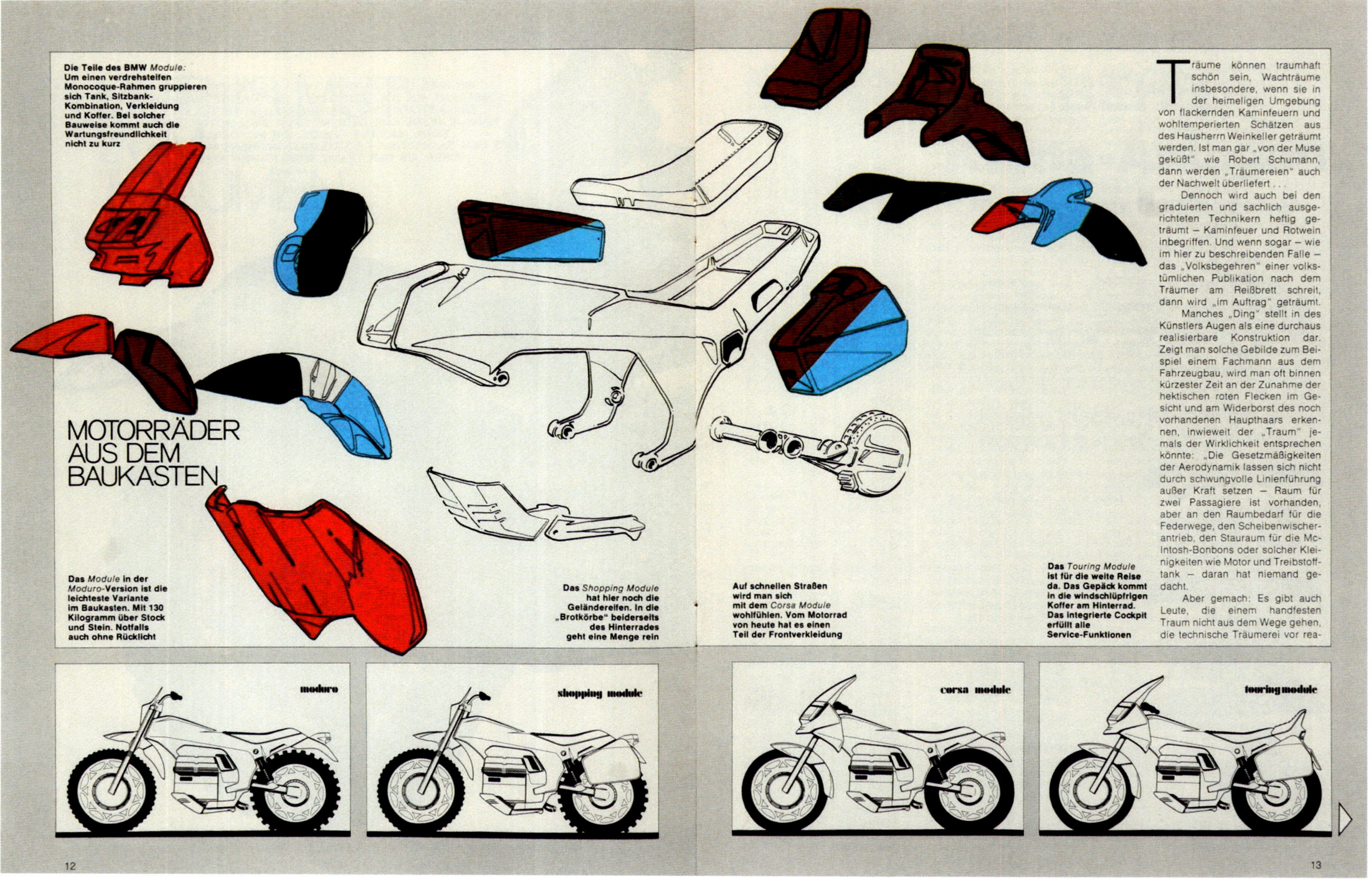

MOTORRÄDER AUS DEM BAUKASTEN

Die Teile des BMW *Module*: Um einen verdrehsteifen Monocoque-Rahmen gruppieren sich Tank, Sitzbank-Kombination, Verkleidung und Koffer. Bei solcher Bauweise kommt auch die Wartungsfreundlichkeit nicht zu kurz

Träume können traumhaft schön sein, Wachträume insbesondere, wenn sie in der heimeligen Umgebung von flackernden Kaminfeuern und wohltemperierten Schätzen aus des Hausherrn Weinkeller geträumt werden. Ist man gar „von der Muse geküßt" wie Robert Schumann, dann werden „Träumereien" auch der Nachwelt überliefert . . .

Dennoch wird auch bei den graduierten und sachlich ausgerichteten Technikern heftig geträumt – Kaminfeuer und Rotwein inbegriffen. Und wenn sogar – wie im hier zu beschreibenden Falle – das „Volksbegehren" einer volkstümlichen Publikation nach dem Träumer am Reißbrett schreit, dann wird „im Auftrag" geträumt.

Manches „Ding" stellt in des Künstlers Augen als eine durchaus realisierbare Konstruktion dar. Zeigt man solche Gebilde zum Beispiel einem Fachmann aus dem Fahrzeugbau, wird man oft binnen kürzester Zeit an der Zunahme der hektischen roten Flecken im Gesicht und am Widerborst des noch vorhandenen Haupthaars erkennen, inwieweit der „Traum" jemals der Wirklichkeit entsprechen könnte: „Die Gesetzmäßigkeiten der Aerodynamik lassen sich nicht durch schwungvolle Linienführung außer Kraft setzen – Raum für zwei Passagiere ist vorhanden, aber an den Raumbedarf für die Federwege, den Scheibenwischerantrieb, den Stauraum für die McIntosh-Bonbons oder solcher Kleinigkeiten wie Motor und Treibstofftank – daran hat niemand gedacht.

Aber gemach: Es gibt auch Leute, die einem handfesten Traum nicht aus dem Wege gehen, die technische Träumerei vor rea-

Das *Module* in der *Moduro*-Version ist die leichteste Variante im Baukasten. Mit 130 Kilogramm über Stock und Stein. Notfalls auch ohne Rücklicht

Das *Shopping Module* hat hier noch die Geländereifen. In die „Brotkörbe" beiderseits des Hinterrades geht eine Menge rein

Auf schnellen Straßen wird man sich mit dem *Corsa Module* wohlfühlen. Vom Motorrad von heute hat es einen Teil der Frontverkleidung

Das *Touring Module* ist für die weite Reise da. Das Gepäck kommt in die windschlüpfrigen Koffer am Hinterrad. Das integrierte Cockpit erfüllt alle Service-Funktionen

Das „Modulare-Concept"

Unter dem Motto „Suchen Sie nach technischen und formalen Lösungen für die übernächste Motorradgeneration, für die Traummaschine der 1980er-Jahre“ forderte die Zeitschrift „Motorrad“ im Frühjahr 1978 ihre Leser auf, sich Gedanken darüber zu machen. Kalli Hufstadt, der sympathische, stets an meinen Design-Aktivitäten interessierte BMW-Motorrad-Presseverantwortliche, unterbreitete mir die Anforderungen an einen solchen Motorrad-Traum. Diese bezogen sich auf die emotionalen Sehnsüchte der Kunden von morgen, die Verwendung zukünftiger Werkstoffe und innovativer Fertigungstechnologien, die zu erwartenden gesetzlichen Anforderungen und eine Preisgestaltung, die die Wirtschaftlichkeit der Unternehmen sichert. So zumindest lautete die Aufgabenstellung.

Das entsprach genau meinen Überlegungen hinsichtlich einer nach wie vor fehlenden „jungen BMW“. Ich hatte den Eindruck, dass man sich bei BMW mehr der Tradition und weniger der Zukunft verpflichtet fühlte. Diese Schneewittchen-Frage, welche die Redakteure von „Motorrad“ stellten, war eine ebenso willkommene wie elegante Möglichkeit, der Kreativität freien Lauf zu lassen, also ohne die engen Lastenheftanforderungen, die sich in den meisten Fällen immer auf den jeweiligen Wettbewerbsstatus beriefen. Inzwischen hatte ich Zuwachs zu meiner kleinen, aber effektiven Crew erhalten. Hans-Georg Kasten – von Porsche kommend – übernahm die Position als Studio-Ingenieur und somit die Verantwortung für die technische Realisierbarkeit eines Design-Konzepts in Abstimmung mit der Technik, Jan O. Fellstroem, ein kreativer Jung-Designer, ebenfalls von Porsche kommend, Uwe Schneider als Produkt-Designer sowie Frau Komerowski für den Farben- und Trimmbereich.

Das Konzept sah eine modular multiple Auslegung eines Motorrads vor, um die Möglichkeit für eine individuell variable Umgestaltung anzubieten. Eine solche Konzeption berücksichtigte auch den Aspekt, einen bisherigen BMW-Kunden, der zum Wechsel zu einem Wettbewerber neigte, durch die modularen Optionen in der BMW-Produktwelt zu halten.

Wir machten uns begeistert an die Arbeit. Der Zeitplan war eng, und es war mir klar, dass diese Gelegenheit mehr als nur ein publizistischer Aufhänger für die Motorpresse werden sollte. Das Konzept musste sich auch dreidimensional in einer Design-Studie im Maßstab 1:1-Modell präsentieren. Zur modularen Motivation genügte ein Blick in meinen eigenen Fuhrpark, wo die nötigen Antworten zu individuellen zweirädrigen Mobilitätsbedürfnissen bereitstanden: vom Café- und Clubracer, über Trial und ISDT-Geländemaschine, der Marken Honda, Laverda und Ossa, ob Scooter, auch in dreirädriger Ausführung à la Honda „Stream“, Harley-Davidsons „Low-Rider“ bis hin zu Junior-Modellen von Honda, Bultaco und Yamaha, auf denen mir meine drei Kinder wie junge Enten zu meinen Trial-Fahrten in das Gelände folgten. Es reihten sich in der Garage und in einer ehemaligen Stallung statt Pferde bis zu elf Motorräder, die gleiche Anzahl an diversen Fahrradmodellen, die Autos später zum Teil in einer ausgelagerten Garage in Landsbergs Industriemeile. Auf alle kritischen, meist von weiblicher Seite vorgetragenen Bemerkungen gab es nur eine einzige Antwort: „notwendige vielrädrige Produktnähe“.

In unserer angestrebten modular ausgelegten Konzeption sollte als Basis ein Monocoque-Zentralrahmen in Schalenbauweise dienen. Als Motor bot sich ein Viertakt-Vertikal-Twin mit in Fahrzeuglängsrichtung angeordneter Kurbelwelle an, den uns Gerd Wirth layoutete. Eine individuell modulare Nutzung der Maschine erfordert eine flexible, den Anforderungen entsprechende, variable Ausrichtung der Telegabel und Hinterradfederung. Die Einarmschwinge, schon seit einiger Zeit im Gespräch, passte hier hervorragend in das Konzept. Und zweiteilige Räder

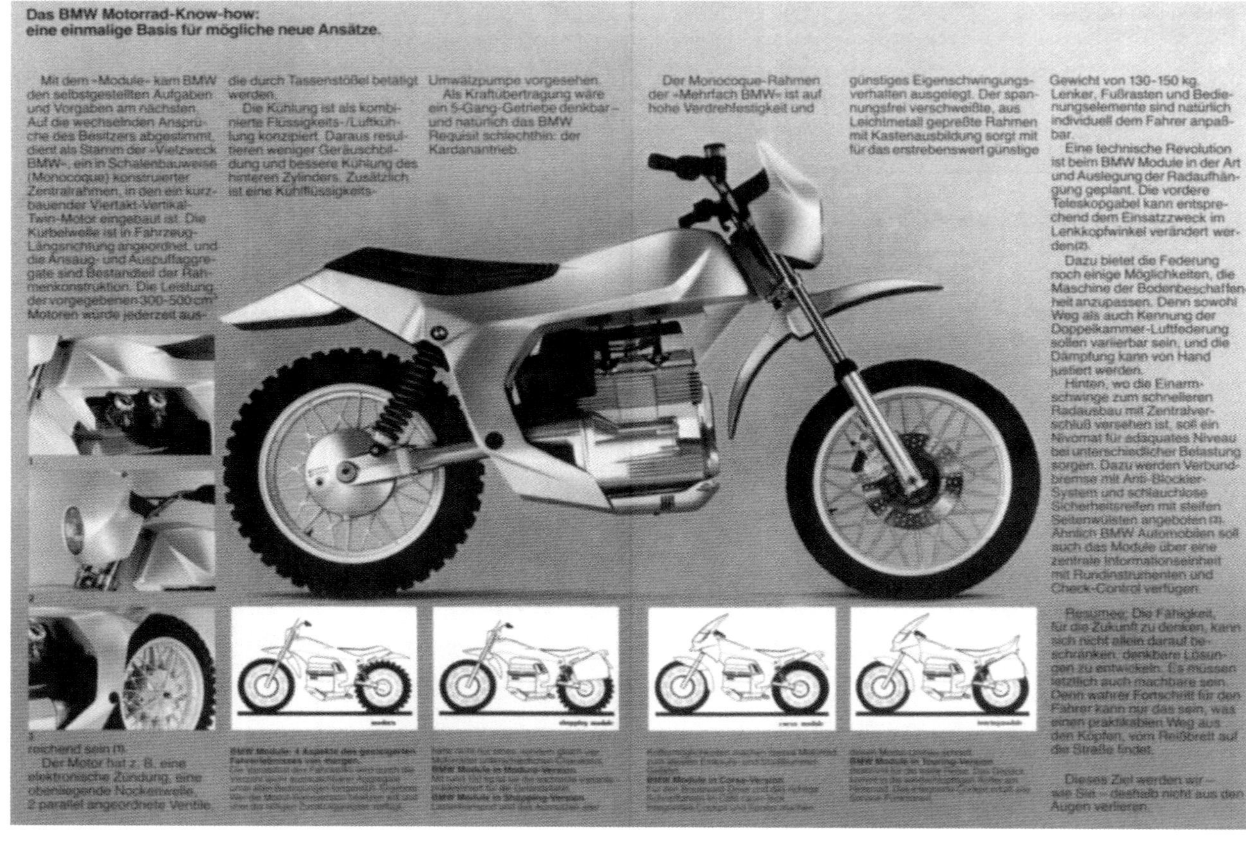

Das BMW Motorrad-Know-how: eine einmalige Basis für mögliche neue Ansätze.

Mit dem »Module« kam BMW den selbstgestellten Aufgaben und Vorgaben am nächsten. Auf die wechselnden Ansprüche des Besitzers abgestimmt, dient als Stamm der »Vielzweck BMW«, ein in Schalenbauweise (Monocoque) konstruierter Zentralrahmen, in den ein kurzbauender Viertakt-Vertikal-Twin-Motor eingebaut ist. Die Kurbelwelle ist in Fahrzeug-Längsrichtung angeordnet, und die Ansaug- und Auspuffaggregate sind Bestandteil der Rahmenkonstruktion. Die Leistung der vorgegebenen 300-500 cm³ Motoren würde jederzeit ausreichend sein (1).

Der Motor hat z. B. eine elektronische Zündung, eine obenliegende Nockenwelle, 2 parallel angeordnete Ventile, die durch Tassenstößel betätigt werden.

Die Kühlung ist als kombinierte Flüssigkeits-/Luftkühlung konzipiert. Daraus resultieren weniger Geräuschbildung und bessere Kühlung des hinteren Zylinders. Zusätzlich ist eine Kühlflüssigkeits-Umwälzpumpe vorgesehen.

Als Kraftübertragung wäre ein 5-Gang-Getriebe denkbar – und natürlich das BMW Requisit schlechthin: der Kardanantrieb.

Der Monocoque-Rahmen der »Mehrfach BMW« ist auf hohe Verdrehfestigkeit und günstiges Eigenschwingungsverhalten ausgelegt. Der spannungsfrei verschweißte, aus Leichtmetall gepreßte Rahmen mit Kastenausbildung sorgt mit für das erstrebenswert günstige Gewicht von 130-150 kg. Lenker, Fußrasten und Bedienungselemente sind natürlich individuell dem Fahrer anpaßbar.

Eine technische Revolution ist beim BMW Module in der Art und Auslegung der Radaufhängung geplant. Die vordere Teleskopgabel kann entsprechend dem Einsatzzweck im Lenkkopfwinkel verändert werden (2).

Dazu bietet die Federung noch einige Möglichkeiten, die Maschine der Bodenbeschaffenheit anzupassen. Denn sowohl Weg als auch Kennung der Doppelkammer-Luftfederung sollen variierbar sein, und die Dämpfung kann von Hand justiert werden.

Hinten, wo die Einarmschwinge zum schnelleren Radausbau mit Zentralverschluß versehen ist, soll ein Nivomat für adäquates Niveau bei unterschiedlicher Belastung sorgen. Dazu werden Verbundbremse mit Anti-Blockier-System und schlauchlose Sicherheitsreifen mit steifen Seitenwülsten angeboten (3). Ähnlich BMW Automobilen soll auch das Module über eine zentrale Informationseinheit mit Rundinstrumenten und Check-Control verfügen.

Resumee: Die Fähigkeit, für die Zukunft zu denken, kann sich nicht allein darauf beschränken, denkbare Lösungen zu entwickeln. Es müssen letztlich auch machbare sein. Denn wahrer Fortschritt für den Fahrer kann nur das sein, was einen praktikablen Weg aus den Köpfen, vom Reißbrett auf die Straße findet.

Dieses Ziel werden wir – wie Sie – deshalb nicht aus den Augen verlieren.

mit innenliegenden wassergeschützten und turbobelüfteten Scheibenbremsen. Diese als Verbundbremse mit Antiblockiersystem in Verbindung mit schlauchlosen Sicherheitsreifen und steifen Seitenwülsten komplettierten unsere Vorstellungen.

Es wurde die Erstellung von gleich zwei 1:1-Modellen beschlossen, ein Modell als BMW-Messe-Studie zur IFMA 1978, das zweite Modell erhielt die Motorpresse, welches in Rot gehalten war, während unser Modell sich in Silber als Zukunftsprojektion präsentieren sollte.

Die Modellstudien stellten die Basisvariante dar. Die Variabilität als City-, Shopping-, Touring- oder Corsa-Modelle mit den entsprechenden Komponenten wurde nur grafisch in illustrierter Form dargestellt. Das „BMW-Journal" sowie das deutsche Design-Journal „Form" veröffentlichten diese großformatig. Der Name „Moduro" entwickelte sich in der Zusammensetzung von „Mo-dule" und „En-duro". Die Präsentation auf der IFMA zusammen mit den R 45- und R 65-Modellen löste die erwarteten Diskussionen und begeisterten wie aber auch skeptischen Blicke und Meinungen aus, was ja ebenso der Sinn und Zweck solcher Studien ist.

Dem Gesichtsausdruck und der Körperhaltung der beiden Gesprächspartner von Kuenheim und von der Schulenburg nach zu urteilen, ging es gar nicht um dieses Projekt, im Gegenteil, ich ahnte nichts Gutes, was sich da zwischen den beiden abspielte. Schulenburg, körperlich kleiner als von Kuenheim, den Kopf zurückgeneigt, schien in der Defensive und hatte wohl Schwierigkeiten, die richtigen Worte zu finden. Ich hatte vorher ein Gespräch mit Schulenburg gehabt und hatte mich bei von Kuenheims Erscheinen höflich zurückgezogen. Da ich mich aber in der Nähe befand, wurde ich herangewinkt. Nach kurzer Begrüßung kam von Kuenheims kurze Frage zur Moduro: „Herr Muth, was soll das?" Ich erklärte ihm mit kurzen Worten unsere Absichten hinsichtlich einer Initiative zu Impulsen für eine junge BMW-Motorrad-Generation. „Danke, Herr Muth", war seine Antwort, und mit einer knappen Verbeugung trat ich wieder zurück.

Es war allgemein bekannt, dass Fragen seitens von Kuenheim stets kurz und prägnant beantwortet werden mussten. Längere Ausführungen führten dazu, dass er sich einfach abwandte und den Gefragten stehen ließ. Meine erste Erfahrung machte ich bei einem gemeinsamen Besuch zu einer Veranstaltung im damaligen Schorsch-Meier-Verkaufspavillon am Lenbachplatz. Von der Marwitz und ich wollten gerade die Treppen zum unteren Veranstaltungsraum betreten, als uns von Kuenheim von unten her entgegen kam. Kurzer Halt mit Begrüßung. Und schon schoss er eine Frage an mich ab: „Herr Muth, Einarmschwinge, mit einseitiger Radhalterung, was ist Ihre Meinung dazu?" „Kundenvorteil durch unkomplizierte Radmontage, Gewichtsreduzierung und optisch vom linken Auspuff kaschiert", meine Antwort. „Aber das ist doch sehr ungewöhnlich?" – „Nein, dieses begegnet uns täglich!" – „Wie meinen Sie das?" – „Am Auto, Herr von Kuenheim" – „Danke, Herr Muth!" Wir zwei setzten unseren Gang nach unten fort. Beim Imbiss nach der Präsentation stießen wir unsere Gläser an, von der Marwitz mit einem leichten Weißbier, ich bevorzugte ein Glas Weißwein: „Danke für Ihren Kommentar, ich glaube, jetzt ist es ihm klar geworden." Die Einarmschwinge wurde als Monolever-Schwinge mit der G/S 80 eingeführt.

Am nachfolgenden Dienstag bat mich Schulenburg über seine Sekretärin zu einem Gespräch. In seinem Office eröffnete er mir seinen Rücktritt als Vorstand der BMW Motorrad GmbH. Über die wahren Gründe, die zu seiner Entscheidung führten, meinte ich mir schon im Klaren zu sein. Es war nicht die Module-Studie; der wahre Grund lag in dem Entwicklungsablauf des K1-Projekts. Er wählte den Abschied, da man ihm die Waffe verwehrte, so meine Auslegung in Abwandlung der erwähnten von der Marwitzschen Grabaufschrift. In mir brach eine Welt zusammen, in mir tobte ein Mix von Unglauben, Unverständnis und Enttäuschung.

MUTH'S MUT
ZUM
TRÄUMEN
WIE WIRD DAS MOTORRAD DER ACHTZIGER JAHRE
AUSSEHEN? ALS DIE ZEITSCHRIFT „MOTORRAD" NACH DER
ZUKUNFT AUF ZWEI RÄDERN FRAGTE, ENTHÜLLTE
HANS A. MUTH, CHEFDESIGNER FÜR BMW MOTORRÄDER,
SEINE „MODULE"-VISION. EIN MOTORRAD
AUS DEM BAUKASTEN – SOZUSAGEN MEHRERE MASCHINEN IN
EINER. OB DER TRAUM WIRKLICHKEIT WIRD?
10
11

pininfarina
pininfarina
32

Schulenburg befand sich in einer Zwickmühle – vom Vertrieb bedrängt wegen der hauptsächlich in den USA zurückgehenden Zulassungen und auf der anderen Seite wegen der verwehrten Motorenentwicklung seitens der AG. Von preußischem Naturell wählte er das Risiko zur Initiative. Das K1-Konzept sah einen mehrzylindrigen Reihen-Motor in Modularbauweise vor, ein in Fahrzeuglängsrichtung eingebauter Motor, der jeweils als 4- oder 3-Zylinder Verwendung finden konnte.

Der 4-Zylinder zielte auf den US-Markt ab, welcher großvolumige Tourenmaschinen verlangte und bereits erfolgreich von Honda, Kawasaki und Yamaha besetzt war. Interessant finde ich die Tatsache, dass bei der Auswahl einer solchen Maschine grundsätzlich die Ladies das eigentliche Sagen zu haben schienen. Auf dem komfortabel gestalteten Rücksitz platziert und über Layout, Ausstattung und Bequemlichkeit ihr Wohlgefallen zum Ausdruck bringend, gab „sie" dem „Boss" mit erhobenem Daumen ihre Zustimmung, es sei denn, dieser zeigte ob seiner Vorabauswahl nach unten, was eine erneute Suche bedeutete.

Um sich schneller Informationen über Einbau und Fahrverhalten eines solchen Motor-Layouts zu verschaffen, diente ein Peugeot-Motor, der in einen zur Aufnahme abgeänderten Serienrahmen eingebaut worden war. Mit den vom Versuch erzielten Erkenntnissen begann Gerd Wirth mit Team die anvisierte Auslegung. Der geplanten, sich aus dem modularen Gesamtkonzept ergebenden Verwendung eines Dreizylinders gingen heftige Diskussionen voraus, war dieser doch eng mit dem DKW-Image verbunden. Die Modellformel „3=6" stand für „Drei-Zylinder 2-Takt sind adäquat einem Sechszylinder 4-Takt". Doch es gab ja bereits Dreizylinder-Versionen im modernen Motorradbau, wie bei MV Agusta, Kawasaki und Laverda. Man verließ bewusst dieses traditionell eng mit BMW verwurzelte Boxer-Image. Ich begann mit Design-Entwürfen zum neuen Motorradkonzept in Form von Skizzen und Renderings, repräsentativen Design-Darstellungen sowie einer Übertragung auf ein Tape-Rendering, basierend auf dem vorgegebenen Package im Maßstab 1:1.

Die Entwürfe und Auslegungen fanden positive Resonanz bei von der Marwitz und Schulenburg, wie auch bei den leitenden Herren aus Technik und Versuch, Gutsche und Rapelius. Die Design-Sprache folgte der Baureihe 248, welche sich jedoch, der Baureihengröße entsprechend, straffer, fast schärfer und gespannter gestaltete. Bei der K1 spielte der neue Motor in seiner formalen und „Boxer-differenzierten" Auslegung eine bedeutende Rolle. Dieser wirkte wie ein zusammengepresster Boxer, doch rechteckiger und länger, wobei sich die auf dem Motor angeordnete Airbox als recht ungewöhnlich und unpassend ausnahm. Statt wie bisher luftgekühlt nun flüssigkeitsgekühlt, erforderte das Package-Layout einen Kühler, der an der Stirnseite des Motors platziert werden musste. Ein Kühler erwies sich bis dato immer als ein das Gesamterscheinungsbild störendes Element und war damit eine Herausforderung. Das Erkenntnissen der Entwicklung. Zur aerodynamischen Bestätigung des Design-Referenzmodells wurde wieder der Windkanal bei Pininfarina in Turin gebucht. Es war auch der angesehene Motorsport-Fotograf Julius Weitmann mit an Bord.

Windkanal-Versuch bei Pininfarina

Design-Referenzmodell sah eine rahmenfeste Integralverkleidung vor, die der R 100 RS ähnelte, doch in der Aerodynamik optimiert werden sollte. Der Motor in seiner Auslegung entsprach modellmäßig noch nicht dem endgültigen Design und beruhte auf den ersten Informationen zu den gewonnenen

Das Modell erwies sich auch diesmal als aerodynamisch hervorragend. Anschließend widmete ich mich intensiv dem Motor-Design, das sich in der Deckelgestaltung als beidseitig unterschiedlich darstellte, aber insgesamt geschlossen und kompakt wirkte. Es begann nun eine delikate Phase, die von

Das BMW Motorrad-GmbH-Management

der besonderen Frage geprägt war, wie wir diese nicht offiziell autorisierte Motor-Initiative dem Gesamtvorstand präsentieren sollten. Im Gespräch zwischen Schulenburg, von der Marwitz und mir versuchten wir eine diplomatisch überzeugende Lösung zu finden. Wir entschieden uns für Einzelpräsentationen, beginnend mit Vorstand von Kuenheim und nachfolgenden weiteren Vorständen und als letzten Herrn Dr. Rademacher, den Gralshüter der Motorenentwicklung. Das Kalkül war: Wenn wir es schaffen sollten, alle anderen Vorstände zu überzeugen, dann stünde er im Fall seiner Ablehnung alleine da. Mit persönlichen Einladungen und opulenter Bewirtung konnte das K1-Gesamtkonzept inklusive des Motors überzeugen. Herr Dr. Rademacher selbst ließ sich das Gesamtkonzept sowie die Entwürfe zum Motor präsentieren. Er hörte ruhig den ihm vorgetragenen Fakten zum Stand der Entwicklung des modularen Motorkonzepts zu. Es entstand eine spannungsvolle Pause, die nur durch das Klacken der abgesetzten Kaffeetassen unterbrochen wurde. Wir, Gastgeber und Vortragende, blickten uns alle fragend an. „Ja, Herr Dr. Rademacher, was ist nun Ihre Meinung dazu?“, versuchte Schulenburg, dem Schweigen ein Ende zu bereiten. „Sehr interessant, was Sie da inszeniert haben, ich muss das zunächst auf mich wirken lassen, meine Herren!“, sagte dieser, stand auf, bedankte und verabschiedete sich. Wir, die Zurückgebliebenen, schauten uns an und versuchten, in einer Manöverkritik herauszufinden, welche Konsequenzen uns daraus nun entstehen würden. Schulenburg übernahm dabei die Rolle des Advocatus Diaboli. Wir waren sicher, dass er die goldene Brücke, die ihm gebaut wurde, erkannt hatte und sich auf dieser nicht unwohl fühlte. Jedoch ließ er keinerlei emotionale Regung erkennen. Es sollte nicht lange dauern, bis die gebaute Brücke einstürzte und zu Schulenburgs Abschied führte.

Es wurde viel über diese Entwicklung gerätselt, doch es schien, dass der Grund dafür in der von der GmbH unerlaubten und wohl auch nicht budgetierten betriebenen Motorenentwicklung lag, die seitens der Vorstandsebene ja zum damaligen Zeitpunkt nicht unterstützt wurde. Damit verlagerten sich die Absatzprobleme, die sich aus dem aktuellen Motorrad-Boxermotor ergaben, auf ihn.

Auch ich sollte an ihm scheitern. Ich erhielt Besuch von zwei Marketing-Mitarbeitern und zwei weiteren Herren, die, mit einer großen schwarzen Präsentationsmappe versehen, mir

Design-Modell, Erstellung der K1

als Repräsentanten einer schweizerischen Werbeagentur vorgestellt wurden. Man käme im Auftrag des Vorstands, damit ich mir bitte die Entwürfe der Agentur ansehen würde. Diese bestanden aus Projektionen zu BMW-Chopper-Entwürfen in extremen Ausführungen, wie mit geändertem Steuerkopf und entsprechend schräg nach vorne gestellter Gabel, mit Fußrasten und Sitzbankanordnung à l'américaine, sowie gekrönt mit ornamentiertem Sissy Bar.

Ich muss gestehen, dass ich diese Entwürfe mit zwei spitzen Fingern und einer gewissen Arroganz durchblätterte. Als ich fragte, was ich denn dazu sagen oder gar damit anfangen solle, informierte man mich, dass man davon im Vorstand sehr viel hielte; das sei Grund genug, dass ich mich dafür zu interessieren hätte. Nach einigem Hin und Her und dem ständigen Verweis der Schweizer auf den Vorstand platzte mir der Kragen. Nach meinem wohl unstatthaften abwertenden Kommentar „Götz von Berlichingen" verließen mich die vier Gesandten, nicht ohne mich gefragt zu haben, ob sie mein Urteil und meine negative Einstellung zu den Entwürfen, wie auch das Zitat, so weitergeben sollten. Dafür entschuldige ich mich, wenn auch sehr verspätet, hiermit nochmals.

Durch eine Hausmitteilung erfuhren wir von der Auflösung der BMW Motorrad GmbH und der Rückführung in die AG. Nach Rücksprache mit der Personalabteilung sagte man mir, dass die Motorrad-Design-Aktivitäten wieder der Fahrzeug-Design-Abteilung unterstellt würden. Diese wurden seit einiger Zeit durch Herrn Claus Luthe, von NSU abgeworben, geleitet. Ich kannte ihn durch einen Besuch bei Ford, wo ich ihn in der Position als Design-Executive über den Sinn und Zweck einer Sitzkiste zur Erstellung eines Interieur-Modells informieren sollte. Danach begegneten wir uns öfters auf Automobilausstellungen mit kurzen und freundlichen Small-Talks. Als frischgebackener Design-Chef für das Auto-Exterieur und Interieur besuchte er mich kurz in meinem Studio und interessierte sich kollegial für die Belange und Gepflogenheiten bei BMW. Die Vorstellung, mich nun wieder hinten anzustellen, gefiel mir gar nicht, hatte ich doch mittlerweile Kenntnisse über Luthes Wirken in den Auto-Design-Studios. Ich wollte meine Energien auf die Design-Entwicklungen fokussieren und nicht mit etwaigen eifersüchtigen Disputen vergeuden.

Teil 2 R 90 S, R 100 RS, Katana: Wie ich Trends setzte

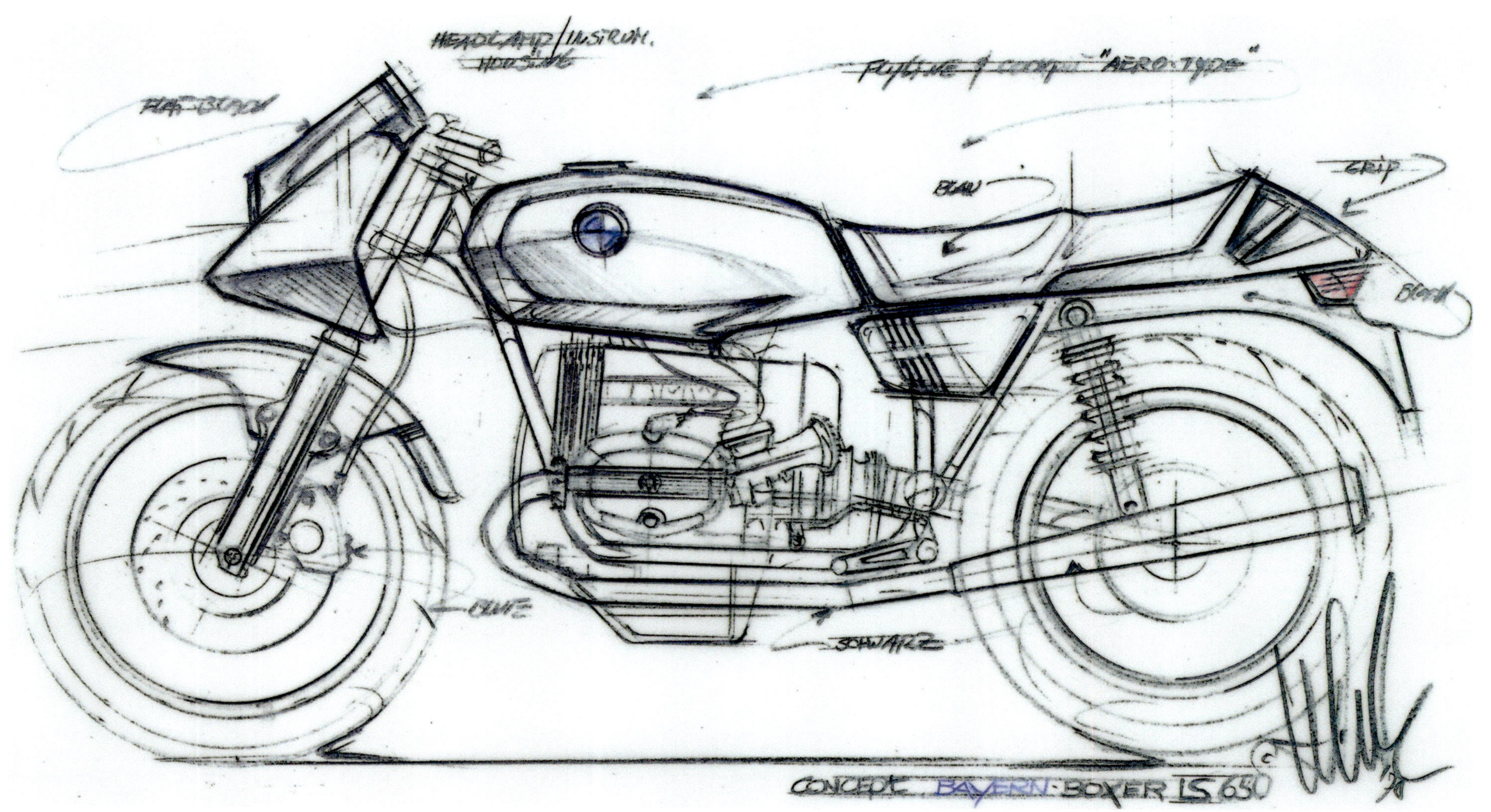

13 Auflösung und Neubeginn

Die Auflösung der BMW Motorrad GmbH und die Art und Weise, wie diese kommuniziert wurde, löste bei uns allen große Unruhe aus. Die Motivation schien dahin, weil man nichts wusste und nichts offiziell erfuhr. Hardy Müller, Motorrad-Produktplanungsstratege besuchte mich und schilderte mir die besorgniserregende Situation im Hause. „Herr Muth, wir müssen was tun, es arbeitet keiner mehr, es herrscht Lustlosigkeit, keine Motivation, keine Antworten auf gestellte Fragen. Was könnten wir beide inszenieren, um das zu ändern?"

Zu dieser Zeit fuhr ich begeistert schon den zweiten Range Rover, was mich spontan auf eine Idee brachte. „Was halten Sie von einem zweirädrigen Range Rover, wir bauen auf das, was wir haben, auf; alles andere gestalten wir neu." Er war begeistert, und das war dann auch die eigentliche Geburtsstunde der G/S 80.

Hardy Müller war ein echter Produktplaner, so wie man sich ihn vorstellt: ideenreich, flexibel, engagiert und motorradbegeistert. Er lieferte wirklich brauchbare Fakten für die Projekte. Er konnte interessiert zuhören, er ergänzte Konzepte, statt sie zu kritisieren oder gar einfach zu verwerfen. Er trug den Spitznamen „Olympiapfeiler-Müller", den er sich durch einen Unfall als Fahrer eines BMW-Gespanns eingehandelt hatte. Er hatte sich vom Versuch ein Gespann fürs Wochenende ausgeliehen. Anstatt in die Kurve ging es „aus der Kurve" und endete an einem der Pfeiler einer Mittlerer-Ring-Überführung nahe des Olympia-Stadions. Als von der Marwitz darüber informiert wurde, eilte er sofort zur Unfallstelle und gab Ratschläge zur sachgemäßen Entfernung des Helms, die bei unsachgemäßer Vorgehensweise zu schlimmen Folgen führen kann. Er begleitete ihn ins bereits informierte Krankenhaus. Dieser Unfall war wohl der endgültige Anstoß zur Entwicklung eines zweiteiligen, im unteren Teil aufklappbaren Sicherheitshelms, der dann in Zusammenarbeit mit der Firma Schuberth realisiert wurde.

Wir beide hätten uns zu dieser Zeit und in dieser Situation nie träumen lassen, dass BMW G/S-Modelle einmal zu den umsatzträchtigsten und begehrtesten Motorrädern gehören würden. Zunächst erweiterten wir in planerisch kreativer Form unsere Gedanken in Richtung eines „jungen Allround-Boxers", der uns seit Beginn des Module-Projekts beschäftigte. Der Gedanke zu einer G/S 80-Maschine war generell nicht neu, hatte sich doch BMW schon in den 1960er-Jahren mit einer Geländemaschine beschäftigt. Basis war die Baureihe 246, mit einem R 69/S-Motor versehen. Mit einer solchen Maschine nahm Herbert Schek an „Six-Days" und anderen Geländemeisterschaften erfolgreich teil.

Ein auf diesen Erkenntnissen beruhendes, nun im Sinne eines zweirädrigen Range Rovers neu und modern ausgerichtetes Modell musste bestimmte Merkmale aufweisen. Es musste leicht, überschaubar, wartungsfreundlich zugänglich, robust, unempfindlich und kraftvoll sein. Außerdem sollte die Gestaltung aus einem Guss sein. Unsere Konzeptformel lautete „Muskel und Sehnen in intelligenter Simplizität".

Nun waren wir gemeinsam kreativ wieder in Fahrt gekommen. Als Gegenstück zur G/S 80, dem „Bayern-Boxer", ersannen wir eine sportlich jugendliche Version der R 65 als „LS 65/S". Zufrieden mit dem, was wir da gerade als realisierbare Optionen zur Wiedererweckung und Erweiterung des verzagten Boxer-Spirits ausgeheckt hatten, arrangierten wir ein Meeting mit einigen Managern und Mitarbeitern aus Technik und Versuch, Marketing und Vertrieb. Wir begannen mit dem G/S 80-Projekt, was spontan auch bei Marketing und Vertrieb Anklang fand. Wir dachten, dass es helfen könnte, die Lücke bis zur Serienfertigung der K1 zu füllen und zugleich BMW-Motorräder in der Wahrnehmung der internationalen Klientel aufrechtzuhalten. Der Versuch, der schon lange ein Faible für diese Motorräder hatte, sowie die Gelände-Asse Herbert Schek und Laszlo Peres unterstützten uns mit Expertisen, Rat und wichtigen Teilen, wie Vorderradgabel oder einer 2-in-1-Auspuffanlage.

Mein Design-Konzept folgte diszipliniert den Anforderungen. Ich behielt den R 45-/65-Tank bei, sah eine abgeänderte Sitzbank vor und entwarf eine neue, seitenunterschiedliche Batterieblende, wobei die linksseitige zum Schutz vor dem hochgezogenen Auspufftopf in der Fläche größer gestaltet werden musste. Der Scheinwerfer sowie die notwendigen Instrumente sollten verschalt, in einem neu zu gestaltendem Gehäuse zu einer Combo zusammengefasst werden. Die Zusatzinstrumente fanden separat an beiden Seiten ihre Position. Als spezifische Elemente sah ich eine ausziehbare Gepäckbrücke sowie einen eigens entworfenen Vorderradkotflügel mit einem separaten, flexiblen unteren Schmutzfänger vor, der aufgrund des limitierten Budgets jedoch einem gewöhnlichen Standard-Kaufteil weichen musste.

Unter der Nutzung der beiden Profilseiten zeigte das Design-Referenzmodell, welches noch nicht mit der endgültigen hinteren Monolever-Einarmschwinge versehen war, zwei unterschiedliche Design-Varianten, die sich auf den Tank mit einer sich optisch integrierenden Knieanlage bezogen. Auch die Farbgebung entsprach nicht der später serienmäßigen Ausführung in Weiß und den seinerzeit von mir für den damaligen BMW-Motorsport-Chef Jochen Neerpasch entwickelten Motorsport-Farben. Die Farbgebung des Design-Referenzmodells folgte ebenfalls einer Konzeption, die eher eine eindeutige und zweckgebundene Aussage treffen sollte. Die Hauptfarbe für die Flächenteile war ein seidenmattes Silbergrün. Als Kontrast wählte ich ein ebenfalls mattes Rot, welches die Sitzbank, Knieanlage, die Gummimuffen der Telegabel sowie die Hinterradfeder und den gesamten Motorkomplex zierte. In Silber gehalten waren die erhaben Rippen auf dem Ventildeckel, die Vergasereinheit und der Typenschriftzug „BMW R 80/GS" in konsequenter Weiterführung der bisherigen Kodierungen; nur der Auspuff trug Schwarz.

Der Boxermotor erstrahlt in einem matten Rot als markantes, kräftig schlagendes Motorenherz. Somit wird er eine sichtbare Visitenkarte des BMW-Ingenieur- und Leistungsanspruchs. Durch den Einsatz der schwarzen hinteren Einarmschwinge, des 21-Zoll-Vorderrads und des unter der Gabelbrücke angebrachten Vorderradkotflügels verwandelte sich das von einigen bösen Zungen verlachte Image einer „Gummi-Kuh" in eine „muskulös-sehnige Gämse".

Das unter unserer internen Kodierung als „Bayern-Boxer" oder „Bayern-Rocker" geführte zweite Projekt folgte einer ähnlichen Strategie. Dieser sollte sich aggressiver, dynamischer und frischer in Form einer gestreckten Flyline gestalten, beginnend mit einer keilförmigen Verschalung eines kleinen, lenkerfesten Cockpits mit integrierten Rundinstrumenten. Die gewollte Streckung wurde im mittleren Bereich durch die horizontale Schwärzung der unteren Tankkante erreicht, unterstützt durch die ebenfalls geschwärzte obere Motorverschalung, was auch für die Sitzbankpolsterung, Batterieblenden, die komplette Auspuffanlage sowie den mittleren Scheinwerfereinsatz galt. Nur die Cockpit-Verschalung, Tank und Sitzbankeinfassung mit Heck trugen eine nicht metallische Basisfarbe, in diesem Falle ein Rot. Das verlieh der Maschine ein fast italienisches Aussehen, wozu auch die neuen, in weiß lackierten Y-Speichen-Aluminiumräder beitrugen. Beide Modelle waren höchst unorthodox und wurden somit zu einem kreativ konstruktiven Beitrag für den Beginn eines neuen Kapitels in der BMW-Motorrad-Geschichte.

Leider erlebte ich die Produktions-Stapelläufe durch den unfreiwilligen Austritt nicht mehr. Ein weiteres Gespräch mit der Personalabteilung über eine Aufstockung des Modelleur-Bestands verlief negativ. Die Auffassung lautete: „Herr Muth, Sie machen mit Ihren sieben Mann so gute Arbeit, dass wir uns schon überlegt hatten, Ihre Mannschaft um einen Mann zu kürzen." Zwei Tage später bekam ich einen Anruf aus der Personalabteilung und wurde zu einem Gespräch eingeladen. Nichts Gutes ahnend setzte ich mich in meinen Wagen und

G/S 80: Design-Konzept mit dem Motor als dem rot schlagenden Herzen ...

► ... serienmäßige Umsetzung

fuhr zum Vier-Zylinder, parkte in der Tiefgarage und nahm den Aufzug. Im Vorzimmer angekommen wurde mir ein Kaffee angeboten. Die Tür meines Gesprächspartners öffnete sich: „Herr Muth braucht keinen Kaffee!", und mit diesen Worten wurde mir die Tasse abgenommen und der verdutzt blickenden Sekretärin übergeben. Kaum war die Tür geschlossen, bezichtigte er mich, mit dem Zeigefinger auf mich gerichtet, „Omnibusse auf 2 Rädern" zu entwerfen. Ich würde mich Anordnungen widersetzen sowie Vorstände beleidigen. Im Vorstand wurde gefragt, ob ich verzichtbar wäre, was bestätigt wurde. „Herr Muth, Sie sind mit sofortiger Wirkung freigestellt. Sie werden sich in Begleitung eines Werkschutzmannes in Ihr Office begeben und Ihre persönlichen Sachen packen." Meine Antwort dazu: „Das ist nicht nötig. Ich kann ohne den Umweg über die Hufelandstraße das Haus sofort verlassen!", was ihn, so mein Eindruck, doch schon etwas erstaunte.

Mit kurzem Handschlag verabschiedeten wir uns. Ich fuhr mit dem Fahrstuhl in die Tiefgarage und verließ mit meinem BMW 3er die BMW AG, Richtung Nymphenburg. Gab es denn da nicht einen Psychologen, den ich jetzt zusammen mit einem kräftigen Schluck Jack Daniels dringend brauchte? Gestern noch war ich der Coverboy der BMW gewesen, nun war ich der freigestellte, degradierte Querulant. Man hatte mir später berichtet, dass der Kommentar von einem Vorstandsmitglied lautete: „Bei BMW kann man alles machen. Nur aus der Reihe tanzen darf man nicht."

Georg Sieber erwies sich diesmal als ein geduldiger, offener und hilfreicher Berater und Freund. Dank seiner Ratschläge zum Verhalten und zur weiteren Vorgehensweise und dank der Rechtsanwaltsreferenz entspannte ich mich langsam. Der Jack Daniels half natürlich auch.

Das Prozedere im dreimaligen Anbieten meiner Arbeitskraft, meinem Gesprächspartner telefonisch angetragen, wurde von diesem mit einem kurzen „Ja, ja, Herr Muth, ich weiß schon" beantwortet. Das Arbeitsrecht sieht in diesen Fällen gewisse einzuhaltende Fristen vor. Ich wollte den Dingen nicht tatenlos ihren Lauf lassen, sondern versuchte, einen Termin direkt bei Herrn von Kuenheim zu bekommen. Seine Sekretärin versprach, sich um einen Termin zu kümmern. Ich fühlte mich in der Tat wie degradiert und ausgelöscht.

Ich erhielt endlich den erwarteten Rückruf aus von Kuenheims Sekretariat mit positivem Bescheid. Die Begrüßung durch von Kuenheim war wie immer höflich freudig. Mit einem „Herr Muth, wie schön Sie zu sehen" setzten wir uns. Er hörte sich alles sehr ruhig an. „Herr Muth, Sie wissen, dass ich Sie und Ihren Einsatz sehr schätze, doch kann ich nicht einen von einem Vorstand gefassten Beschluss rückgängig machen. Sie müssen dies nun zur Kenntnis nehmen, doch werden wir für Sie sorgen, da werde ich persönlich darauf achten. Sie hören so bald wie möglich von mir." Ich stand auf, bedankte mich für das über die Jahre gezeigte Vertrauen, gab ihm mit leichter Verbeugung die Hand und verließ mit erhobenem Haupt sein Büro.

R 65 LS – der jugendliche „Bayern-Boxer“

Die „Mut(h)ige Kunde“ hatte sich schnell verbreitet und mit glaubhaft engagiertem Klopfen auf die rechte Schulter und mit einem „Verlieren Sie Ihren Mut nicht“ verwandelte sich die Fahrt im Fahrstuhl in einen Abschied auf engstem Raum. Ich befand mich nun in einer an den Nerven zerrenden fordernden Warteschleife. Als ich nach einer Woche nichts hörte, lautete die Empfehlung meines Anwalts, sofort Klage einzureichen, da ein weiteres Zuwarten die verbleibende Frist verstreichen lassen könnte und sich dieses zu meinem Nachteil entwickeln könnte.

Der Gerichtstermin ergab sich dann aber sehr schnell. Zusammen mit meinem Anwalt hörte ich mir doch schon sehr erstaunt die Argumente der Gegenseite an, die aus zwei Anwälten und zwei BMW-Repräsentanten bestand. Man warf mir vor, ich hätte die Firma hintergangen und geschädigt, da ich Motorradkomponenten zum Umbau eigener Maschinen aus der Firma entwendet hätte. Ich war einfach sprachlos, schaute meinen Anwalt an und konnte das, was ich hörte, einfach nicht fassen. Der Richter hatte das wohl mitbekommen und meinte, er würde sehr gerne meine Meinung dazu hören. Ich stand auf, drückte mein Erstaunen über diese Anschuldigungen aus und schilderte dem Richter meine Sicht zu den Geschehnissen. Auch, dass ich den Eindruck gewonnen hätte, dass es mit mir eigentlich gar nichts zu tun hätte, was im Übrigen in der Fachpresse nachzulesen wäre, eine Anspielung auf den erschienenen Leitartikel der Zeitschrift Motorrad, den Helmut Luckner, damaliger Chefredakteur, mit der Überschrift „BMW, Muthlos und ver-Wirth“ versehen hatte. Nach meiner Darstellung wandte er sich wieder an die BMW-Delegation und schlug eine Pause vor, die für ein gemeinsames Gespräch genutzt werden sollte, um eine für beide Parteien akzeptablen Einigung zu erzielen. Mein Anwalt schickte mich zum Kaffeeautomaten, er wollte vorerst allein mit den Gegenanwälten sprechen. Aus einiger Entfernung beobachtete ich dieses Gespräch und wurde dann dazu gebeten. Man bot mir zunächst die Rückkehr in die BMW AG an, was ich spontan ablehnte. Dann eröffnete mir mein Anwalt die in diesem Falle ausgehandelte Abfindung, die man aber mit einer Bedingung verbunden hatte: „Keine weitere Presse mehr.“ Ich ließ noch meine damalige Dienstmaschine, eine R 100 RS in spezieller Zweifarbenlackierung, oben draufpacken.

Den Gespächspartner, der die Kündigung persönlich ausgesprochen hatte, sah ich einige Jahre später, anlässlich der Preisverleihung zum „Motorrad des Jahres“ in der Stuttgarter Liederhalle wieder, auf der ich auf Einladung der Motor-Presse die Festrede hielt.

Das Vorstandsmitglied, das meine Kündigung unterstützte, begegnete mir bei einer Zwischenlandung in Hongkong auf einem Flug nach Japan. Als VIP-Fluggast, ich hatte inzwischen über 30 Flüge auf der Strecke Zürich, Genf, Tokio-Narita, Osaka absolviert, durfte ich in der Maschine bleiben. Beim Wiedereinstieg erkannte er mich, zeigte mit dem Finger auf mich und meinte: „Herr Muth, was machen Sie denn hier?“ – „Das frage ich Sie auch.“ Nach kurzem Small-Talk ging er nach hinten in Richtung Business Class weiter.

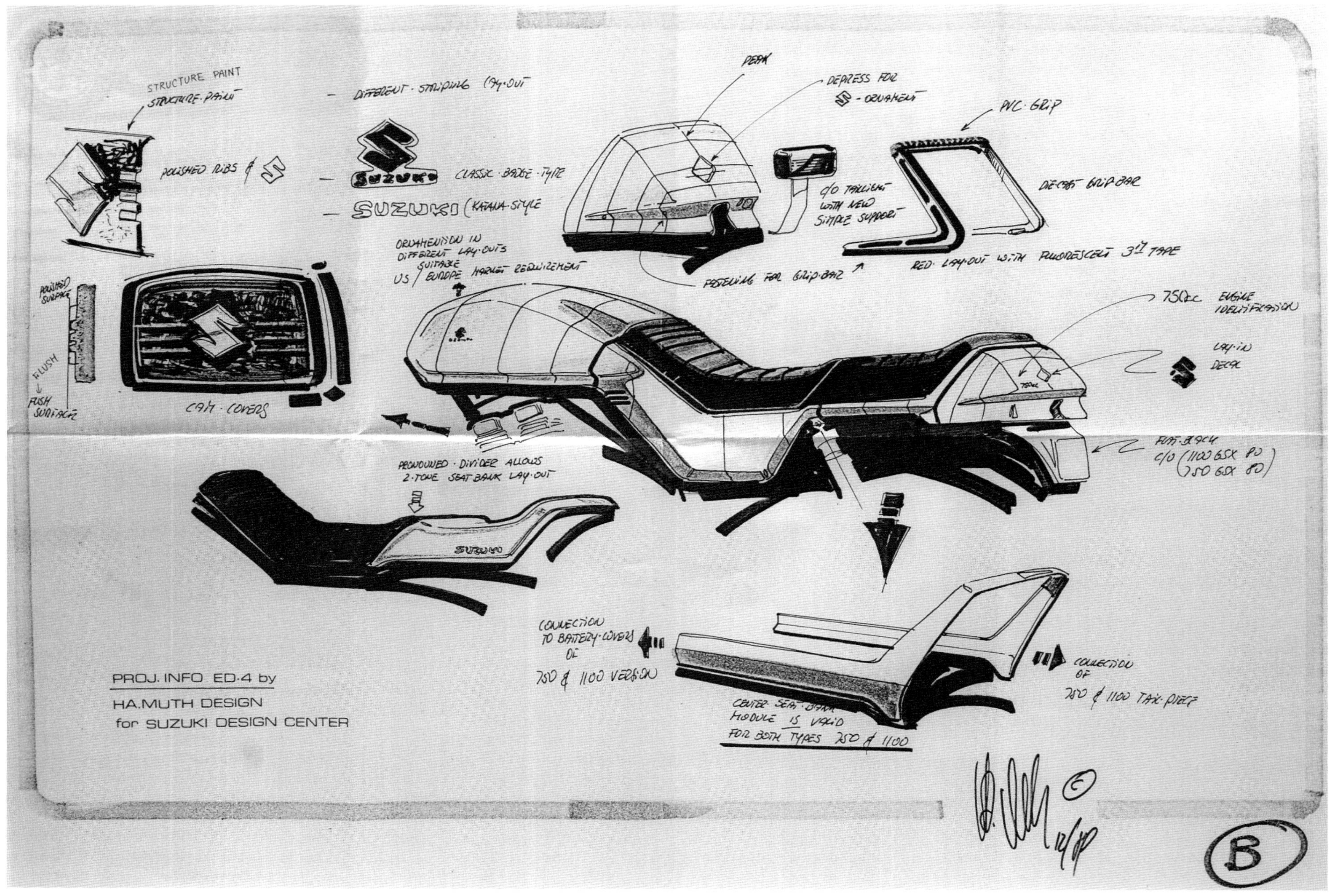
STRUCTURE PAINT
DIFFERENT · STRIPING LAY·OUT
POLISHED RIBS & S
CLASSIC BADGE TYPE
SUZUKI (KATANA STYLE
PEAK
DEPRESS FOR S - ORNAMENT
PVC · GRIP
DIE·CAST GRIP BAR
POSITIONING FOR GRIP·BAR
CAM · COVERS
FLUSH
750cc ENGINE IDENTIFICATION
LAY·IN DECAL
PRONOUNCED · DIVIDER ALLOWS 2·TONE SEAT BACK LAY·OUT
CONNECTION TO BATTERY·COVERS OF 750 & 1100 VERSION
CONNECTION OF 750 & 1100 TAIL·PIECE
CENTER · SEAT · BACK MODULE IS VALID FOR BOTH TYPES 750 & 1100
PROJ. INFO ED·4 by
HA.MUTH DESIGN
for SUZUKI DESIGN CENTER
B

14 Die fernöstliche Verlockung

Am Telefon meldete sich ein Manfred Becker, Marketing-Chef der Suzuki Motor Handels GmbH. Er fragte mich, ob ich an einem Gespräch mit einem hochgestellten Suzuki-Manager Interesse hätte.

Nach acht Jahren erfolgreicher Arbeit bei der BMW AG sowie der BMW Motorrad GmbH, nun wieder freiberuflich und nach neuen Herausforderungen suchend, sagte ich natürlich zu. Ich hatte zuvor schon einige Manager der Suzuki Motor Co. Ltd. (SMC), anlässlich einer Führung durch das Berliner Werk kennengelernt. Von der Marwitz rief mich damals zu sich und erklärte mir, dass ich nach Berlin fliegen sollte, um dort einige Repräsentanten aus der Suzuki Motorcycle-Division durch das Berliner Werk zu führen und sie mit einem kurzen Referat über unsere Motorräder zu informieren. Dieser Termin fiel auf den jährlichen BMW-Tag, an dem alle oberen Führungskräfte Zeugnis über das vergangene Jahr ablegten und zugleich über neue Zielsetzungen des Vorstands informiert wurden. Da ich auch zu dieser Liga zählte, wies ich von der Marwitz auf diese Terminüberschneidung hin. Er aber meinte, dass es so beschlossen sei, denn ich sei der richtige Mann als Gastgeber und „Führer“. Also flog ich nach Berlin. Mit drei Firmenwagen fuhren wir zum Flughafen. Dort empfing ich eine achtköpfige Abordnung, die ich gemäß dem traditionellen Vorstellungsritual mit dem Austausch von Meichis, den Visitenkarten, begrüßte. Dieses Ritual war mir vom MBB/Kawasaki-Projekt bekannt – vom General Manager zum Assistant General Manager bis hin zum Assistant of Assistant Manager of Manager.

Die Herren zeigten bei der Tour damals großes Interesse und waren sehr beeindruckt von der Fertigung, obwohl es natürlich einen großen Unterschied zwischen ihren Produktionsstätten hinsichtlich Größe, Umfang und Abläufen und dem Werk in Berlin gab. Das war auch der wahre Grund, weshalb ich als Gastgeber und Guide bestimmt wurde. Man schämte sich schlichtweg ob des Zustands dieses traditionsreichen BMW-Werks und überließ es mir, dies, entsprechend kreativ charmant und eloquent zu überspielen, was mir wohl auch gelang. Ich stellte die engen und die zum Teil wie improvisiert wirkenden Sektionen als das wahre Geheimnis einer traditionellen Fertigung mit den zum Teil von Hand ausgeführten Komponenten dar, wie zum Beispiel die typische Linierung. Wir hatten eine gute Zeit. Dank des anfänglichen Austauschens unserer Visitenkarten entstand daraufhin eine lockere Kommunikation.

In Deutschland wurde SMC durch Otto DeCrignis, Präsident der Suzuki Handels GmbH vertreten, die im Münchener Industriepark ihre Geschäftsräume hatte. Dort begrüßte mich Manfred Becker, ein Hüne mit Schnauzbart, eloquent, souverän, ein passionierter Pfeifenraucher, dessen Aktentaschengröße sich der extrem volumigen Pfeifentasche unterordnen musste. Otto DeCrignis wurde mir als Präsident und Geschäftsführer vorgestellt sowie Herr Masao Tani, General Manager, European Department, Suzuki Overseas Motorcycle Marketing Division. Durch Beckers und DeCrignis' entspannt lässige Art begann das Treffen in einer sehr lockeren Atmosphäre. Tani-san, so die offizielle Anrede, mit dem Gespräch beginnend, schien über mich und meine bisherigen Aktivitäten sehr gut und umfassend informiert zu sein. DeCrignis forderte mich mit „So, Herr Muth, nun erzählen Sie mal“ auf, Tani-sans Kenntnisse über mich zu vertiefen. Meinen in englischer Sprache geführten Darstellungen aufmerksam folgend, sagte er: „Muth-san, könnten Sie sich vorstellen, Ihre Kreativität und Ihr Wissen Suzuki Motorcycle zur Verfügung zu stellen und für uns zu arbeiten?“ Ich konnte mir das sehr gut vorstellen und nahm spontan sein Angebot an. Er war sich anscheinend vorab dessen sicher, denn er hatte zu seinem Angebot gleich ein konkretes Projekt dabei.

„Muth-san, Suzuki Motorräder verfügen über eine exzellente Technik, haben aber ein Warehouse-Styling.“ Suzuki brauche eine eigene Produktidentität, passend zum Anspruch und zu einer nachvollziehbaren Abgrenzung zum Wettbewerb. Die BMW R 90 S und besonders die R 100 RS basierten auf wohl-

Fernöstlicher Gegenbesuch: Suzuki Motorrad-Entwicklungsmanagement

Suzuki GS 550 Katana, 1980

durchdachten Technik- und Design-Konzepten. Die japanischen Motorräder folgten mit Ausnahme der technischen Komponenten einer Bombenteppichleger-Strategie: Alles und jedes wurde ausprobiert, entwickelt und vermarktet. Das gemeinsame Motto lautete „Follow the Leader“ und wurde somit vom Wettbewerber, leicht abgewandelt, übernommen. Der optische Unterschied ergab sich durch eine Vielfalt von Farben, Ornamentierungen und dem Trim. Meine Aufgabe sei es, mit der Erstellung eines Flagship-Designs, eine Basis zur eigenen Design- und Produktidentität zu schaffen, um den zukünftigen Suzuki-Motorrädern ein internationales Image zu verleihen: formal überzeugend, Suzuki in seinem Anspruch repräsentierend, jedoch nicht im Stil der europäischen Motorräder und ebenso wenig mit trendiger Scheintypisierung durch die bloße Benennung europäischer Rennstreckennamen und Begriffe wie „Nürburgring“ oder „TT/Isle of Man“. Ich verstand sofort, worauf er abzielte.

Diese Zielsetzung unterschied sich im Ansatz von den BMW-Zielsetzungen. BMW wollte mit seinem traditionellen Boxer-Motorrad-Konzept zurück auf den internationalen Motorradmarkt, wo bislang der Ferne Osten vorherrschte. Suzuki hingegen suchte nach all den bisherigen standardisierten, japanischen Interpretationen europäischer Motorradtypen nach einer eigenen Identität in der Produkt-Designsprache. Das erste Projekt, in der Kodierung „ED-1“ betitelt, war eine 650 ccm-Sportmaschine, basierend auf einem bereits in der Serie vorhandenen 550 ccm-Modell. Wir besprachen Details sowie seinen Wunsch, mich in einen exklusiven Vierjahresvertrag einzubinden. Nachdem wir eine erste Zeitschiene und ein Follow-up erstellt hatten, verabschiedeten wir uns.

Ich war fasziniert und nachdenklich zugleich: Ein Motorrad mit einer japanischen formalen oder assoziativen Identität? Mir kam ein Auftrag aus den 1960er-Jahren in Erinnerung, als mich H.U. Wieselmann, Chefredakteur von Auto, Motor & Sport anrief und mir erzählte, dass Honda einen Formel 1-Rennwagen planen und bauen würde und den ich für die nächste Ausgabe zeichnen sollte. Auf meine Bitte, mir entsprechendes Material zukommen zu lassen, meinte er, dass es bisher nur ein Gerücht darüber gäbe, aber keinerlei Bildmaterial. Ich sollte mir Gedanken machen und versuchen, mit meiner Phantasie einen solchen Wagen in vermeintlicher Art darzustellen. Ich entsann mich, dass japanische Kriegsschiffe sich im Aufbau, speziell in der Gestaltung der Schornsteine, völlig anders darstellten als ihre europäischen Gegenstücke. Bei diesen entwickelten sich die Schornsteine entweder vertikal oder im leicht schrägen Verlauf. Bei japanischen Zerstörern hingegen entwickeln diese sich im unteren Bereich aus einer dreieckigen Basis heraus, leicht schräg nach hinten weisend. Die Nutzung von Flächen, im Gegensatz zu europäischen Gestaltungsausrichtungen, fand ich typisch. In diesem Sinne gestaltete ich so den Übergang zum Überschlagsbügel, was sich als passend erwies, denn als Hondas neuer Bolide der Presse vorgestellt wurde, hatte sich meine Projektion als sehr ähnlich erwiesen.

Für das Suzuki-Projekt vertiefte ich mich in japanische Mythologie, Philosophie und Psychologie. Seit meinem ersten Japan-Aufenthalt, beeindruckt von der Architektur, Lebensweise und der Auffassung von einem respektvollen und toleranten Miteinander, hatte ich mich mit japanischer Literatur eingedeckt. Dort fand ich einige interessante wie nutzbare Ansätze zur Gestaltung.

Die japanische Ingenieurs-Crew, mit der ich zu dieser Zeit noch an einem Projekt, der Gesamtgestaltung des Mehrzweck-Hubschrauber BK-117, bei MBB in Ottobrunn zusammenarbeitete, bot sich hilfreich zum informativen Austausch und zur Ergänzung meiner Eindrücke an. Die beiden, in den letzten zwei Jahren bei BMW Motorrad eingestellten Ex-Porsche-Kollegen H.G. Kasten und J.O. Fellstroem hatten sich nach meinem Abgang ebenfalls entschlossen, ihr dortiges Engagement zu beenden und boten sich zu einer freiberuflichen Zusammenarbeit an. Zunächst getrennt in den jeweils eigenen Räumen, konnte ich durch Zufall in Herrsching die direkt am Ammersee gelegene Werkstatt eines verstorbenen Architekten und Designers anmieten.

Helmuth Luckner, als ewig hungriger und aufspürender Journalist und Chefredakteur von Motorrad und der Motorrad-Revue bekannt, hatte eine Idee. Ein Designer, so der Beginn seiner Ausführungen am Telefon, kauft sich das Motorrad seiner Wahl, fährt es, erfreut sich an dem gerade erworben Objekt, zeigt es stolz herum und verbringt dann fast mehr Zeit in der Garage, mit einem Bier in der Hand das Objekt seiner Begierde betrachtend. Dann kommt der Moment, wo er in sein Studio geht, den Kugelschreiber zückt, um aus „einem Bike, sein Bike" zu gestalten. Unser Thema lautete „Stardesigner bauen einmalige Motorradvisionen". Zu diesem Thema hätte er bereits Porsche-Design und Guigiaro gewinnen können. Ich wäre der Dritte auf seiner Wunschliste.

Jeder von uns konnte seine eigene Motorradwahl bestimmen, wobei sich herausstellte, dass sich Ferdinand Alexander „Butzi" Porsche für eine Yamaha SR 500 und Giorgetto Giugiaro für eine Suzuki GS 850 schon entschieden hatte. Für mich kam da nur mein eigenes damaliges „Lustobjekt", die MV Agusta 750 S, infrage. Als Zeitvorgabe nannte er drei Monate, was für einen Journalisten sehr viel Zeit bedeutet, werden doch Design-Entwürfe meistens mit einem „Is doch nua a Buidl für Sie" bezeichnet und abgehandelt. Doch so einfach ist es eben nicht mit dem Design und den Designern, da hier ja auch noch eine Umsetzung in ein 3D-Modell erforderlich ist. Gerade die Verschmelzung mit der Maschine forderte auch von dieser Maschine ein Mehr an optischer Profilierung. Von der Seite stellt sie sich kompakt bullig, aber auch etwas statisch dar. Sie besaß nicht das sich schon beim Anblick Bewegende, das nach vorne Strebende. Hier bot sich mir eine Gelegenheit, ohne die gewohnten Einschränkungen meine ganz persönliche Vorstellung eines Motorrads zu realisieren. Ich nannte diese „die Einsamkeit des Jagdfliegers", eine Philosophie, basierend auf nachfolgender Projektion:

„An einem Tag am Wochenende, morgens um 5.30 Uhr verlasse ich das Schlafzimmer, greife Unterwäsche und Socken, schleiche mich die Treppe hinab, mache eine kurze Wäsche zum Muntermachen im unteren Bad, sammele Ziegenleder-Kombi, Stiefel, Nierengurt, Halstuch und Handschuhe aus dem Schrank und gehe in die Garage. Kurze Begrüßung der da meiner harrenden roten Geliebten, dann kleide ich mich an, ziehe Brille und Helm über, öffne leise das Tor und schiebe die Maschine vorsichtig hinaus. Auf der Straße schiebe ich sie ein paar Meter aus der noch häuslich wahrnehmbaren Akustikzone. Jetzt mit gegrätschten Beinen auf Sitzposition den Helm festgurten, Brille in Position bringen, Handschuhe überziehen und sich innerlich auf das Startritual vorbereiten: Zündschlüssel rein, nach rechts auf Start gedreht den Anlasser betätigen

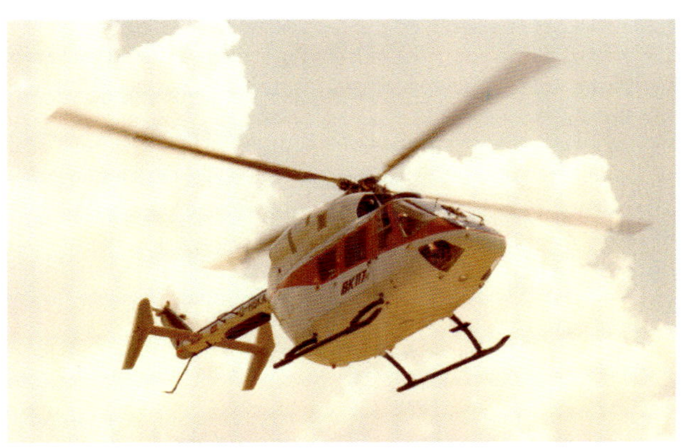

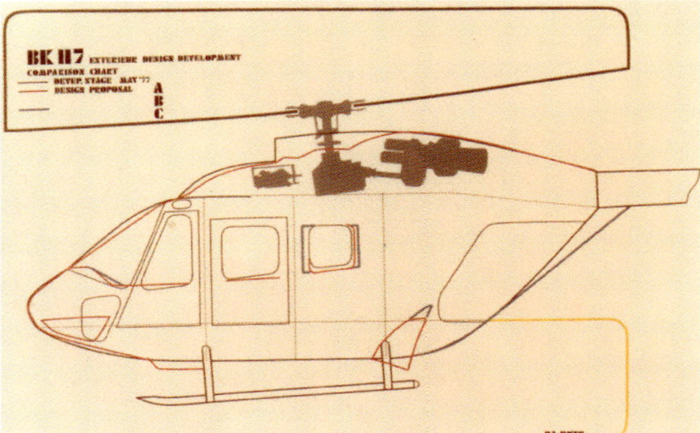

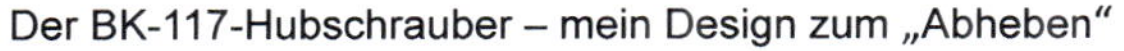
Der BK-117-Hubschrauber – mein Design zum „Abheben"

und mit der phonetischen Rückmeldung des Kraftwerks aus je zwei gestaffelt angeordneten Trompetenrohren die Kupplung ziehen, Gang einlegen, Seitenständer hochklappen und mit kurzem Blick über die linke Schulter die Kupplung gefühlvoll kommen lassen, das linke Bein mit Fahrtaufnahme auf die Raste setzen, bereit, mit der Fußspitze den nächsten Gang hoch zu wippen: Welt, ich komme!"

Nach sechs Stunden auf kurvigen oder endlos geraden Landstraßen, die ich durch hügelige Wald-, Wiesen- und Seenlandschaften fuhr, Dörfer durchquerend und mich der Sonne in den Speichen erfreuend, um dann aber pünktlich zu Mittag die Maschine in die Garage rollen zu lassen, während ich noch etwas dem Knistern der sich langsam abkühlenden Auspuffrohre lausche, die Fahrt rekapitulierend. Ich dachte an einige sehr früh geweckte Dorfbewohner, verschreckte Kühe und vier tote Hühner, die ich aber nicht, wie es bei Jagdfliegern so Usus ist, mit kleinen Grafiken auf dem Tank markierte.

Diese Gedanken und Assoziationen notierte ich zusammen mit einer thematischen Konzeptskizze und besprach mich mit Fellstroem, der diese professionell in ein 1:1-Entwurfslayout übertrug und ausarbeitete. Es entstand eine dramatische Flyline, beginnend mit einer pflugförmigen Scheinwerferverschalung, die sich in die Tankgestaltung einfügt und über die Solositzbank bis zum Heckabschluss formal konsequent fortsetzt und über dem mächtigen Motor zu schweben schien. Die Borrani-Speichenräder mit der riesig dimensionierten und detaillierten Fontana-Vorderradbremse und dem kurzen, zweifarbig ausgelegten Kotflügelfragment, die zu einer Vier-in-eins abgewandelte Auspuffanlage in mattem Schwarz sowie die liebevollen Detaillierungen, das alles präsentierte eine formale Umsetzung meiner philosophischen Projektion und kam der Verschmelzung von Mann und Maschine zu einem Zentauren-Image sehr nahe.

Der Lichtaustritt des Scheinwerfers erfolgte durch kleine Schlitze in der Front. Auch vertraute ich auf den beeindruckenden akustischen Effekt des Vierzylinders. In Anlehnung an meine favorisierte Automarke Ferrari nannte ich diese Studie „Prova", analog zum kleinen Kennzeichen, welches bei den Ferrari-Prototypen in Maranello als hinteres winziges Nummernschild mit dieser Bezeichnung verwendet wird.

Mit der bei BMW begonnenen Flyline, dem keilförmigen Cockpit der BMW R 65 LS und in der emotional formalen Gestaltung der Prova-Studie, wurde eine dynamisch progressive, emotionale Motorrad-Design-Sprache eingeführt, welche sich in der Suzuki GSX 1100 Katana nachvollziehbar dokumentierte.

Der Publikation in der Motorrad-Revue folgte das Magazin Motorrad mit einer Anfrage, ob die Möglichkeit bestünde, die Maschine zu einem Proberitt fahrtauglich herzurichten. Dem Wunsch wurde stattgegeben, indem unter der Flyline ein provisorischer Behälter als Tank installiert wurde. Den Rest vollbrachte engagiert besessen, doch liebevoll Roland Schneider, MV-Chefmechaniker bei MV Agusta in Baden-Baden. Der Proberitt fand auf einer kurvigen Strecke zwischen Hechendorf am Pilsensee und Herrsching am Ammersee statt. Redakteur Gerrit Heyl dokumentierte diesen ausführlich in seinem wertschätzenden Bericht in „Motorrad", Heft 16/1980. Danach bat man darum, die Maschine zu einem weiteren Test mit nach Stuttgart nehmen zu dürfen. Aufgrund meines intensiven anderweitigen Engagements sowie der sich mehrenden Fernostreisen verlor ich meine Maschine völlig aus den Augen. Ich sah sie nie wieder. Ebenso wenig konnte mir irgendjemand von den Motorrad-Redakteuren der Motor-Presse bis dato entsprechende Auskunft geben: Prova, quo vadis?

Wir begannen mit Entwürfen zum ersten SMC-Project mit der Kodierung „ED-1", das nach meinen gedanklichen Vorgaben, zusammen mit Fellstroem und Kasten, sehr schnell zu einem überzeugenden Ergebnis führte. Ein erster Präsentationstermin wurde über DeCrignis in Absprache mit Hamamatsu festgelegt.

Die Suzuki-Design-Repräsentanten waren mit meiner Präferenz einverstanden und somit erhielten wir das Go zur 1:1-Modellumsetzung für die GS 650 G, so die spätere Modellbezeichnung. Nach zwei weiteren Monaten wurde das fertig gestellte Design-Referenzmodell im Hotel Holiday Inn, München, diesmal unter Beteiligung der europäischen Suzuki-Importeure präsentiert und begeistert akzeptiert. Das Modell wurde einer auf derartige Transporte spezialisierten Spedition zur sicheren Verpackung und zum Versand zum SMC-Headquarter in Hamamatsu, Präfektur Shizuoka, Japan, übergeben.

In meinen Konzeptionsstudien zu den SMC-Vorgaben fokussierte ich mich besonders auf zwei Bücher. Eins davon war Reinhard Kammers „Zen in der Kunst das Schwert zu führen", das andere von Eugen Herriegl „Zen in der Kunst des Bogenschießens". Besonders ersteres faszinierte mich und bestätigte

MV Agusta „Prova“: Auf dem Weg zum „Zentauren“

meine aus anderen Quellen gewonnenen Eindrücke, dass das Schwert (japanisch „Katana“) eine besondere mythologische Bedeutung hat. Darin entdeckte ich eine Analogie. Durch meine Kontakte zu den MBB/Kawasaki-Ingenieuren ließ ich mir den japanischen Schriftzug dazu erklären und aufzeichnen.

Diesen versah ich mit einem grafisch stilisierten Schwert, was zu dem Katana-Logo führte. Positioniert wurde es bei der ED-1 auf dem hinteren Teil der seitlichen Blenden. Die ED-2-basierte auf einem 1100 ccm-Layout und stellte somit schon eine potentere Basis zur formalen Interpretation eines japanischen Schwerts dar. Allein die Herstellungsprozeduren eines japanischen Schwerts, die sich nicht nur auf das rein Handwerkliche beschränken, sondern auch auf die der innere Einstellung des Schwert-Schmieds, ließ mich gedanklich sehr viel intensiver an die Konzeption herangehen.

Aufgrund der Intensität eines solchen Fertigungsprozesses sowie der Fokussierung auf die verschiedenen Arbeitsgänge bei der Herstellung konnte man dem Design nicht mit leicht hingeworfenen Skizzen begegnen; es verlangte vielmehr eine innerliche Identifizierung und ein Eintauchen in die Materie. Japan ist ein Land voller Details und Zeichen, Respekt und Ehr-

furcht. All dem versuchte ich im fernen Deutschland mit meinem Denk- und Gestaltungsprozessen gerecht zu werden.

Die ED-2 musste gegenüber der ED-1 schlanker und dynamischer werden und trotzdem eine fernöstliche Klarheit ausstrahlen. Mein Konzept dazu sah eine klare, logisch funktionale und dabei expressive Design-Sprache vor, die sich in einer dramatischen Flyline artikulieren sollte: ein japanischer Zentaur in Form eines zweirädrigen Samurai. Die MV-Agusta-Prova-Studie war hierzu ein inspirierender Ausgangspunkt. Das Lastenheft sah für das Modell eine hohe Akzeptanz am europäischen und amerikanischen Markt vor. Japan war zunächst ausgeschlossen, weil für Maschinen ab 750 ccm eine Sonderprüfung vorgesehen war. Dafür wurde die Maschine auf den Boden gelegt, und der Aspirant musste in der Lage sein, sie allein aufzustellen. Eine Kraftprobe, die aber keine Verbindung zu den kräftig stämmigen Sumo-Ringer herstellen lässt! Die Flyline-Auslegung gestaltete sich ähnlich der Prova, doch mit einem differenzierten, schon bei der ED-1 ausgeprägten, nach vorn unten sich öffnenden, V-förmigen Tank, der zur Suzuki-Identität führte – ergonomisch nachvollziehbar, da dieser logisch im Knieanlagebereich lag. Das hatte zur Folge, dass dieses spezielle Thema zur allgemein begehrten Kopiee durch die Wettbewerber einlud. Wir wollten die Scheibe, wie sie später in der Serienproduktion installiert wurde, an der Cockpitverschalung vermeiden und entschlossen uns zu einem – analog zu den offenen Rennsport- und Formelwagen – kleinen, aerodynamisch effektiven Deflektor, der sich beim anschließenden Windkanalversuch, der wieder in Turin bei Pininfarina stattfand, als extrem wirkungsvoll erwies.

Doch dieser neuartige, am Motorrad unbekannte Ansatz scheiterte an der strikten Befolgung einer schriftlich vorgegebenen Spezifikation zu einer Frontverkleidung, dem Cockpit: Dieses besteht aus einer Außen- und Innenschale sowie einer Scheibe, so die spezifisch japanische Auslegung, die auch nach sechsstündiger Debatte von uns nicht modifiziert werden konnte, mich jedoch schon auf die weitere Zusammenarbeit mit Suzuki vorbereitete.

Besonders wichtig waren die Instrumentierung und die ergonomische Erreichbarkeit der Schalter. Das Hauptinstrument mit Drehzahlmesser und Tacho mit gegenläufigen Zeigern bot

ED-2: Die GSX 11000 Katana: Design-Konzept (unten), Referenzmodell, Prototyp (oben)

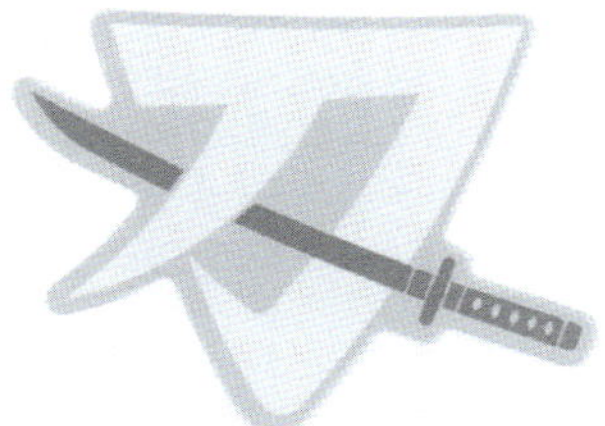

Katana-Logo

sich dem Piloten zur klaren und eindeutigen optischen Erfassung an. Der Choke, als runder Drehschalter ausgelegt, wurde zur bequemen Bedienung im Kniebereich an der linken Seitenblende positioniert, außerdem platzierten wir darunter zwei Blindschalter für eventuelle Zusatzschalter. Um die Maschine optisch auf einen Einmann-Charakter zu verkürzen, trennten wir die Doppelsitzbank durch eine materielle Farbtrennung des Sitzbezugs, farblich in Dunkelbau und Grau gehalten. Um dem Schwert den richtigen dynamischen Schliff zu geben, fassten wir die mitgelieferte Vier-in-Zwei-Auspuffanlage in eine mattschwarze Vier-in-Eins-Anlage. Das neue zweirädrige „Schwert Katana" wartete auf seinen Einsatz.

In Silber lackiert, der Tank als klares, formal erkennbares Statement, mit einem roten Suzuki-Schriftzug versehen, kleinen Katana-Logos an den Seitenblenden und einem letzten Touch-up sowie kurzer Vorabpräsentation für DeCrignis und Becker, wurde das Modell mit entsprechender Transportsicherung dem Spediteur zum Versand nach Japan übergeben. Die Präsentation sollte im Hamamatsu-Headquarter stattfinden. Zusammen mit DeCrignis und Kasten flogen wir von München via Hamburg, der damals aktuellen Nordroute, über Anchorage nach Tokio. Anchorage Airport machte den Eindruck eines Supermarkts, der hauptsächlich mit japanischen Touristen überfüllt war, die ihre Alkoholwünsche wohl schon vorgeordert hatten und nun mit den Einkaufstüten voller bekannter europäischer Premiummarken wieder ins Flugzeug drängten. Nach zwei, für je sechs US-Dollar gekauften Dosenbieren hatten wir nun unsere Wachgrenze überschritten und fielen endlich in den Schlaf. Gegen 19 Uhr Tokio Ortszeit landeten wir auf Tokios Narita Airport, nun übermüdet und schlapp unserem gut informierten Guide DeCrignis folgend: Gepäck abholen, Bustickets kaufen und dann aus der Ankunftshalle hinaus zur Busstation zur weiteren Fahrt nach Tokio mit Ziel International Air Terminal; dort wieder das Gepäck identifizierend und aufnehmend per Taxi zur Tokio Main-Station; dort Tickets für den Shinkansen Express nach Hamamatsu kaufen und es sich im Zug bequem machen. Endlich in Hamamatsu Station angekommen, diskutierten wir mit dem Taxifahrer, der sich weigerte uns zusammen in seinem kleinen Toyota-Taxi zum Hotel zu befördern, mit dem Resultat, dass mittels eines zweiten angeheuerten Taxis nun der Rest dieser langen Reise bewältigt werden konnte. DeCrignis kannte sich aus und war erfahren in all den

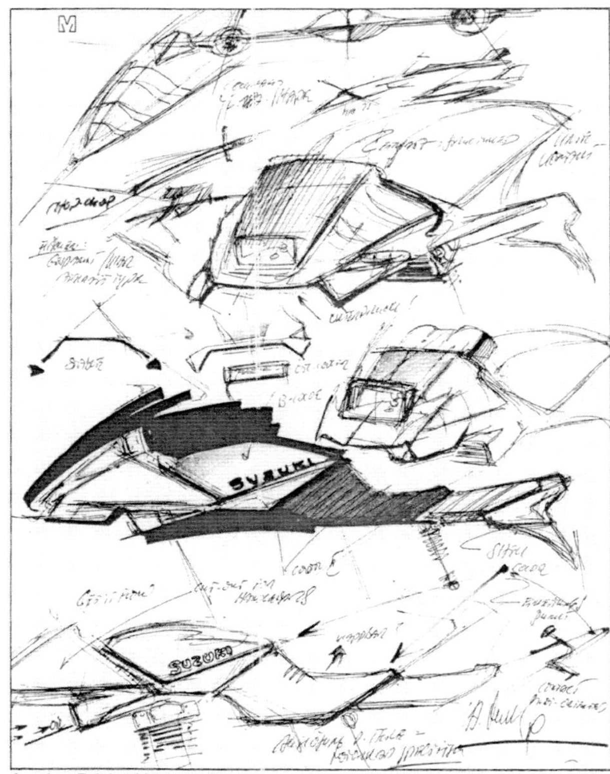
Aus dem Zeichenblock des Designers der neuen Suzuki-Katana: Entwürfe von Hans A. Muth, die in der Realisierung dem Motorrad ein unverwechselbares Aussehen gaben

Prozeduren, den Wegen und den nötigen Redewendungen in japanischer Sprache. Ich war, seit ich mein Haus in Hechendorf am Pilsensee verlassen hatte, insgesamt siebenunddreißig Stunden unterwegs, in denen ich mich gedanklich vorbereiten konnte.

Das Hamamatsu Grand Hotel entsprach nicht ganz dem Anspruch seines Titels. Die Zimmer waren eng und nur mit dem Nötigsten ausgestattet, wie Bett und Nachttisch, kleinem Tisch und Hocker. An der Wand ein quadratischer Kasten mit Tür, was sich auf der Suche nach einem Kleiderschrank als solcher erwies. Geöffnet zeigte er eine Stange mit drei Bügeln für die Kleider, die dann bei geschlossener Tür, da der Kasten unten offen war, frei im Raum hingen.

Ein zunächst erschreckender Eindruck beim Aufwachen. Das Bad mit Dusche und WC verlangte vor Eintritt nach einer Entscheidung ob des benötigten Zwecks. Es ging nur gerade rein und gerade wieder raus. Bei geöffnetem Fenster sah ich, dass nur 50 cm Distanz zur nackten Wand des Nebengebäudes bestanden – alles sehr gewöhnungsbedürftig. Obwohl ich ja schon bei dem ersten fernöstlichen „Eindrucks-Aperitif" anlässlich des MBB/Kawasaki-Projekts in Kawasaki-City Eindrücke von den japanischen Gegebenheiten gewonnen hatte, tat ich mich insgesamt doch schwer. Den ersten Tag waren wir mit dem Check des Prototypen nach der langen Reise in dem Holzverschlag beschäftigt. Es gab nur geringfügige, leicht auszubessernde Schäden und somit hatten wir Zeit zur Akklimatisierung und zur vollen Konzentration auf die Vorgespräche zur Präsentation am Folgetag. Die silberne GSX 1100 S Katana, mit einer blauen Plane abgedeckt und auf einer Drehbühne in Positur gebracht, umwandernd, ging ich meine Memos zur Präsentation durch, gab hier eine Hand, verbeugte mich dort, lächelte und beantwortete Fragen meines Dolmetschers.

Der große Präsentationssaal, eine japanisch anmutede Kapelle füllte sich, wobei der Strom an Teilnehmern kein Ende zu nehmen schien. Auch die vorderste Reihe, die für den Präsidenten und das oberste Management reserviert war, füllte sich.

Wir verbeugten uns gegenseitig im vorgeschriebenen, kurzen Verbeugungswinkel. Ich schätze diese Art der Respektbezeugung, die hierzulande vielfach noch immer als Gehorsams- und Unterordnungsgeste missverstanden wird. Als bekennender Preuße habe ich generell keine Schwierigkeiten mit der japanischen Etikette und Tugend, die sich zu einem effizienten und empathischen Ganzem verbinden.

Deutsche Entscheidungsbereitschaft, Improvisationstalent sowie konsequentes Denken und Handeln verband sich nun mit japanischem Engagement, Interesse, handwerklichem Geschick und Fleiß sowie stetiger und williger Einsatzbereitschaft.

Der Präsident Osamu Suzuki, begleitet von seinem assistierenden Mitarbeiterstab, nahm zusammen mit Tani-san und DeCrignis Platz, während ich selbst zusammen mit dem Dolmetscher auf einer kleinen Bühne auf unseren Einsatz wartete. Tani-san als Spiritus Rector dieses Projekts ließ die Plane entfernen und eröffnete die Veranstaltung mit einer generellen Erläuterung. Mit kurzen Sätzen versuchte ich, den Anwesenden die Absichten und Ausführungen zur Lösung der mir durch Tani-san gestellten Aufgabe zu vermitteln. Meine Ausführungen wurden von einem Dolmetscher ins Japanische übersetzt. Ich bemerkte, dass das Management sich der Schuhe entledigt hatte und mir mit gekreuzten Beinen und geschlossenen Augen zuhörte. Panik machte sich in mir breit, war ich etwa nicht ansprechend genug? Doch preußisch standhaft beendete ich meine Präsentation.

Langes Schweigen im Saal folgte und dann begann sich Präsident Suzuki mit einem Seufzer langsam aufzurichten. Er lehnte sich zum linken (ebenfalls aufgestandenen) Assistenten und sagte etwas zu ihm. Dieser nickte und richtete das Wort an den Dolmetscher, der es für mich in Englisch wiedergab: „Mutho-san, der Präsident bedankt sich sehr für Ihre Präsentation. Er hat die ganze Zeit darüber nachgedacht, woran ihn der Shape dieses Designs erinnere. Nun sei es ihm eingefallen: an die Concorde!"

Somit verwies er auf das französisch-britische Überschallflugzeug, das zur Landung das vordere Teil leicht nach unten abneigt. Ich war frappiert und begeistert zugleich. Noch nie in meiner ganzen Laufbahn im Design hatte ich erlebt, dass ein Präsident zu einer solchen sinnentsprechenden Beurteilung fand. Was für ein Kunde. Ein neuerliches Neigen des Präsidenten mit für mich nur durch einige Vokallaute vernehmbaren Bemerkungen zu seinem Nebenmann, die mir dann wieder der Dolmetscher erzählte: „Mutho-san, warum haben Sie das Motorrad „Katana" genannt?" – „Mr. President, ich bin überzeugt, dass Sie selbst weitaus mehr und besser über den Begriff und die Bedeutung eines japanischem Schwerts Bescheid wissen. Ich habe in meinen Studien zu diesem Projekt eine Analogie von einem Schwert zu einem Motorrad entdeckt. Das Schwert dient zunächst einmal als Waffe, doch ein Katana wiederum hat in Japan auch eine mythologische Bedeutung. Wenn man es nicht richtig bedient, kann es durch seine Schärfe tödlich sein: Das gilt ebenso für ein Motorrad." Nach der japanischen Übersetzung herrschte absolute Stille und die Antwort des Präsidenten lautete: „Mutho-san, ich bin Ihnen richtig dankbar, dass Sie es nicht Harakiri genannt haben!" Unter einem allgemein gelösten Gelächter drängten nun alle zur Katana. Nun wurde ich dem Präsidenten, seinem Stab und den Sektions-Managern durch Tani-san persönlich vorgestellt. Die Begeisterung war groß und für Tanis-san, DeCrignis, Kasten und mich selbst eine Bestätigung für unsere Kooperation.

Die klare Aufgabenstellung, die spontane Zustimmung zu den von uns favorisierten wie referierten Konzepten, die Effizienz in der technischen Begleitung und die begeisterte Aufnahme beider 1:1-Modelle, wie auch die Interpretation der Katana GSX

1100 S durch den Präsidenten Osamu Suzuki machen den großen Unterschied zu den zuletzt erlebten Vorgängen bei BMW Motorrad überdeutlich.

Wir machten uns das Momentum zunutze und setzten das erste Feasibility-Meeting an, das nun Kastens Part war. Auf der Wandtafel wurden die spontan erkennbaren Punkte zur gemeinsamen Klärung aufgelistet und anschließend diskutiert. Solche Besprechungen verlangen Aufmerksamkeit und Konzentration, denn sie gestalten sich langwierig, was durch das ständige Übersetzen zusätzlich erschwert wird. Der gemeinsame Nenner, sich der englischen Sprache zu bedienen, bringt Vorteile. Ein japanisches „Hai", welches in Deutsch einem „Ja" entspricht, bedeutet keine Zustimmung in unserem Sinne. Die kulturellen Unterschiede haben schon zu vielen Missverständnissen und Problemen geführt.

Das Abendessen im Restaurant Inanba war ebenso köstlich wie aufregend. Allein dem Chefkoch zuzusehen, wie er mit Messern und Gewürzen jonglierte und seine Zubereitungen mit akrobatisch geschickten Einlagen unterstrich, war sehenswert. Die Gerichte wurden auf kleinen Kacheln serviert, die Saucen und Pasten kamen in diversen Schüsselchen. Unsere Geschicklichkeit in der Handhabung der Stäbchen war gefordert und wurde interessiert beobachtet. Bier wird einem ständig mit bezaubernder Geste durch auf den Knien rutschenden Nakaisan nachgefüllt. Da die Gläser sehr klein waren, fehlte uns die nötige Übersicht über das, was man da so unkontrolliert in sich hineinschüttete.

Gamma, 350 ccm, 2-Takt-Sportmaschine: Design-Referenzmodell

Am nächsten Tag wurden die Feasibilty-Gespräche tagfüllend fortgesetzt. Besonders unsere „aerodynamische Interpretation" der Frontscheibe zum Cockpit wurde zum Fokus einer nicht endenden Debatte. Alle unsere Argumente zu unserer Auffassung, die sich im Windkanal auch bestätigt hatten, halfen nichts. Man bestand auf einer Windscreen, einer Scheibe. Auf unser beharrliches Nachfragen kam nun für uns endlich die Erklärung. In einer Spezifikation zu einem Cockpit besteht ein solches aus Außenschale, innerer Schale und einem Windscreen, der angemahnten Scheibe, und auf dieser wurde nach wie vor bestanden. Kasten, der Ingenieur, konnte es nicht fassen und war am Boden zerstört. Als wir auf die Tafel schauten, waren noch 35 Punkte offen, von denen ich den Eindruck hatte, dass sich einige davon zusammengefasst besprechen und bearbeiten ließen, um Zeit zu sparen. Auf meinen Vorschlag bekam ich eine fast unwirsche Antwort: „Mutho-san, wir gehen einen Punkt nach dem anderen durch, bis wir ein Mutual Understanding erreicht haben. Danach beschließen wir gemeinsam das Ende des Meetings!" – eine der vielen Regeln, die ich in den nachfolgenden Jahren meiner japanischen Aktivitäten anzunehmen und zu beachten hatte.

Von Anfang an hatte ich keine Schwierigkeiten mit der japanischen Mentalität und den Gebräuchen der Japaner, ob allgemeiner oder geschäftlicher Art. Japaner schätzen es außerordentlich, wenn man den weiten Weg aus Europa auf sich nimmt und heißen jeden Gast mit großer Herzlichkeit willkommen. Sie erwarten aber, dass man sich mit ihren Regeln und Umgangsformen vertraut macht. Das gilt von der Aufbewahrung und dem Überreichen der Visitenkarte über die Begrüßungs- und Verabschiedungsrituale, bis hin zum korrekten Gebrauch der Essstäbchen. Man wird nur einmal darauf hingewiesen und danach wird eine Integration und Anpassung an die Gepflogenheiten erwartet. Bei westlicher arroganter Missachtung kann dies sehr schnell zur Nichtbeachtung führen.

Darüber hinaus konnte ich insgesamt keine gegensätzlichen, sondern nur sich ergänzende Tugenden und Charaktereigenschaften zu den meinigen feststellen, sei es nun Integrität, Fleiß, stetige Bereitwilligkeit zu aktiven Engagements, Schnelligkeit und Effektivität, Lernfähig- wie Willigkeit oder absolute Loyalität. Meine Engagements und Aktivitäten in Japan und für japanische Firmen über 10 Jahre sind für mich ein außerordentlich positives Erlebnis gewesen.

ED-3: Design-Referenzmodel

Kasten blieb noch einige Tage bis zum Abschluss der technischen Gespräche, während ich mit Tani-san und einigen Managern aus der Produktplanung und dem Marketing zum nächsten ED-3-Projekt gebrieft wurde, um danach, zusammen mit DeCrignis, den langen Heimflug anzutreten. Ich begann mit der Konzeption zur ED-3, einer 1100 ccm-Tourenmaschine mit Ausrichtung auf den amerikanischen Markt in Anlehnung an die Katana-Modelle, entsprechend interpretiert. Die GSX-1100 S Katana war für den US-Markt zu radikal sportlich, deshalb gestaltete ich die Flächen ruhiger. Doch im formalen Tank-Layout zeigten sich die Katana-„Gene". Die fast coole Dramatik der Flyline überzeugte nicht nur in den Entwürfen, sondern auch in der 1:1-Modellausarbeitung.

Mit den Entwürfen flog ich erneut zusammen mit DeCrignis nach Japan, um diese dort zu präsentieren, sowie zur Design-Abnahme der inzwischen beendeten Feasibility- und Fertigungsfreigaben zur GSX 1100 S Katana. Auf Bitten von Tani-san flogen De Crignis und ich nach Los Angeles, um Suzuki America Inc. die Entwürfe zu präsentieren und um mit ihnen Einwände oder Ergänzungen noch vor der Modellerstellungs-Phase zu diskutieren. Wir erhielten ihr Okay und bekamen zugleich interessante Informationen zum US-Motorradmarkt, den spezifischen Wünschen und der Marktposition von SMC. Es war mein erster Besuch an der Westküste. Die uns begleitenden japanischen Manager wollten uns unbedingt diesen Eindruck von Amerika vermitteln, was auch zu einem Besuch einer Wildwest-Dancing-Bar inklusive dem beliebten Bull-Riding-Test führte. Nach dem obligatorischen Ritt auf einem automatischen Rodeobullen ging es in die Bar.

Am kommenden Tag traten wir den Rückflug mit leichten, durch amerikanische Pazifik-Austern ausgelösten gesundheitlichen Nachwehen an. Da sich die Schulmedizin meinem Zustand als nicht hilfreich erwies, entging ich den höchst kritischen Folgen einer Vergiftung nur durch die Hilfe einer befreundeten Heilpraktikerin, die nach erfolgreicher Behandlung den Titel „medizinisches Bodenpersonal" von mir erhielt.

Wieder physisch intakt, erwartete mich eine Umstrukturierung im Studio. Meine Partner Kasten und Fellstroem wollte ihre Aktivitäten mehr repräsentiert sehen und gründeten eine eigene Firma, die „Target Design". Da die Aufträge von SMC alle mit Hans A. Muth geschlossen wurden, und ich war auch als alleiniger Gesprächs- und Verhandlungspartner für SMC eingeführt, was generell der Auffassung seitens SMC entsprach, da sie nur an meiner Person interessiert waren, wurden meine Aktivitäten unter „Muth Design Consulting" weiter geführt. Somit wurde auch der anvisierte Exklusivvertrag für Motorized Wheelers mit Hans A. Muth D.C. abgeschlossen.

Den Modelleurs-Bedarf substituierte ich durch den Praktikanten Guido Fischer, Sohn von Freunden aus der Waldorf-Schulzeit, sowie mit mir bekannten Leihkräften. Mit dem Ausarbeiten des Modells der ED-3 begann wieder die gleiche Prozedur im Ablauf: Modellfertigstellung, Versand nach Japan mit nachfolgender Reise des mittlerweile eingespielten DeCrignis-Muth-Teams. Auch diese Präsentation vollzog sich zu voller Bestätigung und Zufriedenheit auch der dazu aus Los Angeles angereisten amerikanischen Suzuki-Delegation. Danach folgten die ED-4, eine 650 ccm-Tourer-Maschine und ein spannendes Projekt in Form eines City-Bikes, das nach der Präsentation in Hamamatsu zu einer Wende hinsichtlich der bisherigen Design-Ausarbeitungsabfolgen führte. SMC wollte Zeit und Kosten sparen, die sich hauptsächlich aus den aufwändigen Verschiffungen sowie den nötigen Nacharbeiten der teilweise entstandenen Transportschäden ergaben. Der wahre Grund lag aber in dem Bestreben, meine Denk- und Handelsweisen – durch einen für mich persönlich nachvollziehbaren Know-how-Transfer – für alle Mitarbeiter im Design-Department vor Ort ständig zur Verfügung zu haben. In Japan sind allein die Designer verantwortlich, ihre Entwürfe in eigener Modellarbeit in 1:1-Modelle handwerklich umzusetzen. Modelleure übernehmen dann die erforderlichen Nachfolgearbeiten, wie das „Spiegeln", das Übertragen der einen als Referenzseite erstellten und akzeptierten Seite auf die andere.

Man bat mich um mein Einverständnis, von nun an die Modellausführungen zu meinen Entwürfen im Suzuki-Design-Studio in Hamamatsu zu tätigen. Ich war zuerst geschockt, da es ja eine jeweilige Verlängerung meiner Anwesenheit in Japan bedeutete und meine eigenen Modelliererfahrungen sich bisher ja nur auf sporadische Eingriffe in die Arbeiten meiner Modelleure bezogen. Doch ich hatte stets interessiert und aufmerksam zugeschaut, wie sich aus roh aufgetragenem Material, wie Modellierton, Pasten oder Hartschaum, mittels jeweiliger Werkzeugauswahl und durch „goldene Hände" skulpturierte Formen und Flächen entwickelten – dies mit all den individuellen, aus Erfahrungen gewonnenen, nötigen Tricks meiner Modelleure. Was blieb mir anderes übrig, ohne mein Gesicht oder meine Autorität zu verlieren, als mein Einverständnis dazu zu geben?

Zwei weitere Projekte in Form eines Scooters und eines sportlichen 350 ccm-2-Takt-Gamma-Models wurden zu meiner Modellier-Gesellenprüfung auserkoren. Ausgehend vom Mittelschnitt des 1:1-Tape-Aufrisses wurden, dem Profil folgend,

Das Scooter-Mode-Konzept

Schaumstoffblöcke ausgeschnitten und diese als Block auf dem jeweiligen Fahrgestell angepasst: Oh, mein Gott – Oh my God (OMG)! So zumindest mein erster Eindruck.

Ich schlich nachdenklich um die an ihren Projekten arbeitenden, neugierig aufschauenden Designern herum. Die Nacht im Grand Hotel gestaltete sich entsprechend unruhig, weil ich alles, was ich über Modellerstellung theoretisch wusste, nochmal durchging. Ich hatte mich zuvor im Herrschinger Werkzeugladen mit speziellem Werkzeug eingedeckt, mit für den einhändigen Gebrauch geeigneten Raspeln von Stanley, die mit auswechselbaren, leicht gebogenen Metallklingen versehen sind. Denn solche hatte ich bei meinen vorhergehenden Besuchen im Modellbau-Studio nicht entdeckt.

Auf geht's Bua! Mit dem ersten „weißen Elefant" der Gamma-Sportmaschine beginnend, stand ich mehr denn je im Fokus des allgemeinen Interesses. Ich begann mittels eines Tapes die Festlegung der absolut exakten Mittellinie. Danach zeichnete ich mit einem Stift ein Paar Schnitte im Abstand von 10 cm als Hinweis zu den gewollten Formbegrenzungen. Dann entfernte ich mit einem japanischen Fuchsschwanz überflüssiges Material. Im Unterschied zu der uns bekannten einseitigen Zahnung ist diese mit einer doppelten Verzahnung ausgestattet, was sich als weitaus effektiver herausstellte. Einmal grob mit der Schrappe nachgearbeitet und in die erstrebten Proportionen gebracht, holte ich das ebenso mitgebrachte Stainless-Steel-Lineal heraus. Mit einem solchen biegsamen und immer wieder in die horizontale Lage zurückkehrenden Lineal lassen sich hervorragend bombierte und sich zu Wölbungen entwickelnde Flächen modellieren. Zieht man dieses über die Flächen, kann man durch Veränderung der Spannung eine fast glatte Oberfläche entstehen lassen.

Meine japanischen Kollegen verließen ihre Arbeitsplätze und scharten sich um mich, verwundert auf das starrend, was Mutho-san da so trieb. Zufrieden beendete ich den ersten Tag und schlief diesmal wesentlich beruhigter und erfüllter. Meine Lektion wurde verstanden und sofort nachvollzogen. Jeder Designer hatte nun einen meinem Stahllineal ähnelnden Gegenstand in der Hand und versuchte, diese Technik anzuwenden. Einer von ihnen hatte zu einem Aluminiumlineal gegriffen und damit ein negatives Resultat erhalten. Denn ein Aluminiumlineal steht beim Biegen nicht unter Spannung und kehrt danach nicht wieder in seine horizontale Position zurück. Als er meinen kritischen Blick wahrnahm, kam sein Hilferuf: „Mutho-san, please help!" Somit entstand ein lebendiger Austausch von Wissen und Erfahrungen zwischen uns. Für mich war es übrigens beeindruckend, dass Japaner sehr wenig mit Feilen arbeiten. Stattdessen bevorzugen sie den Meißel.

Teil 3 Japan – meine „dritte“ Lehrzeit

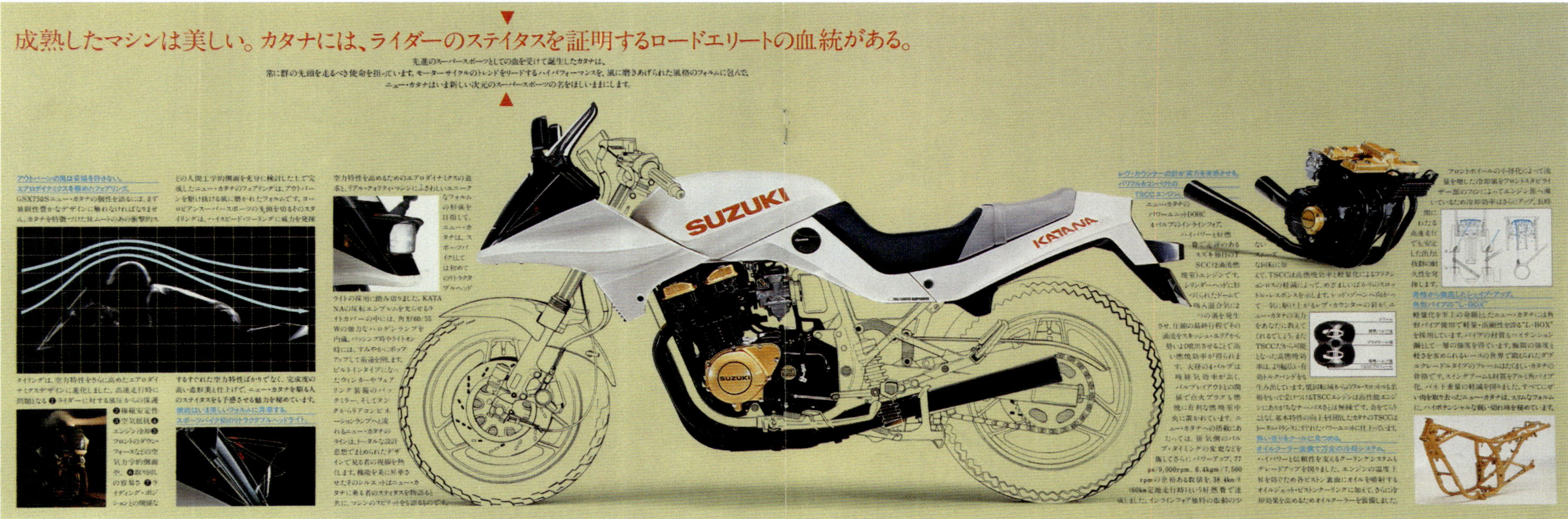

Die japanische Interpretation einer Katana: „Yes, they can, too!“

Auf den Rückflügen von Japan nach Deutschland dachte ich über die unterschiedlichen Rahmenbedingungen der beiden Länder nach – sei es die Lebensgewohnheiten oder das Land in seiner Gesamtauslegung an sich. Die zugebauten, fast nie endenden Städte mit ihren engen Gassen und einem ständig wachsenden Verkehrsaufkommen, einem Mix aus Fahrrädern, Scootern, Klein-Motorrädern, Minibussen, Lastwagen und Pkw, die sich ineinander verwoben, träge, aber auch geschickt und in jedem Fall geräuschvoll zu ihren Zielen drängend.

Von Tokios Narita-Airport abhebend, streifte mein Blick über die Reisfelder und Teeanbauhügel, über Stück für Stück abgetragene Berge, um mehr bebaubares Gelände zu schaffen sowie über undurchdringliche Waldflächen. Dann ging es in Richtung Alaska. Das Alles waren ungewohnte Eindrücke für mich. Ich dachte viel über das Eintauchen in diese sehr andere Welt nach. Es wurde mir klar, dass ich mich entscheiden musste. Japan stellte eine Herausforderung dar. Es bedurfte eines Bekenntnisses. Dieser Herausforderung wollte ich mich mit Haut und Haar stellen.

Suzukis Erwartungen an mich waren weitaus höher gesteckt als das reine Produkt-Design in Konzeption, Entwurf und 3D-Umsetzung. Sie erstreckten sich darüber hinaus auf das Coaching der Mitarbeiter. Dieser umfassende Know-how-Transfer beinhaltete konsequentes Denken, Planen und Handeln, von der fundierten Konzept- und Design-Erstellung bis zur Präsentation und Verteidigung.

Es herrschte unter den Designern eine fast kindlich verspielte Vorgehensweise in der Erarbeitung eines Design-Entwurfs, in dem sich die Kreativen oft auf Analogien aus der Tierwelt bezogen. Sie waren sich bisher ihrer „doppelten“ Verantwortung als Designer nicht bewusst, die sich objektbezogen sowie gesamtbetriebswirtschaftlich ausdrückt. Bei aller individuell fokussierten Design-Arbeit muss man sich stets auch über die Konsequenzen in der Gesamtumsetzung im Klaren sein.

Japan ist ein Design-Land mit dem Gespür und der Aufgeschlossenheit für Neues. Hier gibt es Respekt und Höflichkeit, Toleranz und Disziplin sowie den Mut zu Fehlern und die Leichtigkeit, mit diesen umzugehen. Meine Denk- und Arbeitsweise erwies sich als ein Fundament für vertrauensvolle Arbeit am Design mit Designern, aber auch mit assoziierten Projektteilnehmern aus Technik, Produktion, Marketing, Vertrieb und PR.

Das Leben in Japan beeinflusste und forderte mich. Die Integration in die japanische Lebensweise und deren tägliche Abläufe erweckte in mir neue Sensibilitäten. Ich erkannte: Nichts ist und bleibt so, wie es einem als vertraut und gegeben vorgekommen ist. Es verschwindet nicht gänzlich, doch es erscheint anders, was ständige Aufmerksamkeit verlangt und in der Vielfältigkeit einen ständig aufnahmebereit hält. In Tokio wohnte ich lange Zeit im Roppongi Prince Hotel, einem modernen, von Individualisten und Künstlern der internationalen Musikbranche bevorzugten Bau mit einem offenen Pool und umliegender Café-Terrasse. Die verglasten Flure der einzelnen Etagen waren mit Blick zum Pool ausgerichtet. Auf der anderen Seite befand sich der Zugang zu den Appartements. Jahrelang bekam ich immer den gleichen Raum am Ende des Flurs. Somit waren mir im Laufe der Zeit die Abläufe des Eincheckens und das Erreichen meines Zimmers zur Gewohnheit geworden. Im Fahrstuhl zum 4. Stock, dann links den Gang entlang bis zur letzten Tür. Eines Tages aber stutzte ich: Da waren weder Türschloss noch Knauf zum Öffnen. Verwundert blickte ich auf die Schlüsselnummer, welche das Stockwerk mit Appartment bezeichnete. Ja, es war der richtige Schlüssel. Mit einem Schritt zurück schaute ich mir die Tür und die Zimmernummer an und entdeckte, dass das Schloss nun auf der linken Seite angebracht war. Um ganz sicher zu gehen, fuhr ich zurück ins Erdgeschoss und schilderte Mizuki-san, der mir bekannten jungen Dame am Counter, die vorgefundene Situation. „Ah, Mutho-san, I am so sorry, doch wir haben bei einigen Türen die Türanschläge gewechselt um mehr „Privacy" zu gewährleisten." Ich erinnerte mich, dass das Öffnen der Tür immer den vollen Blick in das Apartment zugelassen hatte. Solche Situationen erlebte ich während meiner Aufenthalte über fast 10 Jahre noch öfters: In Japan sind die Dinge nach den Bedürfnissen der Menschen ausgerichtet und werden stets optimiert. Ich kenne viele Menschen, die Japan sehr oft besuchten oder gar längere Zeit dort lebten und mir im Erfahrungsaustausch stolz verkündeten, dass sie Japan in- und auswendig kennen. Ein solches Statement sollte man als Nicht-Japaner vermeiden, stattdessen ist eigentlich Demut angezeigt. Die Spannung aus Verlässlichem und Veränderlichem, so meine Erklärung, hält die Menschen und ihre Sinne wach.

Viele uns bekannte, doch leider zum Teil nicht mehr angewendete Tugenden sind in Japan alltäglich. Bei meinem ersten Besuch in Japan im Herbst 1978, zusammen mit einigen MBB-Ingenieuren, um den Interieur-Entwurf für den BK-117-Hubschrauber modellmäßig in 3D umzusetzen, bespöttelte man im Taxi, vor einer Ampel haltend, das Umschalten von Fahrt- auf Standlicht: „Was soll das denn? Die schonen doch so ihre Batterie nicht!" Es geht aber gar nicht um das Schonen. Die Japaner wollen mit den Scheinwerfern nicht die Insassen des vorderen Fahrzeugs durch Blendung belästigen. Es geht um empathische Rücksichtnahme statt Egoismus.

Ein neuerlicher Präsentationstermin stand an und DeCrignis ließ mich wissen, dass ich dieses Mal allein auf die weite Reise gehen müsste. Den Weg nach Hamamatsu sollte ich ja mittlerweile kennen? Der Flug nach Tokio via Anchorage mit dem üblichen Zwischenstopp-Bier und dem Schlendern durch die Duty-Free-Läden, diesmal mit Kauf eines begehrten Poloshirts von Ralph Lauren, war mittlerweile schon zur Kür geworden. Viel mehr Gedanken machte ich mir über den Pick-up seitens SMC. Normalerweise wurden wir in Tokio von einem SMC-Mitarbeiter abgeholt, der uns auf der Fahrt nach Hamamatsu schon über die individuellen Meetings und Abläufe informierte. Ich war mir dessen sicher, dass das auch diesmal der Fall sein würde, denn die Information zu meinem Allein-Trip lag bestimmt vor. Also ging es los: Ankunft am Narita-Airport, mit dem Bus zur Ankunftshalle mit Passport-Check und dem Entgegennehmen des Gepäcks, von der Zollabfertigung mit einer freundlichen Handbewegung durchgewinkt, weiter in die Empfangshalle, schon neugierig nach einem bekannten Gesicht oder hochgehobenem Schild mit der Aufschrift „Mr. Hans Muth" um mich blickend. Vergeblich! Neben der Müdigkeit vom langen Flug stellte sich langsam Nervosität ein. Nach halbstündiger Wartezeit wechselte ich zu einem Information-Counter: „I am sorry, sir, but there is no message for you." Nun wurde mir plötzlich bewusst, dass ich mich bisher immer völlig auf meinen „Personal Guide" Otto De Crignis verlassen hatte. Eigeninitiative war gefragt. Wie war das nochmal, was ist zu tun? Es war mittlerweile 20 Uhr Ortszeit, und mit dem Verlassen der Ankunftshalle hatte ich das Gefühl, ich würde eine Sauna betreten. Diese feuchte Wärme erschlug mich fast und, wie auf einer Schaumstoffmatte laufend, fand ich das Bus-Depot und reihte mich in die dort bereits wartende, mit Koffern, Taschen und Tüten ausgestattete Menschenmenge ein. Das Gepäck wurde mit Aufklebern versehen; ein Duplikat gab es für mich zur Auslösung. Immer wieder erstaunte es mich, mit welcher Freundlichkeit und Effizienz in Japan alles vor sich ging. Der Bus nahm langsam an Fahrt in Richtung Tokio auf. Zunächst fuhr der Bus auf dem Highway im gleichmäßigen Reisetempo, doch sobald die Stadtgrenze von Tokio erreicht war, verringerte sich die Geschwindigkeit mehr und mehr zum „Stopp and Go" bis zum Airport-Terminal. Dort: Gepäck einsammeln und identifizieren. Auf den Rolltreppen runter zum Taxistand, sich in die dort bereits diszipliniert wartenden Mitreisenden einreihen, bis man an der Reihe ist. Die Fahrt durch den dichten Abendverkehr dauerte 20 Minuten. Dort angekommen bezahlte ich mit der Bitte um eine Quittung. Japanische Yen waren im Reisevorschuss enthalten. Nun zum Ticketschalter. Kurzes Rekapitulieren, welchen Zug musste ich wählen? Das japanische Eisenbahnsystem nennt sich „Shinkansen" und bietet heutzutage drei Zugtypen an: den „Kodama", als der „Einsammler" bekannt, da dieser auf der Stecke zwischen Tokio und Osaka auf jeder Station hält, den „Hikari", der Schnelle, der auf dieser Strecke nur in den größeren Städten hält und den „Nozomi", der auf der gesamten Strecke nur zwei Mal hält. Ich erinnerte mich an den Ersteren mit dem Ziel Hamamatsu-Station. Mit einem Ticket fand ich den Bahnsteig und stellte mich zu der am Boden kenntlich gemachten Wagen- und Türposition. Die Züge verkehrten im 20-Minuten-Takt. Das Zugpersonal stand nebeneinander und begrüßte den einfahrenden Zug mit einer leichten Verbeugung: Was für ein Stil. Hamamatsu-Station erreichte ich um 23 Uhr. Dort fand ich eine reiche Auswahl an kleinen weißen Toyota-Taxis vor.

Entweder weil es schon so spät war, oder weil ich als Ausländer zu erkennen war, quälte sich der Taxifahrer mürrisch aus dem Wagen, öffnete den Kofferraum, der aber schon mit einem mit Reinigungs-Accessoires gefüllten Plastikeimer, Gummistiefel und anderen nicht identifizierbaren Gegenständen recht ausgefüllt schien und somit kaum Platz für mein Gepäck ließ. Mit einem gutturalen Laut schloss er den Kofferraum, ging zu seinem Fahrersitz, öffnete die hintere Tür und verstaute das Gepäck auf der Rücksitzbank. Ich quetsche mich auf den verbleibenden Platz. Er schloss die Tür und fragte mich wohl nach meinem Ziel, dies jedoch in für mich nicht so recht verständlichen Lauten. „Grand Hotel, Onegai-shi-masu." „Ääh?", seine Antwort, bei der es auch bei meinen weiteren Versuchen, durch unterschiedliche fonetische Grand-Hotel-Interpretationen blieb. Er wollte wohl nicht, blickte wortlos nach vorn, bis er sich plötzlich zu mir umdrehte und fragte: „American-jing?"„Nein, ich bin Deutscher!" Das war aber wohl das Zauberwort für den Taxifahrer. Denn er sprang förmlich aus dem Auto, eilte zum Heck, öffnete wieder den Kofferraum, wühlte darin und kam mit einem buchförmigen Gegenstand zurück. Dieser entpuppte sich als ein Stadtplan von Frankfurt und aufgeregt erzählte er mir mit seinen plötzlich verfügbaren englischen Sprachfähigkeiten einige wohl unvergessliche Erlebnisse in dieser deutschen Stadt und den deutschen Menschen. Dann endlich startete er und in sieben Minuten erreichten wir das ominöse Hotel.

Das Hotel, mittlerweile auf internationales Format modernisiert, bot in den Appartements nun wirklich ein bequemes und somit erholsames Ambiente. Raus aus den Kleidern, unter die Dusche und mit einem Hotel-Yukata, einem leichten weißen Baumwollmantel mit blauen Streifen und Hotellogo bedruckt, bestellte ich mir Thunfisch-Sandwiches und ein japanisches Kirin-Bier. Der Fernseher bot neben japanischen Comedy-Sendungen auch amerikanische Fernsehserien in japanischer Sprache. Ich war angekommen, ich hatte es geschafft!

Am nächsten Morgen sortierte ich meine Unterlagen. Auf dem Weg zum Frühstücksraum stoppte ich kurz an der Rezeption mit der gleichen Frage: „Any messages for me?", die jedoch wieder verneint wurde. Nach dem Frühstück zeigte mir ein Blick auf die Uhr, dass es Zeit für den Aufbruch war. Nach erneuter Frage an der Rezeption und einem fast traurigen „No, Mutho-san, I am so sorry", erkundigte ich mich nach Taxi-Tickets, was ebenso verneint wurde. Diese nämlich waren in der Vergangenheit jedes Mal hinterlegt worden. „Suzuki-Jidosha,

Projekt „DUE“: Entwurfsalternativen

1:1-Tape-Rendering und Designprojekt „DUE“: Entwurfsalternativen, Referenzmodell

Mutho-san?“, wollte der Bellman wissen, der mich begleitete, ein Taxi zitierend. Mit einem erleichterten „Hai“ bestieg ich wieder so ein kleines Taxi, diesmal jedoch nur mit meinen Unterlagen bestückt; fiel das begrenzte Platzangebot etwas bequemer aus.

Der Pförtner am Eingangstor bei SMC begrüßte mich mit leichter Verbeugung und der Hand an der Mütze, fast militärisch. Ich zahlte und ging in die mir bekannte Empfangshalle. Hier die nächste Überraschung: Statt der bisherigen Rezeption nun nur ein Bord mit Telefonen mit darüber hängenden Tafeln mit Namen und entsprechenden Rufnummern, natürlich in japanischen Schriftzeichen.

Noch immer ratlos vor der Tafel stehend, den ständig Kommenden zulächelnd, stand ich nun da. Da kam endlich ein mir bekannter Mitarbeiter aus dem Design-Center. Er begrüßte mich und führte mich in das Motorrad-Design-Studio. Hier von allen Seiten freudige Begrüßungsrufe der Designer und Manager, als wäre ich nie weg gewesen, keine Fragen. Irgendwie machte mich diese Selbstverständlichkeit schon etwas unruhig, was den Tag über anhielt. Am Abend, wie meistens, luden mich einige Manager der Motorrad-Design-Division zum Abendessen ein. Wir verabredeten uns im bekannten Restaurant Inanba. Zunächst wurde ich über den Stand der aktuellen Modellbauentwicklungen sowie über wichtige und wissenswerte Ge-

ED-9: 650 ccm-Sport-Tourenmodell

schehnisse während meiner Abwesenheit informiert. Gewisse Dinge werden grundsätzlich nicht während der offiziellen Arbeitszeit, sondern außerhalb dieser oder sogar auch außerhalb des Firmengeländes besprochen und beschlossen.

Beim anschließenden Kohi, dem Kaffee und der Greentea-Icecream, kam endlich das erwartete und mich erlösende Gespräch zu meinem Alleinflug und der Reise nach Hamamatsu. Ich sagte: „Soweit problemlos, jedoch habe ich das Gefühl, dass wohl ein Kommunikationsfehler vorlag." „Ein Kommunikationsfehler?", fragte der General Manager und blickte seine Mitarbeiter fragend an, die aber alle, nach kurzem Nachdenken, den Kopf schüttelten: „No, Mutho-san, no communication failure, why?" „Nun, ich habe gewartet und vermisste den Pick-up-san". Darauf der Kommentar: „No, Mutho-san, no pickup anymore. We trust you, you are now one of us!" Das war also der Grund und die Erklärung für alles! Was für ein Unterschied zu Deutschland! Hierzulande bekommt man den VIP-Service, wenn man es zu einem Status gebracht hat. Davor ist man sich selbst überlassen. In Japan hingegen wird man zunächst umsorgt, doch wenn man sich als ein integriertes, wertvolles Teil des Ganzen erwiesen hat, fällt dieser Service weg. Dann genießt man das volle Vertrauen. Ich war also aufgenommen und einer von ihnen.

Durch die beiden progressiv gestalteten Katana-Modelle und deren Anklang erwuchs auch der Ehrgeiz der Suzuki-Designer in dieser Design-Thematik tätig zu werden. Somit entstanden einige Modelle, die diesen nachempfunden waren – so 1984 die GSX 750S „New Katana" mit einem in Gold lackierten Rahmen und Motorteilen, statt im üblichen Chrom. Es war eher eine „Yes, we (also) can"-Aktion, statt eines eigenen, progressiven Inputs zu einem wahren Katana-Nachfolger. Auch entstanden in dieser Aufbruchsstimmung einige Zukunftsstudien, wie das Nuda-Konzept, ein vollverkleideter Einsitzer, die Monocoque-Verschalung in Honeycomb-Technologie und kardanbetriebenem permanenten Zweiradantrieb. Im Jahr 1985 folgte die „Falcorustico", welche eine Projektion auf die nächsten folgenden fünf bis zehn Jahre aufzeigen sollte. Bemerkenswert waren die rahmenlose Gesamtauslegung, der querliegende 4-Zylinder-Motor als zentraler Strukturträger und Achsschenkellenkung. Ein flüssigkeitsbetriebener Antrieb, elektromagnetische Bremsen sowie ergonomisch angepasste, senkrecht stehende „Gun-Grip-Type"-Griffe und eine sich aufstellende Frontscheibe, ergaben ein sehr futuristisches Bild. Von den technischen Besonderheiten flossen wenige in die späteren Serien ein. Es fehlte, so mein Eindruck, an einer generellen, zusammenhängenden Modellplanung in Koordinierung und Ausrichtung zu einer Produktfamilie, die sich, je nach Modellkategorie und Märkten, spezifisch unterscheiden, jedoch eine klare und durchgängige Suzuki-Produktidentität erkennen lassen sollten.

Ich versuchte, in den mir übertragenen Projekten eine sich kontinuierlich entwickelnde Linie hineinzubringen, was aber letztlich daran scheiterte, dass die Volumenmodelle von den Haus-Designern sich den Form- und Farbtrends der Wettbewerber anpassten. Meine Gedanken zu dieser Situation wurden bei Meetings zwar interessiert zur Kenntnis genommen, doch meist mit dem Einwand: „Mutho-san, please understand" beendet und vertagt. Die Erklärung lag wohl in der Tatsache, dass alle meine mir übertragenen Projekte die Kodierung „ED" trugen, was für „European Design" stand. Solche Dinge waren somit manifestiert und daran rüttelte man nicht. Statt einer durchgehenden Produktidentität für alle Märkte beließ man diese nur für Europa; der Rest unterlag trendabhängiger Beliebigkeit.

Nach einer Projekt-Präsentation zu einer 250 ccm-2-Takt-Maschine, die ich „DUE" taufte: zwei Räder, zwei Zylinder, Zweisitzer sowie zwei sportlich kurze, übereinander gestaffelte und schräg nach oben geführte, Auspufftöpfe. Die Hauptfarbe war ein Weiß-Silber mit roter Sitzbank und hinterem Kotflügel sowie mit integrierten roten Streifen als Trennlinie zu den einzelnen Formteilen. Mit diesem dynamisch rasanten Gesamtauftritt erhielt der Entwurf großen Beifall. Tani-san und zwei weitere Manager, darunter Masaru Neghishi-san, mein direkter Ansprechpartner und Betreuer in allen Dingen, luden mich zum Abschieds-Lunch ein. Sie waren immer noch begeistert über den Projekt-Output. Besonders die Namensgebung „DUE" als Schriftzug im Zusammenhang mit den italienischen Nationalfarben beschäftigte sie sehr. Das drückte genau aus, was man unter einer kompakt leichten und sportlichen 2-Takt-Maschine versteht, die nach Betrachtung nur zwei Fragen aufwirft: Wann kann ich sie kaufen und wieviel kostet sie? Tani-san wandte sich, japanisch sprechend, an seine beiden Kollegen, und meinte dann zu mir gewandt: „Mutho-san, wir möchten Dir, bevor Du abfährst, etwas zeigen und Deine Meinung dazu hören, aber keinen Kommentar!" Es stellte sich heraus, dass neben dem gerade von mir präsentierten Modell einer 2-Zylinder-2-Takt-Maschine, ohne mein Wissen schon vorher ein Modell erstellt wurde und mittlerweile serienreif war. Doch nachdem sie den „DUE-Entwurf" gesehen hatten, bekamen sie Zweifel, ob sie diese Ausführung wirklich in die Produktion gehen lassen sollten. Ich kommentierte trotzdem, was man mir da zeigte, indem ich Gegenfragen stellte, was zur Entscheidung führte, dass dieses Modell eingestampft wurde und somit die gesamte Investition in Zeit und Aufwand wohl umsonst war. Schnelligkeit im Inszenieren war hier die Devise – dies ein wohl typisches japanisches Phänomen, Klienten zu begegnen.

Das Club-Racer-Projekt

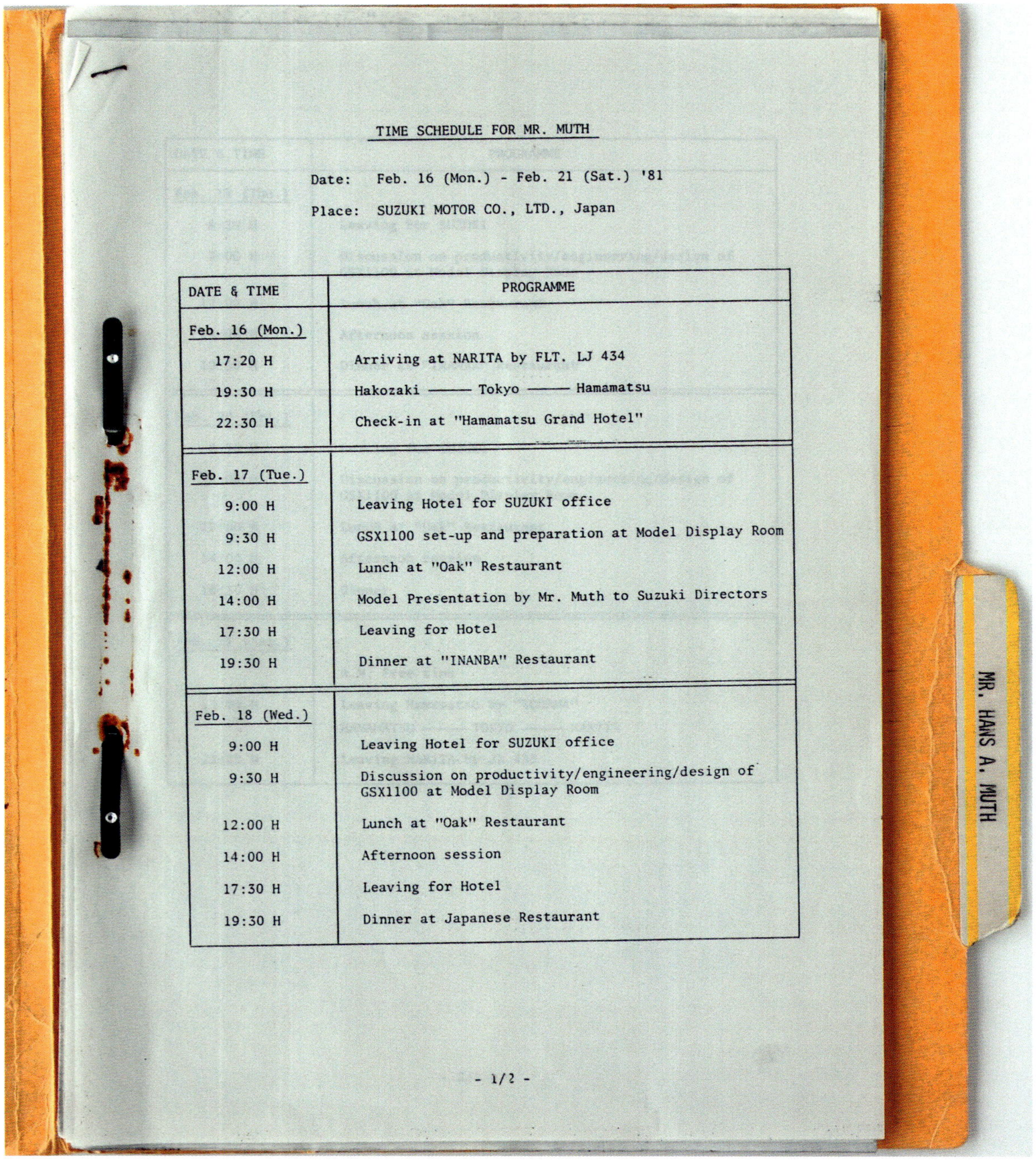

TIME SCHEDULE FOR MR. MUTH

Date: Feb. 16 (Mon.) - Feb. 21 (Sat.) '81

Place: SUZUKI MOTOR CO., LTD., Japan

DATE & TIME	PROGRAMME
Feb. 16 (Mon.)	
17:20 H	Arriving at NARITA by FLT. LJ 434
19:30 H	Hakozaki —— Tokyo —— Hamamatsu
22:30 H	Check-in at "Hamamatsu Grand Hotel"
Feb. 17 (Tue.)	
9:00 H	Leaving Hotel for SUZUKI office
9:30 H	GSX1100 set-up and preparation at Model Display Room
12:00 H	Lunch at "Oak" Restaurant
14:00 H	Model Presentation by Mr. Muth to Suzuki Directors
17:30 H	Leaving for Hotel
19:30 H	Dinner at "INANBA" Restaurant
Feb. 18 (Wed.)	
9:00 H	Leaving Hotel for SUZUKI office
9:30 H	Discussion on productivity/engineering/design of GSX1100 at Model Display Room
12:00 H	Lunch at "Oak" Restaurant
14:00 H	Afternoon session
17:30 H	Leaving for Hotel
19:30 H	Dinner at Japanese Restaurant

- 1/2 -

MR. HANS A. MUTH

16 Kommunikation

Die Kommunikation fand generell in englischer Sprache statt. Meistens verfügte einer der Manager in Meetings oder Gesprächen über fundierte englische Sprachkenntnisse. Oft waren aber auch Übersetzer anwesend. Die Meetings gestalteten sich hinsichtlich Form, Zielsetzung und Output ganz anders gegenüber denen, die ich von Ford und BMW her kannte. Diese hier fanden immer pünktlich und mit vollständiger Besetzung statt. Jeder Anwesende hatte eine ausgedruckte Agenda vor sich, die Punkt für Punkt durchgesprochen und diskutiert wurde, um dann in Übereinkunft, einem „Mutual understanding“, zu einem Beschluss geführt zu werden. Auf dieser Basis wurden dann etwaige weitere Meetings organisiert.

Während der Diskussionen entstanden immer wieder plötzlich Pausen. Das Gespräch verstummte dann, die japanischen Teilnehmer schlossen die Augen und senkten die Köpfe. Es herrschte eine ungewohnte, doch auch entspannende Stille, welche nur ab und zu durch eine Art Stöhnlaute unterbrochen wurde. Es zeigte, so nannte ich es, „die Gedanken-Rückzugs- und -Brütezeit“ an, welche sich zeitweilig bis zu zehn Minuten ausweiten konnten. Am Anfang war diese Situation für mich sehr ungewohnt, und ich ertappte mich dabei, durch einen eigenen Input diese Situation wieder zu beleben, was jedoch von der Übersetzerin jäh unterbunden wurde.

Meine japanischen Sprachkenntnisse bezogen sich zunächst nur auf die notwendigen Phrasen im täglichen Umgang hinsichtlich der Begrüßungs- und Höflichkeitsformen, wie der Artikulierung meiner Wünsche – ob Taxi, Hotel, Restaurant, dem Supermarkt oder beim abendlichen Barbesuch. Diese Sprache zu erlernen bedarf eines konzentrierten Studiums, doch die Zeit reichte es nicht dazu, bedingt durch mein tägliches zehnstündiges Engagements. So hörte ich aufmerksam zu. Nachdem ich hinter die japanische Konversationsform gekommen war, zum Beispiel, dass ein Satz aus dem Kernbegriff und entsprechenden Füllwörtern besteht, welche je nach Art des Themas oder der Gesprächspartner variieren kann, konnte ich mir ein Bild von dem machen, was zum Stocken der Diskussion führte. Die jeweilige Thematik, um die es ging, war mir ja bekannt und da in den Sätzen englische Begriffe auftauchten, war es mir möglich, einen Zusammenhang zu erkennen und dazu schon eigene Gedanken zu entwickeln. Bei einer solchen Situation ging es wieder einmal einfach nicht weiter, einige Köpfe wiegten sich nachdenklich, tiefes Ein- und Ausatmen signalisierte inneres Nachdenk-Engagement. So meinte ich, dass vielleicht durch einen konstruktiven und passenden Gedanken meinerseits die Diskussion wieder aufgenommen werden könnte. Endlich hoben sich die Köpfe mit einem allgemeinen, um sich greifenden, vernehmbaren tiefen Ausatmen, dann ertönte ein erlösendes und erleichterndes „Hai, so desu ne“. Als nun mein Gegenüber das Gespräch wieder aufnehmen wollte und seine inzwischen gewonnenen Gedanken in Richtung meiner Übersetzerin aussprach, gab ich ihm, ohne auf die englische Übersetzung zu warten, spontan meine Antwort dazu. „Mutho-san, please wait till Doi-san will translate to you!“, wurde ich ermahnt. Mein Fehler war, die Japaner wissen zu lassen, dass ich sie zumindest verstehen konnte. Ich hatte verstanden. Von da ab vermied ich es, sie durch ungeduldiges Reagieren über meinen inzwischen gewonnenen Wissensstand in Kenntnis zu setzen. Die englische Sprache diente zum gemeinsamen Verständnis und zur Übereinkunft. Sollte die gesamte Kommunikation in japanischer Sprache geführt werden, hätte es einer hundertprozentigen Sprachkenntnis meinerseits bedurft.

Die englische Sprache verfügt über viele klare und verständliche Begriffe und wird nicht umsonst als Sprache der Technik und des Designs verstanden. Ein deutsches „Ja“ oder ein englisches „Yes“ gilt in der Regel zumindest als eine verbindliche Zusage, nicht so das japanische „Hai“. Dieses dient meist als ein unverbindliches Zeichen, dass man präsent ist, zuhört, versteht. Es ist somit mehr eine Verbindlichkeitsfloskel, um das Gespräch im Fluss zu halten. Reines, stilles Zuhören, wie wir es kennen und den Höflichkeitskonventionen entspricht, gilt nicht für Japan, wo man durch ständig dazwischen geworfene Phrasen wie „So desu ka“ die Ausführungen des anderen begleitet und so seine interessierte Anteilnahme bezeugt. Das klare deutsche „Nein“, welches auf Japanisch „iie“ lautet, wird in seiner Bedeutung so nicht angewandt. In Japan vermeidet man ein direktes Nein. Stattdessen werden entschuldigende Floskeln angewendet.

Ein „iie“ bedeutet weitaus mehr als unser Verständnis zu einem „Nein“. Hier ist, wie in vielen weiteren Details der japanischen Etikette, äußerste Sensibilität verlangt. Es gilt, stets das Gesicht des anderen zu wahren und jegliche direkte Konfrontation zu vermeiden.

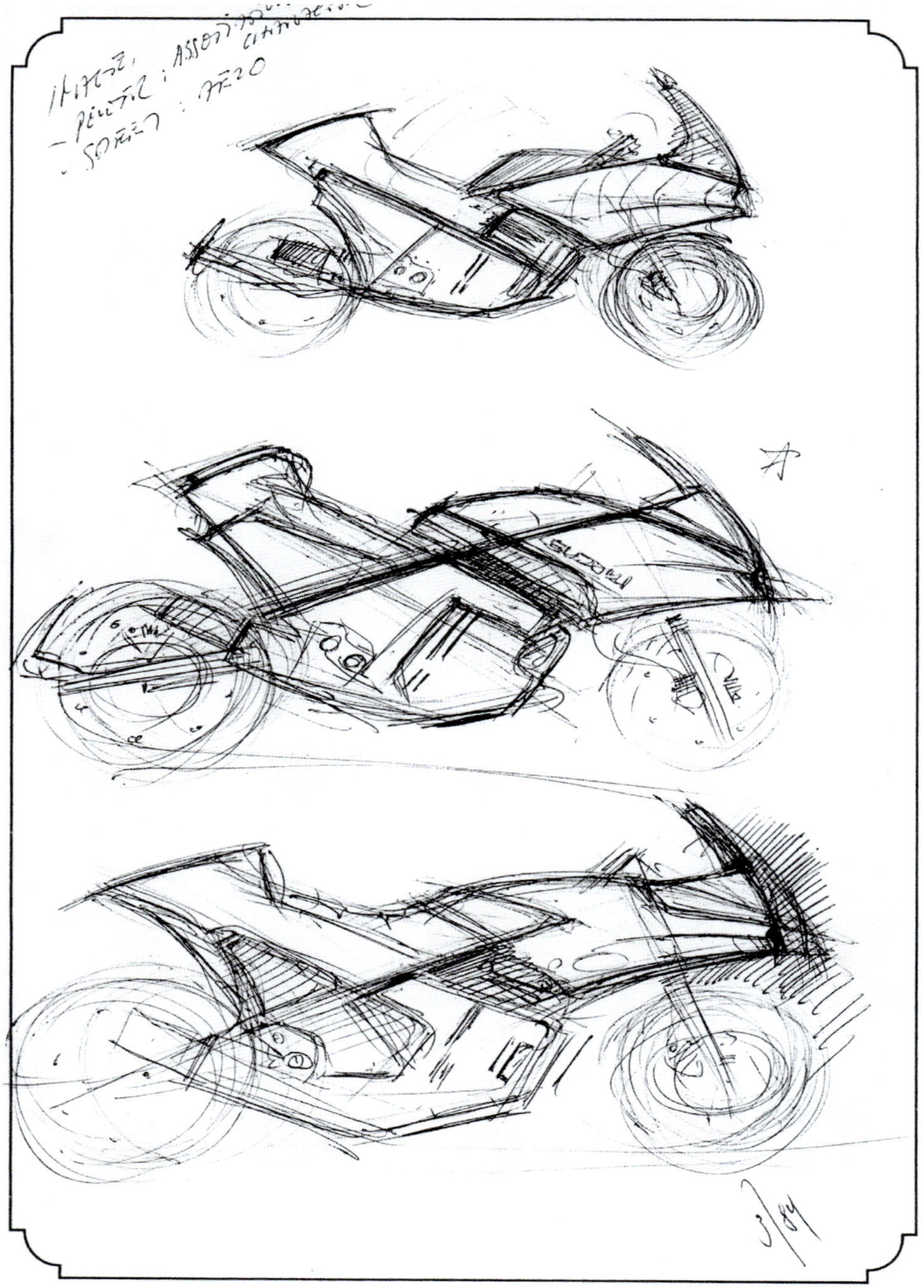

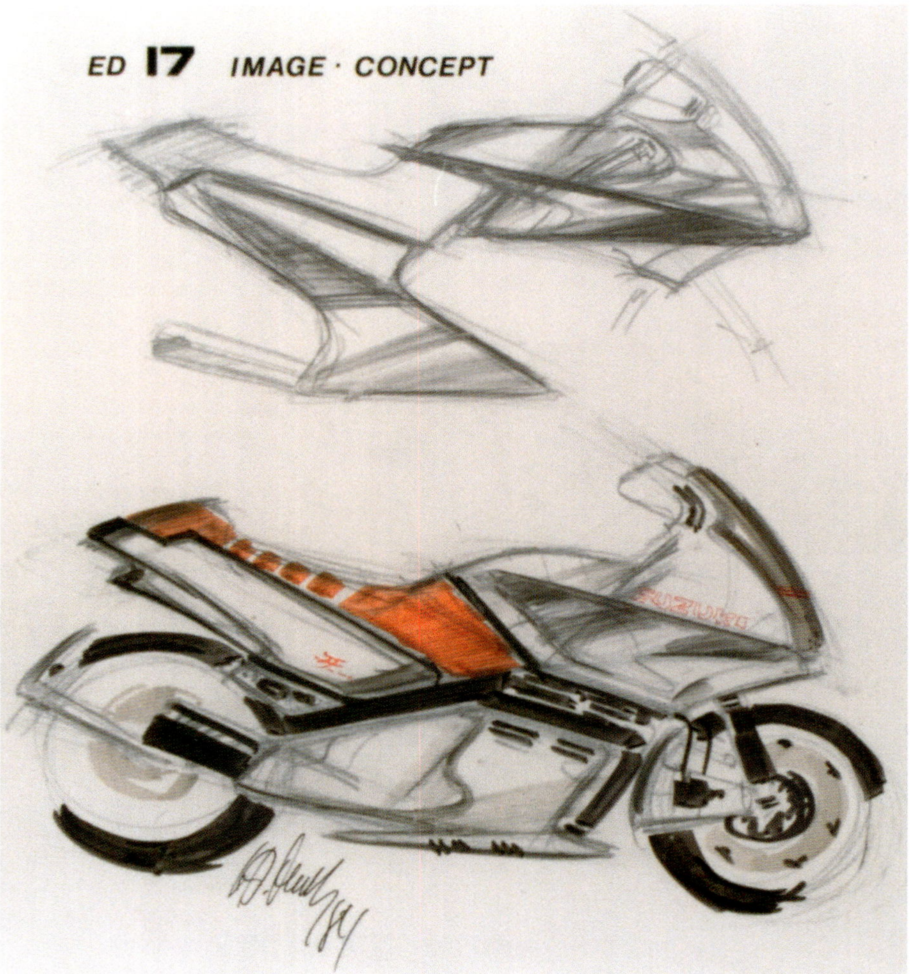
ED 17 IMAGE · CONCEPT

Die Frage, die sich mir zu Anfang stellte, war, wie ich mich in dieser doch sehr anderen Welt verhalte und durchsetze. Das SMC-Management formulierte seine Erwartungen an mich mit dem Satz „Mutho-san, wir möchten, dass Du Dich bei uns integrierst, jedoch sollte Dein Kopf immer etwas aus der Menge herausragen, damit wir wissen, wo wir Dich finden". Wichtig ist natürlich, dass die gegenseitige Chemie stimmen muss. Erweist sich diese bereits schon beim Eingangsgespräch als nicht stimmig, wird man eher von einer Zusammenarbeit abrücken, als ein Wagnis einzugehen. Harmonie und Respekt sind die unabdinglichen Ingredienzen einer gemeinsamen, konstruktiven und effizienten Zusammenarbeit. Alles beginnt mit einer kurzen Verbeugung zur Begrüßung, korrekt mit 15° aus der Hüfte heraus, die Hände nach unten an den Beinen angelegt. Dabei übergibt man sich Visitenkarten, im Standardformat 9 x 5 cm beidseitig, in Deutsch und in Japanisch bedruckt. Diese sollte mit beiden Händen gehalten werden. Das Gegenüber erhält die Karte mit dem Namen mit Anschrift direkt lesbar ausgerichtet. Das Zeremoniell sieht vor, dass jeder den auf der Visitenkarte abgedruckten Namen sowie die jeweilige Firma mit der dazugehörigen Position genau studiert. Diese Indikatoren sind wichtig, da sie auch Auskunft über den Unterschied zum anderen und dessen Status geben. Sie bestimmen den weiteren Umgang und die Respektbezeugungen, die sich nach Position, Unternehmen und Alter richten. Danach richten sich auch Abstand, Tiefe und Länge einer Verbeugung.

Die „Meishis" werden zum Schutz in einem festen Etui aufbewahrt und stellen auch einen Teil der eigenen Persönlichkeit dar. Hierzulande behandelt man ein solches Begrüßungs- und Vorstellungsritual weitaus lässiger. Es passiert sehr oft, dass man eine aus der Jackentasche gezogene, geknickte und zum Teil sogar beschriebene Geschäftskarte überreicht bekommt, wenn überhaupt. Der Respekt und die Aufmerksamkeit zum Gegenüber beginnen aber bereits ab diesem Zeitpunkt. Eine meiner zwar auf der Rückseite in korrekter japanischen Übersetzung bedruckten Visitenkarten entsprach nicht der erforderlichen Standardgröße. Beim Austausch bemerkte ich, dass diese wohl nicht in das Etui meines Gesprächspartners passte. Auf meine Frage, was er nun damit mache, antwortete er,

er werde sie nochmals studieren und dann wegwerfen, da sie nicht der gewohnten Norm entsprach. Der Werbeslogan von American Express „Never leave home without" könnte analog für das „Meishi" gelten, denn mit dem Austausch hat man sich nicht nur persönlich vorgestellt, sondern auch somit die Möglichkeit zur weiteren direkten Kontaktaufnahme geschaffen. Mit den richtigen Begrüßungsformen und einem authentischen, doch zurückhaltenden Auftritt verschaffte ich mir von Anfang an Sympathien und den nötigen Respekt. Mein Temperament und meine Begeisterung für die Sache wie auch der Umgang mit den Mitarbeitern und dem Management entsprach zwar nicht ganz der japanischen Art, doch wurde diese als eine typische Charaktereigenschaft meiner Person gewertet und damit respektiert.

Mein beständiges Interesse an Allem und Allen ließ mich schnell zu einem beliebten Teil des Ganzen werden, wenn auch zu einem besonderen, zu einem „Primus inter pares", jedenfalls für die Designer und Mitarbeitern in den Werkstätten. Der Umgang mit den jeweiligen Managern aus den Bereichen Design, Engineering und Marketing hingegen bedurfte einer unterschiedlichen Handhabung. Generell waren die meisten unter den Design-Managern Ingenieure, die das kreative Denken und Handeln der Designer entsprechend technisch nüchtern und distanziert betrachteten.

2. Konzept-Durchgang. 1:1 Design-Modell, Entwicklung

3. Konzept-Durchgang: Finaler Entwurf und 3D-Umsetzung zur „Impulse"

Mit meiner Theorie der „doppelten Verantwortung" weckte ich bei Technik und Design Interesse an einem gegenseitigen Verständnis. Daraus entstanden Workshops speziell für das Engineering, um deren Entwicklungen und Ausarbeitungen hinsichtlich der formalen Integration und Repräsentation durch das Design zu sensibilisieren. „Design repräsentiert" ist eine meiner Formeln, die besagt, dass alle intelligenten und technischen Aspekte als wesentliche Teile des Ganzen durch das Design repräsentiert werden.

Die Designer im Automobil- wie im Motorradbereich beginnen in der Regel ihre kreative Phase locker und spielerisch, ohne sich vorher zu einem Gesamtkonzept Gedanken zu machen. Das lag damals natürlich auch daran, dass ihnen von ihren Vorgesetzten kaum inspirierende Vorgaben gegeben werden, damit sich die individuelle Phantasie frei entwickeln kann. Das war und ist bis heute gerne das beliebte Argument, welches jedoch oft und erkennbar zur Beliebigkeit führt und nicht zu einer fundierten Produktaussage, die den Anspruch und die Qualität zu der gestellten und gewollten Zielsetzung überzeugend repräsentiert. Kreativität lässt sich auch aus den gestellten Anforderungen heraus entwickeln. Neben meiner Hauptaufgabe der Erstellung von Pilot-Design-Entwürfen zu den gestellten ED-Projekten galt ein großer Teil meiner Aktivitäten dem Know-how-Transfer an die Suzuki-Designer im „Creative Sketching", dem kreativen Skizzieren, das auf einer individuellen Konzeptauslegung basiert.

Durch die nun immer längeren Aufenthalte im SMC-Design-Center lockerte sich die bisherige respektvoll zurückhaltende Art, besonders die der jüngeren Designer. Die gemeinschaftlichen „Lectures" wurden vom Design-Management organisiert, um den Designern durch mich einen direkteren Einblick in die europäische Denkweise zu vermitteln. Die Folge war, dass den Managern kritische Fragen gestellt wurden. Ein wichtiges Thema war zum Beispiel die Werksbekleidung, bei SMC in Form einer Hemd-Hose-Kombination in hellem Blau, abgesetzt mit dunkelblauen Einfassungen. Die Manager trugen auf der linken Brust ein Namensschild mit Position und Abteilung in japanischen Schriftzeichen, wobei es beim höheren Management auch zusätzlich in englischer Sprache zu lesen war. Zu dieser Zeit trug ich eine graue Wildlederhose, ein weißes Polohemd und darüber einen Wildleder-Blouson. Das war natürlich europäisch individuell und unterschied sich modisch wie qualitativ vom uniformierten SMC-Look. Dieses Outfit erwies sich aber im täglichen Wechsel zwischen Studio und Werkstätten als sehr effektiv, denn das Wildleder ließ sich gut säubern. Zudem sah man den Staub kaum und so sah ich stets adrett und lässig aus. Die Frage der japanischen jungen Wilden an ihr Management war nun, warum sie als Designer in dem SMC-Einheitslook herumlaufen mussten und nicht so wie der Designer Mutho-san? Die Manager verfielen wieder in vernehmbares Nachdenken, strichen sich den Nacken, um dann mit einer, wie

Mitte 1984 war das „Naked Bike“ schwer angesagt

sie wohl dachten, logischen und beruhigenden Antwort den Unterschied zu erklären: „Ihr seid Designer, doch Mutho-san ist ein Design-Consultant!“ Das war für mich eine durchaus bemerkenswerte Sichtweise.

Yokouchi-san, Suzukis Motorrad-Motoren genialer Spin-Doctor, präsentierte mir seine jüngste Schöpfung eines 750 ccm-Motors. Kompakt, fein gerippt, in einem metallisch matten Grau lackiert und in ein Prototyp-Chassis eingebaut, umarmte dieser, so mein spontaner Eindruck, mit einer Vier-in-eins-Auspuffanlage, fast besitzergreifend die profilierten Rahmenstreben. Yokouchi-san war ein sportlich schlanker Gentleman. Mit seinem lebhaften Interesse entsprach er mehr der kosmopolitischen Repräsentation eines Japaners. Bei einem vorherigen Projekt-Meeting sprach er mich darauf an und meinte, dass dieser Motor zu seiner Repräsentanz ein ganz besonderes sportliches Design verlange. Er hätte schon mit Tani-san darüber gesprochen und ich sollte mir schon einmal darüber Gedanken machen, eine Projekt-Bezeichnung wäre schon erstellt: „ED-17“. Ich machte mich an die Arbeit. Mir gefielen die vorgegebenen Package-Proportionen, mit dem wie in einem Käfig gehaltenen Kraftpaket und mit den neuen Rädern, welche durch die Parallelspeichen in einer Dreieraufteilung dem Bike einen sehr leichtfüßigen Eindruck verpassen würden. Ich wollte diese motorische Vorgabe in den optischen Mittelpunkt stellen und versuchen, somit einen neuen Stil zu kreieren. Als Basis ging ich von einem markanten, doch neu interpretierten Tank-Cockpit aus, ähnlich der GSX 1100S Katana. Ich entwickelte eine untere Motorverschalung, die sich im hinteren Bereich an eine expressiv gestaltete Heck-Sitzbankeinfassung fortsetzt. Die Trennungsabstände zu den oberen und unteren Flächenkomponenten, den Rahmen zeigend, ergaben eine völlig neue Gesamtproportion und Dynamik. Diese Thematik entwickelte sich mit jedem weiteren Entwurf zu meiner Zufriedenheit, wobei sich dabei wieder die ewige Frage stellte, was wohl herauskommen würde, wenn ich kontinuierlich über Wochen so weiter entwerfen würde?

Mitte 1984 galt – analog zur Badesaison – die trendige Bikini-Pflicht, also die Pflicht, so viel wie möglich offen zu zeigen, nun auch für das Motorrad. Das „Naked-Bike“ war damit schwer angesagt. Die bisherige Modellauswahl der vier großen japanischen Hersteller jedenfalls präsentierte sich, abgesehen von der schweren Touring-Versionen für den US-Markt, nicht gerade als zugeknöpft. Hauptsächlich BMW mit seinen RS- und RT-Modellen wie auch die italienischen Ducati- und MV-Agusta-Supersportmodelle zeigten sich zweckbestimmt in funktional aerodynamischem Outfit. Da es also keinen erklärbaren oder gar notwendigen Grund zur Reduzierung kostspieliger, aber gewichtiger Komponenten gab, war es wohl mehr eine abgesprochene, inszenierte Marketing-Aktion.

Die Präsentation meiner Entwürfe ergab ein geteiltes Echo. Es war wohl nicht nur ein Zuviel an „Zu-Mut(h)ung“, denn es passte nun so gar nicht zum aktuellen Naked-Trend. Alle meine Argumente und Beschwörungen, wieder einmal eigenständig zu agieren, statt nur zu Reagieren und sich dem jeweiligen Mode-Trend zu unterwerfen, wurden verworfen. Weder Tanis mutiger Entschluss zu seinen Katana-Inszenierungen, die vom Design her den kompletten Motorradmarkt beeinflussten, noch mein Beispiel half. Es fehlte der neuerliche Mut zu Muth und ich wurde zu einem neuen Entwurfsdurchgang gebeten, was jedoch, durch den Entfall der Verschalungen, an Dramatik einbüßte, doch nun durch die Reproportionierung zu einem doch sehr leichten und transparenten Erscheinungsbild führte. Bei meinen neuen Entwürfen hatte man sich schnell für eines meiner reduzierten Designvorschläge entschlossen, was das Projekt zwar auf den Weg brachte, doch war ich damit nicht zufrieden; ich war fast sauer ob der erzwungenen „Nacktheit“.

Diese Zaghaftigkeit zu einem – nicht nur von Yokouchi-san – geforderten neuen „Bold statement“ konnte ich einfach nicht verstehen, was zu einem längeren Gespräch mit Tani-san führte. Er hatte mich in seiner kleinen favorisierten Privat-Bar eingeführt, machte mich nicht nur mit der Besitzerin, „Mama-san" genannt, sowie mit einigen seiner Freunde bekannt, sondern zugleich auch mit den privilegierten Besonderheiten einer solchen persönlichen Rückzugsstätte, wozu auch eine Flasche japanischer Whisky zählte. Trotz all dieser Ablenkungen war für mich das Thema zu einer „New Katana-Auslegung" aktueller und wichtiger als die Aufforderung zu gemeinsamen Karaoke-Beiträgen.

Es gab eine interne Formel in der Ausrichtung von Neuerungen. Technisch schaute man zuerst auf Yamaha. Was Modellneuerungen betraf, so wartete man ab, bis Honda sich präsentierte. Suzuki schaute auf beide. Kawasaki hingegen hatte eine Sonderstellung, welche durch elegantes Interpretieren einzelner Produkt-Features der Wettbewerber charakterisiert und somit stets aktuell war. Doch generell stellte sich Kawasaki eigenständig dar.

Zwischen dem Entwurfsstadium und dem 3D-Transfer besteht, ähnlich wie bei der Architektur, immer noch Luft nach oben für eine korrektive, persönliche Interpretationsausrichtung, einem „Corriger la fortune", wie es Friedrich der Große nannte. So auch beim ED-17-Projekt. Mit einer neuen Interpretation in Form einer sich aus dem Tank entwickelnden Cockpitverschalung, die den Scheinwerfer, ähnlich der Ferrari-Rennsportwagen, mit einer nach oben offenen, getönten Plexiglashaube seitlich umschlossen sowie, so der Eindruck, „schwebenden" Doppelinstrumente, gewann ich etwas von meinen ersten Entwürfen zurück. Der Tank und die Flächenteile wurden in Weiß, der Rahmen in einem seidenmatt gehaltenen, abgewandelten Rot gehalten, welches sich so auch farblich am Vorderradkotflügel und der hinteren Schwinge fortsetzte, und bezog auch den Scheinwerferring, die Instrumentengehäuse sowie die drei erhabenen, parallel als Tank-Knieanlage aufgeteilten Streifen und das rote „Suzuki-S" mit ein.

In dieser Weiß-Rot-Kombination glich es der japanischen Nationalfahne, im Kontrast zu einem metallischen Anthrazit der Cockpit- und unteren Motorverschalung, sowie Ketten- und seitlichen Fußschutzgitter. Die Sitzbank dazu war im Wildleder-Look, analog farblich abgestimmt die Vier-in-Eins Auspuffanlage in Mattschwarz. Als besonderes Feature hatte ich die Telegabel mit rot lackierten Federn versehen, ähnlich den klassischen englischen Rennmaschinen. Yokouchi-san war begeistert, doch auch er konnte sich nicht dem endgültigen Votum entgegenstellen: Das Gremium war schlichtweg überfordert und auf „Naked" gepolt. Die Naked-Bike-Maschine, letztlich mit einer neuerlichen reduzierten Entkleidungskur unterzogen, wurde 1986 auf der Tokio-Motor-Show als „GSX 400X Impulse" vorgestellt. Ich sollte diese präsentieren. Um die Botschaft und den „Impuls" eindeutig zu vermitteln, hatte ich mich hinsichtlich meiner Kleidung farblich abgestimmt. Ein Gürtel und das Band einer Armbanduhr in Rot bestätigten die Botschaft. Es war eine Vorstufe zu der speziell für diese Maschine von mir entworfenen Bekleidungskollektion. Overall, langer und kurzer Blouson, Hose, Halstuch, Handschuhe und Stiefel, Helm, Gürteltasche und kleiner Rucksack, den man an der Oberbekleidung mit Klipsen befestigen konnte – alles war farblich in einem bläulichen Anthrazit mit roten Absetzungen gehalten. Weder die Maschine noch die Bekleidung kamen je nach Europa; sie wurden nur auf dem japanischen Heimatmarkt angeboten.

Der direkte Wettbewerber Honda wollte seine internationalen Rennsiege durch einen Image-Transfer auf seine Serienmodelle ausspielen. Das Naked-Bike wurde zunächst erst langsam vom Markt aufgenommen. Ein Motorrad mit nachvollziehbarem Renn-Flair, mit Verkleidungen, farblich auf die Rennfarben mit grafischen Elementen und Schriftzügen des Herstellers anspielend, lassen nun mal Begehrlichkeiten wachsen. Somit entsprach die Projektbeschreibung für die ED-18 genau diesem Thema.

Es mangelte jedoch an einer eindeutigen Vorgabe für einen Vollverkleidungstyp: Sollte diese Auslegung rennmäßig eng oder eher sportiv tourenhaft ausgerichtet sein, Vollschale oder Halbschale haben, mit der Möglichkeit, diese differenziert anzubieten, oder gar als Accessoire zum Nachrüsten? Das waren meine Fragen, die jedoch nicht klar beantwortet wurden. Man überließ es mir. Im Grunde war es die Attraktivität der jeweiligen „Kostümierung", die farblich grafische Aufmachung, die uns dann von den Wettbewerbsangeboten unterschied, Honda in Rot-Weiß-Blau, Yamaha in Gelb-Schwarz, Kawasaki in Grün-Schwarz und Suzuki mit Blau-Weiß, abgesehen von der Auspuffanlage in Auslegung und Sound.

In meinen Entwürfen dazu versuchte ich, einige neue Gedanken einzubringen, welche die aerodynamischen, ergonomischen wie emotionalen Komponenten miteinander verbanden. So ergab sich auch die erwähnte logische Teilung der Verkleidung aus Gründen der Modularität. Es folgte ein von mir angeregter „Clubracer-Single" im englischen Stil. Hondas 500-Twin, der in verschiedenen Auslegungen angeboten wurde, erwies sich auch auf den europäischen Märkten als sehr populär. Bei einem solchen Modelltyp konnte man wundervoll proportionieren wie reduzieren, und mit kleinen klassischen Gadgets und Accessoires sowie der Auspuffführung aus „einem" Bike „mein" Bike erstellen. Diesmal wählte ich auch eine Metapher aus der Tierwelt, nämlich einen spanischen Kampfstier, seine muskulösen Körperproportionen mit Schwerpunkt auf die Vorderläufe gestellt, er also ungeduldig und angriffsfreudig mit den Vorderhufen scharrend.

Zur Abwechslung folgte ein Scooter-Konzept für den chinesischen Markt mit entsprechendem Platzbedarf und Stauraumanforderung.

Sportliche Design-Kleidung nur für den japanischen Markt

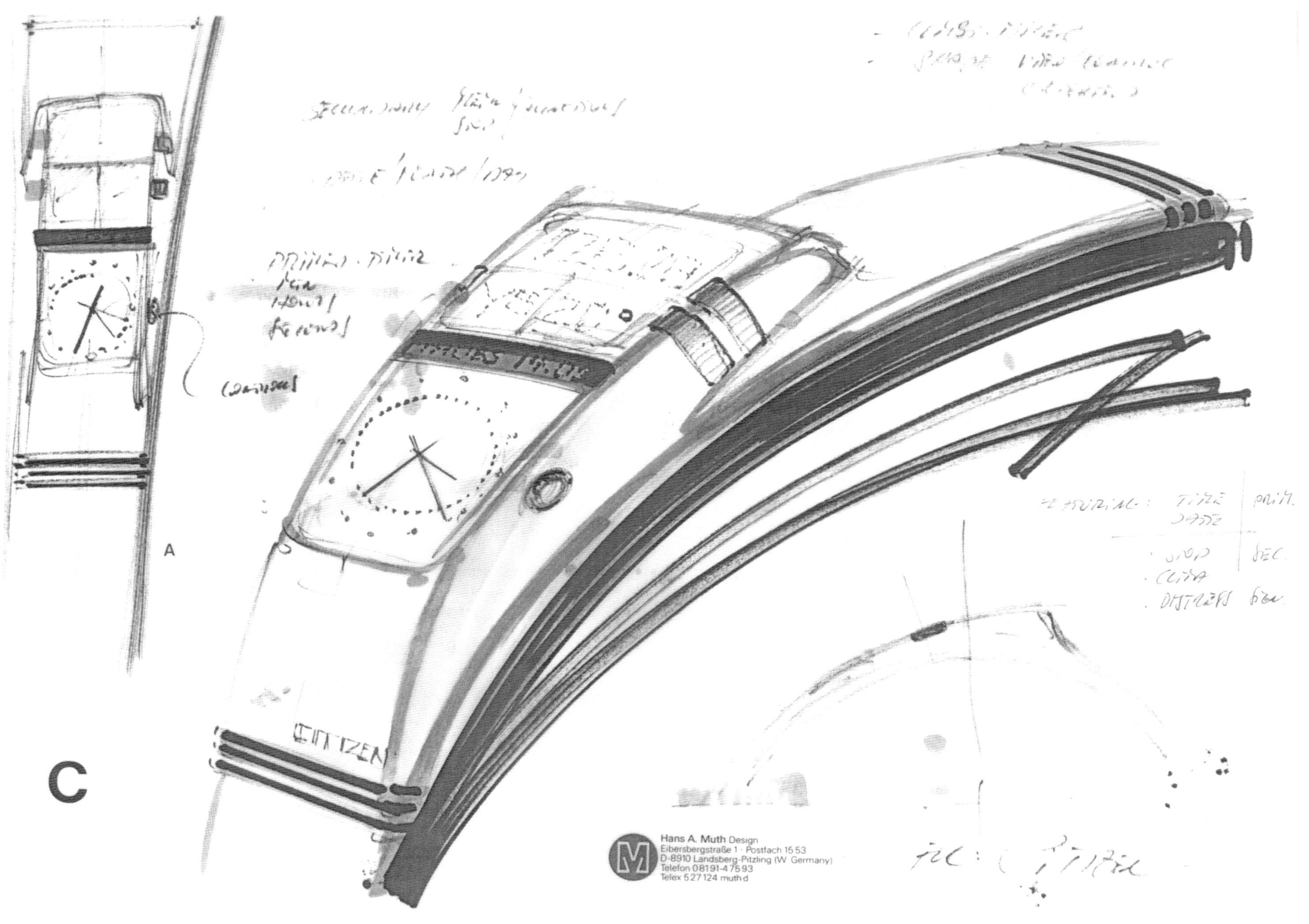
A
C
CITIZEN
Hans A. Muth Design
Eibersbergstraße 1 · Postfach 15 53
D-8910 Landsberg-Pitzling (W. Germany)
Telefon 08191-47593
Telex 527124 muth d

18 Die Erweiterung der Design-Zone

Bei einem meiner Kurzaufenthalte in meinem Haus und Studio in Landsberg/Lech erhielt ich einen Telefonanruf von Kunihisa Itho aus Tokio. Es stellte sich heraus, dass er zusammen mit meinem Schwager Armin Gnadt als Designer im Opel-Design-Studio gearbeitet hatte, inzwischen nach Japan zurückgekehrt war und bei der ODS-Agentur als Creative Designer wirkte. Er kannte mich zum einen durch das verwandtschaftliche Verhältnis zu meinem Schwager, zum anderen aus meinem Wirken für Suzuki Motor Corporation. ODS hatte als Agentur unter anderen Luigi Colani unter Vertrag, jedoch kam die japanische Klientel anscheinend nicht mit dessen spezifischer Design-Auffassung zurecht. Nun suchte ODS einen Nachfolger. Wir verabredeten uns zu einem Treffen in Tokio bei einem meiner nächsten Japan-Aufenthalte. Takahiro Yamagucchi-san, shacho, Präsident der ODS, war eine großgewachsene, sportlich elegante Erscheinung, eloquent und charmant, eine Persönlichkeit mit Ausstrahlung, der man sofort verfiel, so auch ich. Er war von meinem Design-Impact allein durch die Katanas und meinen vorausgegangenen BMW-Aktivitäten derart angetan, dass er mich im Vorfeld seiner potenziellen Klientel als den avisiert hatte, dessen Design auch in der Herstellung umsetzbar ist.

Wir einigten uns auf eine Klientel-Vielfalt, welche die Kategorie „Motorized-Wheelers“, also Motorräder und Scooter, ausschloss. Es boten sich interessante Kontakte mit differenzierten Herausforderungen an, die sich mit meinen SMC-Aktivitäten hinsichtlich Zeit und Engagement verbinden ließen. Für mich bot sich mir eine unerwartete Möglichkeit, meine erarbeitete Reputation weiter zu festigen. Die Vielfältigkeit der avisierten Projekte reichte von Kameras, Uhren, Golf-Clubs, wasserdichten Elektromotoren, Tankstellen, Brillen, Staubsaugern und Rasierapparaten über Platinschmuck bis hin zu Autos (Exterieur und Interieur) sowie auch Kosmetik. Die Klientel trug bekannte Namen wie Minolta Camera, Citizen-Uhren, Maruman Golf, Oriental Motors, Idemitsu-Tankstellen, TwoRing Optical, Hitachi, Platin Guild International, Mitsubishi-Motors, Subaru Inc. und Kanebo Cosmetics, wozu noch Toyota-Design dazukam. Mein Leben in Japan änderte und erweiterte sich mit den neuen Aufgaben. Bisher vollzog und konzentrierte sich alles auf SMC-bezogene Design-Projekte mit dem Grand Hotel Hamamatsu als Standort, mit den Flügen von und nach Deutschland, mit dem Erstellen der Design-Konzeptionen, dem Checken der in meinem Studio aktuellen Aktivitäten, die mein Sohn Alexander betreute.

Durch die neuen Konstellationen änderten sich auch die bisherigen Reisebuchungen und deren Kostenübernahmen. Zu Beginn des SMC-Engagements wurde zusammen mit DeCrignis die Lufthansa mit der Verbindung München-Hamburg-Anchorage-Tokio genutzt. Es gab zu dieser Zeit nur diese Nordroute. Die Südroute über Athen und Honkong nach Japan war länger und zeitraubender. Später, nur noch allein unterwegs, wechselte ich zur Swissair und nutzte diese bis zum Schluss meiner japanischen Aktivitäten. Swissair bot mir und somit meiner Klientel mit dem Kauf von Tickets in Japan sehr gute Konditionen. Mit der Klientel verhandelte ich First-Class-Flüge, um diese, als kreatives „Höhen-Studio“ ausgewiesen, aktiv projektvorbereitend zu nutzen. Regelmäßig war ich auf Flügen mit Start in München via Zürich oder Genf und Weiterflug nach Tokio oder der alternativen Südroute nach Osaka. In den fast zehn Jahre dauernden Japan-Aktivitäten summierten sich diese insgesamt auf 67 Hin- und Rückflüge. Mit der Aufhebung des Flugverbots über Russland verkürzten sich die Flugzeiten drastisch und ermöglichte flexiblere Flugplanungen. In der Regel flog ich an einem Sonntag von Japan nach Deutschland und kam am Montag früh in München an. Zuhause erfolgte dann sofort die unerlässliche Frage: „Kinder, fragt bitte Euren Vater, wann er wieder zurückfliegt.“ Meine Antwort darauf war: „Donnerstag.“

Mittlerweile hatte ich den VIP-Status bei der Swissair erreicht, was nicht nur sehr viele Annehmlichkeiten mit sich brachte, sondern auch viele persönliche Begegnungen, die meistens in den VIP-Lounges in Zürich und Genf wie auch in Tokio stattfanden. Muhammad Ali, auch bekannt unter dem Namen Cassius Clay, traf ich in Zürich und wurde ihm von der mich begleitenden SR-VIP-Staff-Dame vorgestellt. Er hatte wohl nicht meinen Namen, wohl aber meinen Beruf als Designer wahrgenommen. Sofort stellte er mir einige Fragen. Bei der Verabschiedung meinte er, dass zu meinen Aktivitäten und Vorhaben sehr viel Mut gehören würde. Mit einem „Das ist mein Name, Hans A. Muth“, bedankte ich mich. Lech Wałęsa traf ich, durch die Stewardess aufmerksam gemacht, auf einem Flug von München nach Genf. Ich fragte die Stewardess, ob Sie es ermöglichen könnte, mir ein Autogramm zu besorgen.

Sie verschwand in der Business-Class, kam zurück und bat mich, ihr zu folgen. Dort saß er, von seinen Bodyguards beidseitig „eingeklemmt“. Ich wurde vorgestellt und bekundete ihm meine Hochachtung vor seinem Engagement und Einfluss und bat ihn um ein Autogramm. Während seine argwöhnisch blickenden Begleiter den beruhigenden Erklärungen von der Stewardess zuhörten, versuchte Lech Wałęsa, in seinen Jackentaschen suchend, nach einer Möglichkeit zur Erfüllung meines Wunsches – vergeblich. Nach kurzem Wortwechsel mit einem seiner Begleiter reichte dieser ihm eine Visitenkarte. Wałęsa schrieb seinen Namen darauf, überreichte sie mir und bedankte sich mit einem kurzen, doch missglückten Versuch, sich aus der Bodyguard-Umklammerung zu lösen. Die Karte erwies sich als seine persönliche Visitenkarte.

Weitere Persönlichkeiten, die ich bei Flügen nach Japan getroffen habe, waren unter anderen der Sänger Phil Collins (wieder mal in der Genfer Lounge), der sich seiner neuesten jungen Beziehung konzentriert widmete, die Operndiva Jessye Norman, mit der ich mir zwei Tage vor Weihnachten die Lounge zum Weiterflug nach London teilte und mit ihr die einzige noch verbliebene amerikanische Tageszeitung teilte. Mit einem Gin Tonic ergab sich dann ein faszinierendes Gespräch über Opern. Die Schauspielerin Audrey Hepburn traf ich an Bord auf einem Flug in die USA, doch musste ich ihre ausdrückliche Bitte um Privatsphäre respektieren und somit leider ohne Autogramm für meine Tochter heimkehren. Auch Peter Monteverdi, der Schweizer Automobilhersteller, sorgte mit seinem Assistenten für eine kurze, aber beeindruckende Begegnung mit kurzem Meinungsaustausch über „individuelle“ Automobile.

Graf Schulenburg, mein damaliger Vorgesetzter und Mentor bei BMW Motorrad, gab mir mit seinen wertvollen Ratschlägen auch diesen mit: „Achten Sie stets darauf, dass Sie immer eine Schutzperson haben.“ In einem fernen Land bekam dieser Rat eine besondere Qualität und Wichtigkeit. Bei SMC waren Tani- und Negishi-san für mich diese Schutzpersonen. Sie unterstützten mich in dem für mich neuen Territorium, wo alles und jeder neu und nicht sofort sichtbar und erkennbar war, wem ich mich vertrauensvoll persönlich öffnen konnte bzw. wer ein wahrnehmend zuneigendes Interesse für mich über das rein Geschäftliche hinaus empfand. Das konnte nicht bestimmt werden, sondern musste sich entwickeln.

Im Jahre 1989, dem Jahr des Berliner Mauerfalls, fand in Nagoya eine Design-Weltausstellung statt, zu der mich meine ODS-Agentur als Keynote-Sprecher verdingt hatte. Bei dieser Gelegenheit lernte ich Kazuo Morohoshi-san, Vice President Design bei Toyota, kennen. Er lud mich am Vortag zu einem für mich arrangierten Dinner ein, um mich seinem Stab und den Designern vorzustellen und sich über das Thema Mobilitäts-Design auszutauschen. Nach dem Treffen brachte er mich persönlich zum Hotel zurück, blieb kurz stehen und zeigte nach oben in den vor Sternen funkelnden Himmel. „Mutho-san, look, this is the meaning of my name: `funkelnde Sterne`“. Am Eröffnungstag, nach meiner in englischer Sprache gehaltenen Rede mit Simultanübersetzung, hatte Toyota eine große Party organisiert und dazu alle Persönlichkeiten, die die japanische Design-Szene aufbot, eingeladen. Es war der Tag der Berliner Maueröffnung, und da Japan durch die Zeitverschiebung sieben Stunden Vorsprung hatte, wurde mir dieses Ereignis inmit-

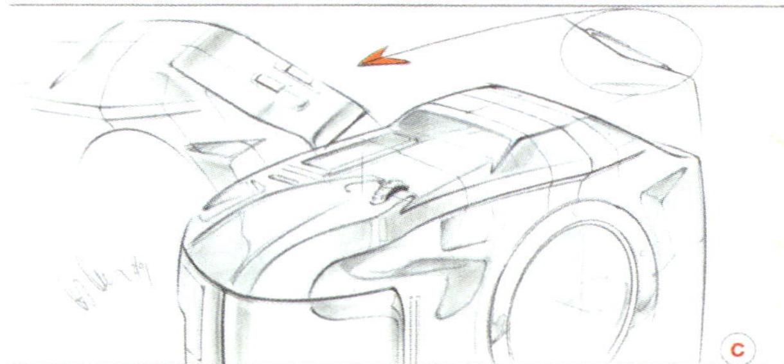

Minolta Kamera: Entwicklung der DYNAX-Serie: Konzepte und Umsetzung.

Minoltas Digital-Projektion

ten lebhafter, mit Champagner flüssig gehaltenen Gesprächen von vielen Seiten zugetragen.

Morohoshi-san, zufrieden und fasziniert von der Stimmung und dem „Einheizer" in Form von französischem perlendem Treibstoff, kam den Bittrufen nach weiterem Nachschub freudig nach. Doch der Wunsch und das Begehren nach Champagner war größer, als das bereitgestellte Sortiment entsprechender Gläser, was zur Folge hatte, dass ich mehr und mehr Becher in verschiedenen Größen entdeckte, die zum Ausschank von Champagner eigentlich ungeeignet waren. Als Kenner und wortführender Dozent dieses Themas konnte ich das so nicht stehen lassen und das Gespräch kam auf Gefäße, deren Bedeutung und der Eignung für die jeweiligen Getränke. Auf die Frage, welchen Glastyp, Tulpe oder Kelch, ich bevorzuge, meinte ich sichtlich gelockert, dass ich noch eine weitere Form kennen würde, und zwar in Form eines Damenschuhs. Dazu blickte ich unter die Tische, nach einem entsprechenden klassischen Pumps Ausschau haltend. Das Angebot war vielfältig, die Wahl nicht allzu schwer. Ich bat eine junge Dame um einen ihrer schwarzen High Heels, nahm die Flasche Champagner, füllte diese in den Schuh, umfasste den Absatz und hob ihn hoch. Mit einem kernigen „Kampai" stieß ich rundum an und leerte den Schuh. Es erfolgte ein Aufschrei, teils begeistert, teils höchst erstaunt. „So wird Champagner zu fortgeschrittener Zeit zelebriert", war mein Kommentar. Und plötzlich tranken alle Japaner Champagner aus den Stilettos ihrer Damen.

Danach wurde ich immer wieder in Osaka oder Tokio spontan von ehemaligen Teilnehmern dieser spektakulären „Toyota Champagne Night" begeistert angesprochen; dieses Geschehen machte die Runde. Die allgemeinen Vorstellungen über die Gepflogenheiten und Marotten der Designer sind ja ebenso vielfältig wie illuster. Einige müssen sich wohl als stimmig erwiesen haben, denn sie halten sich vehement, zeugen sie doch aber auch von der unerschöpflichen Phantasie und Kreativität des Designers, nicht nur im Entwerfen zwei- oder vierrädriger Fahrzeuge.

Das Erstgespräch zur Vorstellung bei einem neuen Klienten geschah sehr oft im Beisein des Präsidenten der jeweiligen Firma, in diesem Fall, der Firma Maruman Golf. Das normale Prozedere verlief folgendermaßen: Nachdem die ODS-Crew mich vorgestellt hatte und die Anwesenden über meine Aktivitäten, Erfolge und mein Alleinstellungsmerkmal (Unique Selling Proposition, USP) informiert waren, kam seitens der einzelnen Manager eine Beschreibung des Projekts sowie die Form der gewünschten Zusammenarbeit. Danach wurde ich gebeten, kurz meine generellen wie spezifischen Auffassungen zu dem avisierten Projekt zu erklären. Der Präsident stellte dann meist noch philosophische Fragen. Mit derartigen Fragen war ich vertraut, so wurde ich zum Beispiel bei Citizen nach meiner persönlichen Definition des Begriffes der „Zeit" gefragt.

Auch bei der Vorstellung bei Maruman Golf hörte der Präsident Ryutaro Katayama-san aufmerksam den einleitenden Gesprächen zu, wandte sich dann aber mit seinen Gedanken seinem achtköpfigen Management zu. Ich lauschte mit interessierter Miene und vernahm immer wieder den Begriff „God". Auf die Frage an meine Dolmetscherin, was er denn mit diesem Begriff hier bei diesem Thema meine, sagte sie, den Kopf zu mir geneigt und mit vorgehaltener Hand: „Er meint Dich, Mutho-san, du bist ihnen als Gott erschienen!" Sie alle wären exzellente Techniker, aber eben nur das. Nun wäre Gott in Form von mir zu ihnen gekommen. Zum Schluss der Besprechung wurde ich gefragt, ob ich Golf spielen würde, was ich verneinte. Man schaute sich gegenseitig etwas überrascht und ratlos an. „Wer Katanas so überzeugend entwerfen kann, der kann auch Golfschläger designen, ob er nun spielen kann oder nicht", so das Schlusswort des Präsidenten. Danach flog ich zurück, im Flugzeug dank einiger Manhattan-Cocktails in den richtigen Betriebsmodus gekommen, machte ich mir Gedanken, was man, eingeschränkt durch die festgelegten und geschrieben Spezifikationen, aus einem Golfbesteck so alles machen könne. Ich begann, einen kleinen Swissair-Schreibblock mit einem weißen Caran d'Ache-Kugelschreiber mit Notizen zu einem möglichen Konzept zu füllen, obwohl der Auftrag noch nicht bestätigt war. Bei meiner Rückkehr in Japan holte mich Yamada-san, einer der für mich zuständigen Moderatoren, an einem Freitag vom Flughafen ab, um mir zu berichten, dass er mich am darauf folgenden Tag um 9 Uhr vom Hotel abholen würde.

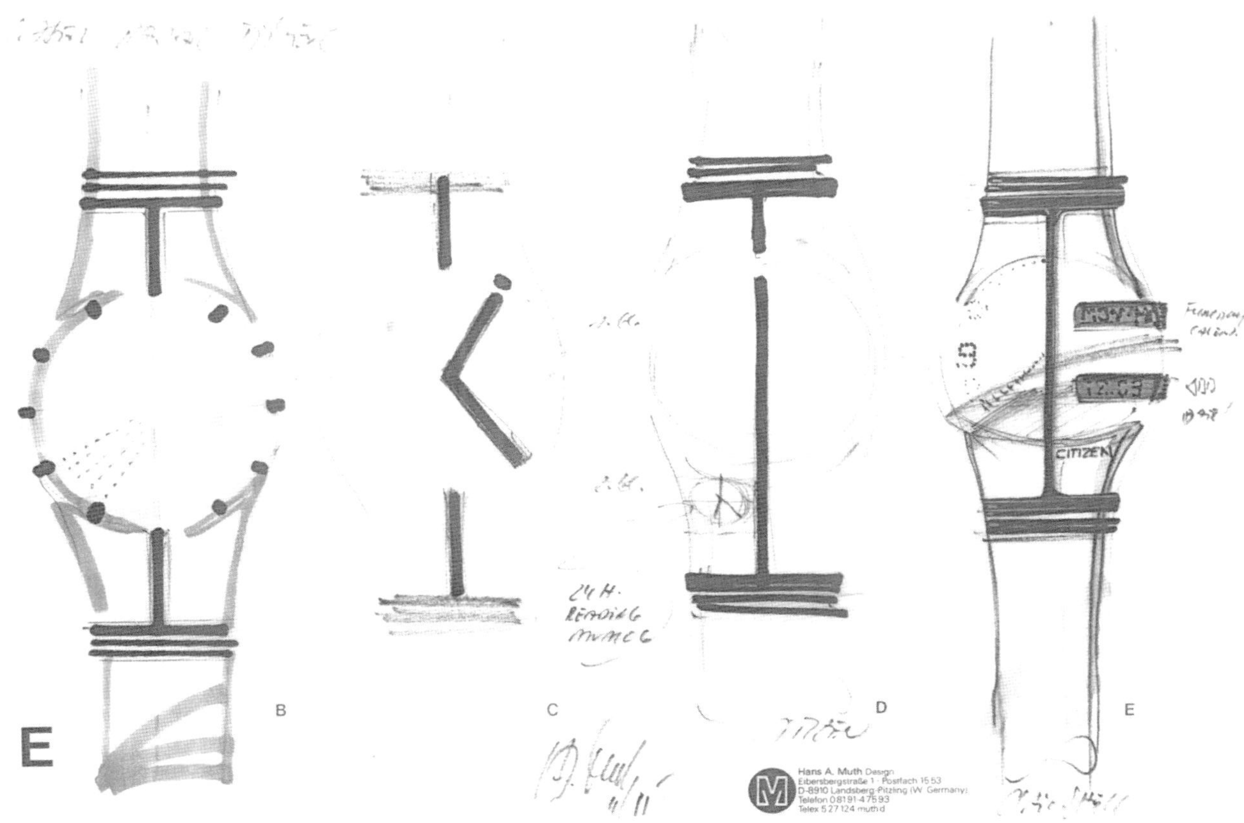

Weitere Interpretationen für Citizen

Maruman hatte für das Wochenende auf einer Golf Driving Range gebucht, um mir die Grundlagen des Golfens durch einen Trainer beibringen zu lassen. Denn am Montag wolle er mit uns zum Golfen fahren. So verlebte ich die beiden Tage im 2. Stock der Anlage mit einem bereitwilligen Trainer, der mir zeigte, wie ich in der von hohen Netzen eingezäunten und mit tausend Golfbällen bedeckte Driving Range meine mehr oder weniger überzeugenden Beiträge zu leisten hätte. Am Montag Morgen wollte mich Yamada-san in Begleitung einer Dolmetscherin um Punkt 6 Uhr am vom Roppongi Prince Hotel abholen. Ich war pünktlich in der Lobby, da die inneren Trockenübungen mich wach gehalten hatten.

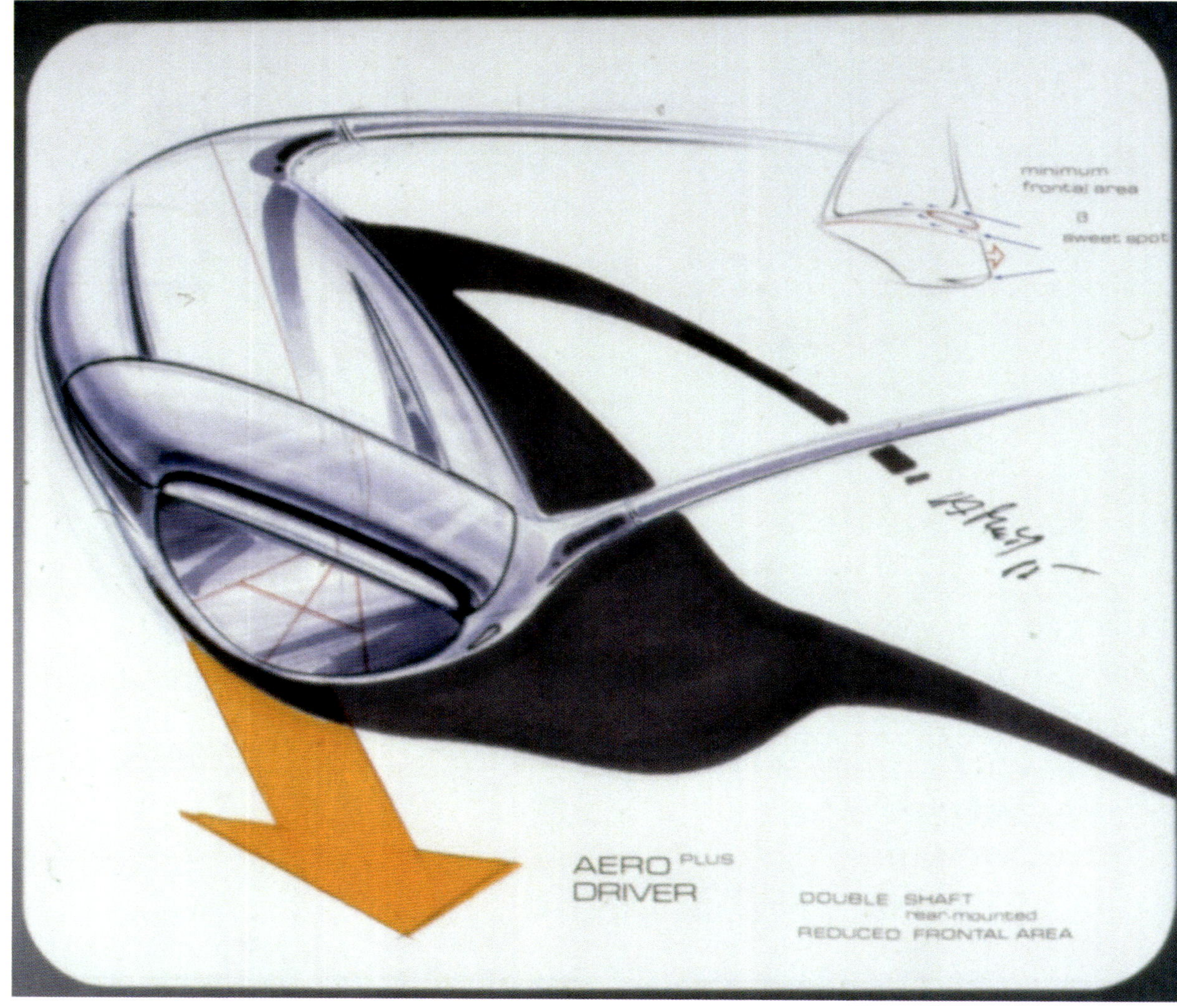

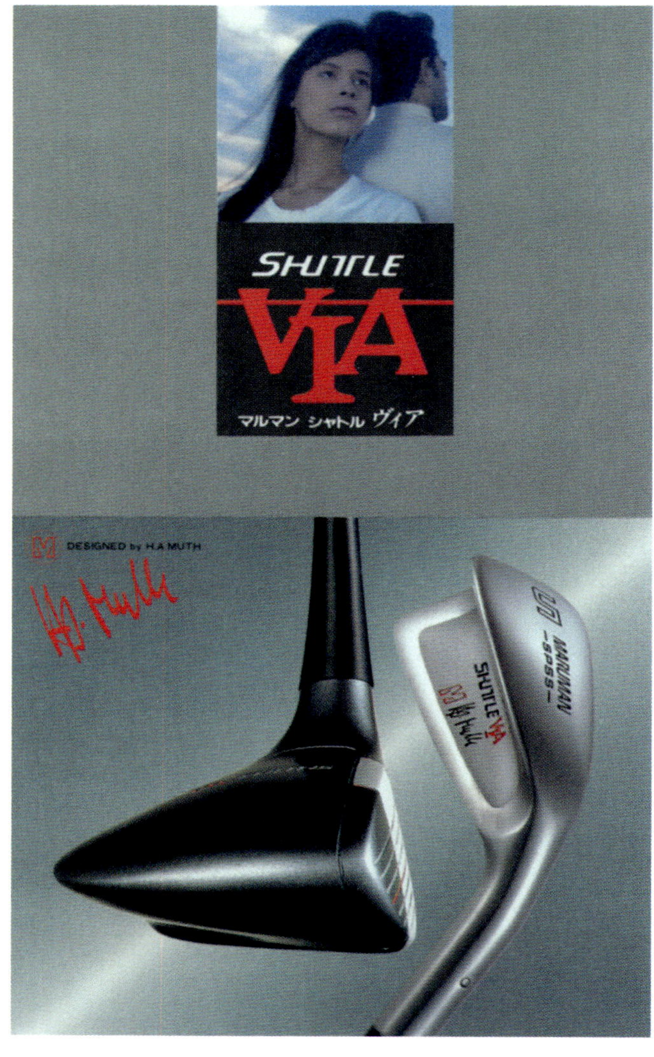

Mit optimiertem Design des Golfschlägers verhält sich auch der Golfball anders

Es regnete in Strömen, und ich hoffte, dass sich dieser Tag vielleicht doch ganz anders entwickeln würde. Es regnete noch immer, als wir nach zweieinhalbstündiger Fahrt Katayama-sans bevorzugtes Golf-Areal erreichten. Wir wurden freudig von ihm und seiner Entourage, alle schon im Golf-Outfit, begrüßt. Der Regen behinderte das Vorhaben nicht. Alles war für mich bereit gelegt. Kleidung und Schuhe angelegt, mit einem Handschuh bestückt und mit dem überreichten Golfbesteck ausgerüstet, war ich reif zum Gang auf das „grüne Schafott".

Ich rekapitulierte die am Wochenende erlernte korrekte Standposition, nahm den Driver entsprechend über die rechte Schulter nach hinten auf und schlug mit einem nicht forcierten durchgezogenen Abschwung auf den Golfball. Man kann es dem Aufprallgeräusch entnehmen, ob der Schlag richtig den „Sweet Spot" getroffen hat; er hatte es, und der Ball flog hoch und weit. Alle schauten sich verwundert an und ich hörte, wie Katayama-san aufgeregt zu seinem Team sagte, was mir Yamada-san leise übersetzte: „Mutho-san hat uns angelogen,

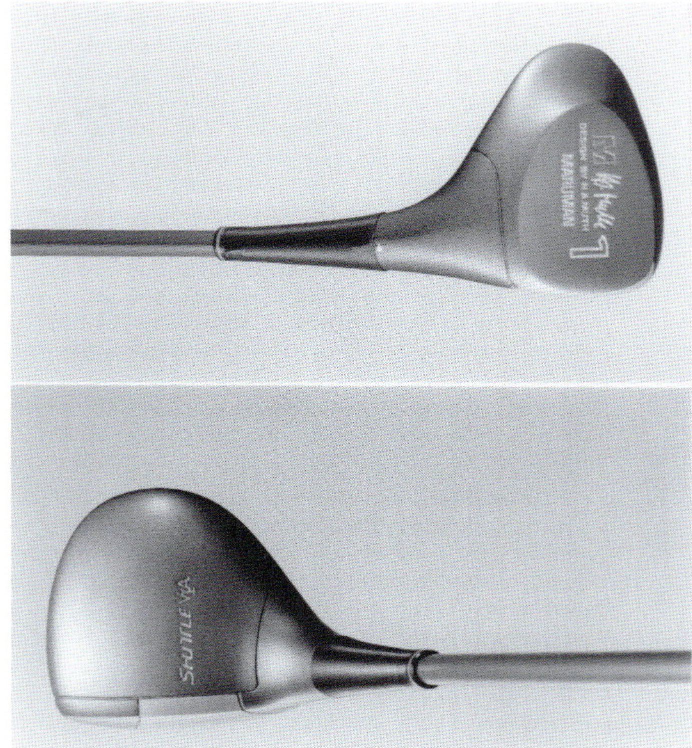

Maruman Golf: Entwicklung der „VIA Golf-Serie“

Tworing Optical: Meine Sportbrillen-Kollektion

er kann doch Golf spielen.“ Es blieb zunächst bei diesem alle beeindruckenden Treffer; danach landete mein Ball nur noch im Off oder fiel in einen Teich. So beendete ich als letzter diesen Flight. Die Rückfahrt nach Tokio verlief etwas schweigsam, doch die große Überraschung kam am Dienstag morgen durch einen Anruf von Yamada-san, der mir außergewöhnlich aufgeregt von seinem Telefonat mit dem Präsidenten berichtete. Dieser hätte ihm gerade mitgeteilt, dass er Mutho-san mit der Entwicklung eines neuen innovativen Golf-Sets beauftragen wolle. Ich war natürlich von diesem Entschluss ebenso überrascht wie begeistert und fragte, was Katayama-san denn zu dieser, seiner Entscheidung geleitet habe? „Mutho-san, er sagte mir, dass er auf diesem Platz noch nie so gut gespielt habe wie bei Deiner, Mutho-sans, Anwesenheit.“ Ich war tief beeindruckt. Ein Präsident traf intuitiv eine Entscheidung. Er verließ sich allein auf sein Gefühl, um die ganze Entwicklung vertrauensvoll an jemanden zu übergeben, der bisher keinerlei Erfahrung auf diesem Gebiet hatte. Diese Tatsache erweckte in mir einen völlig neuartigen Ehrgeiz. Diesmal zeigte auf dem Rückflug der Notizblock Skizzen auf.

Meine Tochter Katja war zu der Zeit mit dem Enkel des bekannten Tierforschers Grzimek befreundet. Er war Mitglied im südlich von München gelegen Golfclub Beuerberg und war gerne bereit, mir über seine Beziehungen dort Zugang zu verschaffen. Ein kanadischer Golf-Trainer, der auch eine eigene Golf-Zeitung herausbrachte, war der richtige Mann für das, was ich über Golf wissen wollte: nicht das Direkte, sondern das, was dahinter steckt. Als ich einmal mit ihm auf der Driving Range Abschläge übte, sah ich, den Driver im Aufschwung haltend, wie eine junge Dame vom Platz zurückkam. Ihre Erscheinung sowie ihr Dress faszinierten mich und so folgte ich ihr, den Driver immer noch hinter meinem Kopf haltend, mit meinem Blick. Dann erst ließ ich den Schläger zum Abschwung fallen. Der Trainer sagte: „Herr Muth, jetzt haben Sie Golf begriffen. Sie müssen an alles denken, wenn Sie spielen, nur nicht an Golf.“

Ich teilte meine Konzeption in drei Stufen ein: eine optimierte, dem damaligen Stand entsprechende, eine progressive und eine unkonventionelle Advanced-Version. Durch eine Zeitlupen-Fotosequenz zum Abschwung kam ich auf interessante Aufschlüsse zum Verhalten des Golfballs. Das 1:1-Modell verbarg ich im Golf-Bag vor dem Zoll und flog zusammen mit den visualisierten Konzepten zurück nach Tokio. Bei der Präsentation war man begeistert: Der „Gott“ hatte geliefert.

Bei der Pressekonferenz im Hotel Intercontinental ANA Tokio wurden neben dem Pressematerial ausgewählte Geschenke

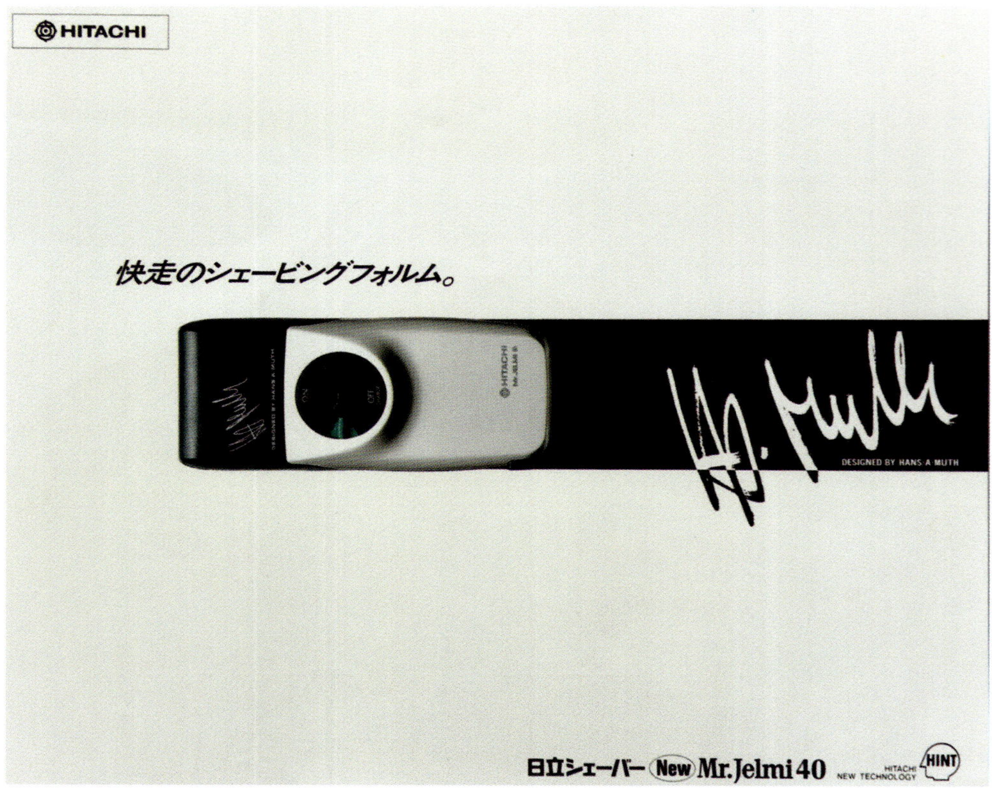

Hitachi-Shaver: Den „Designer Stubble" schneidet man besser nur mit einem Designer-Rasierer

an die Journalisten verteilt. Unter den meist golfbezogenen Artikeln befand sich ein elektrischer Men's Shaver, ein elektrischer Rasierer, den ich für Hitachi entwickelt hatte. Nach der Verteilung bedankte sich ein Journalist, verbunden mit der Frage, was ein Rasierer mit Golf zu tun hätte? Katayama-san kam nicht so recht auf eine passende Antwort und gab die Frage an mich, den zuständigen Designer, weiter. So erklärte ich, einen Shaver in der Hand haltend, den vorderen Bart-Trimmer ausgefahren, dass man sich ja stets auf einen professionell geschnittenen Green zum Einlochen verlassen könne. Doch es passiere zuweilen, dass man doch nicht ganz damit zufrieden sei. In diesem Fall helfe dieses kleine, fast geräuschlose persönliche Tool, in Form dieses Shavers, zum ganz individuellen Trimmen. Begeisterter Applaus, nicht nur für mich und Hitachi, sondern für Maruman, die Botschaft war angekommen. Das Golf-Set nannte ich „VIA" was für „Value, Intelligence and Aesthetics" stehen sollte.

Ich habe bis heute Katayama-sans Formel „Driver is show, but putter is money", nicht vergessen, da sich diese im übertragenen Sinne auf viele Situationen anwenden lässt. Das Maruman-Golfset-Projekt mit anschließender Gestaltung der dazugehörigen Accessoires war in vieler Hinsicht für mich ein Schlüsselprojekt. Die Durchgängigkeit in der Gestaltung der einzelnen Schläger zu einem Ganzen, obwohl jeder nach spezifischen Funktionen ausgelegt werden musste, gab der weltbekannten Firma einen gewaltigen Innovationsschub, der sich mit seiner Produktbotschaft auf fast alle Wettbewerber übertrug. Dieses Projekt war für mich ein Beispiel für eine vertrauensvolle, integrierte, kooperative und positive Entwicklung mit einem moralischen Anspruch auf Erfolg, die sich für alle Beteiligten positiv auswirkte.

Die sich vermehrenden Aktivitäten, die sich nun von Hamamatsu nach Tokio und Osaka erweiterten, hatten Einfluss auf mein bisheriges Leben. Ich mietete mir ein Penthouse Apartment im Sanaruko Park Town, South Hamamatsu. Der Eigentümer dieser Wohnanlage war begeisterter Motorradfahrer, der zwar eine Honda fuhr, doch war ich ihm natürlich ein Begriff und somit bestand er darauf, dass ich mich für dieses spezielle Apartment entschied. Trotz der Klimaanlage war es im Sommer innen unerträglich heiß. Ein Vorteil hingegen war, dass es einen Wagenunterstand beinhaltete. Somit konnte ich Fahrzeuge, die mir zuweilen von BMW Tokio zur Verfügung gestellt wurden, dort abstellen. Auch stellte mir Mazda Yokohama ein Auto zur Verfügung, ein mit einem Wankelmotor angetriebenes, schwarzes Cabriolet sowie später von SMC einen Suzuki Cavallino, ein kleines schlankes Hardtop-Cabriolet in Silber. Man kann in Japan nur ein Auto kaufen, wenn man eine Ga-

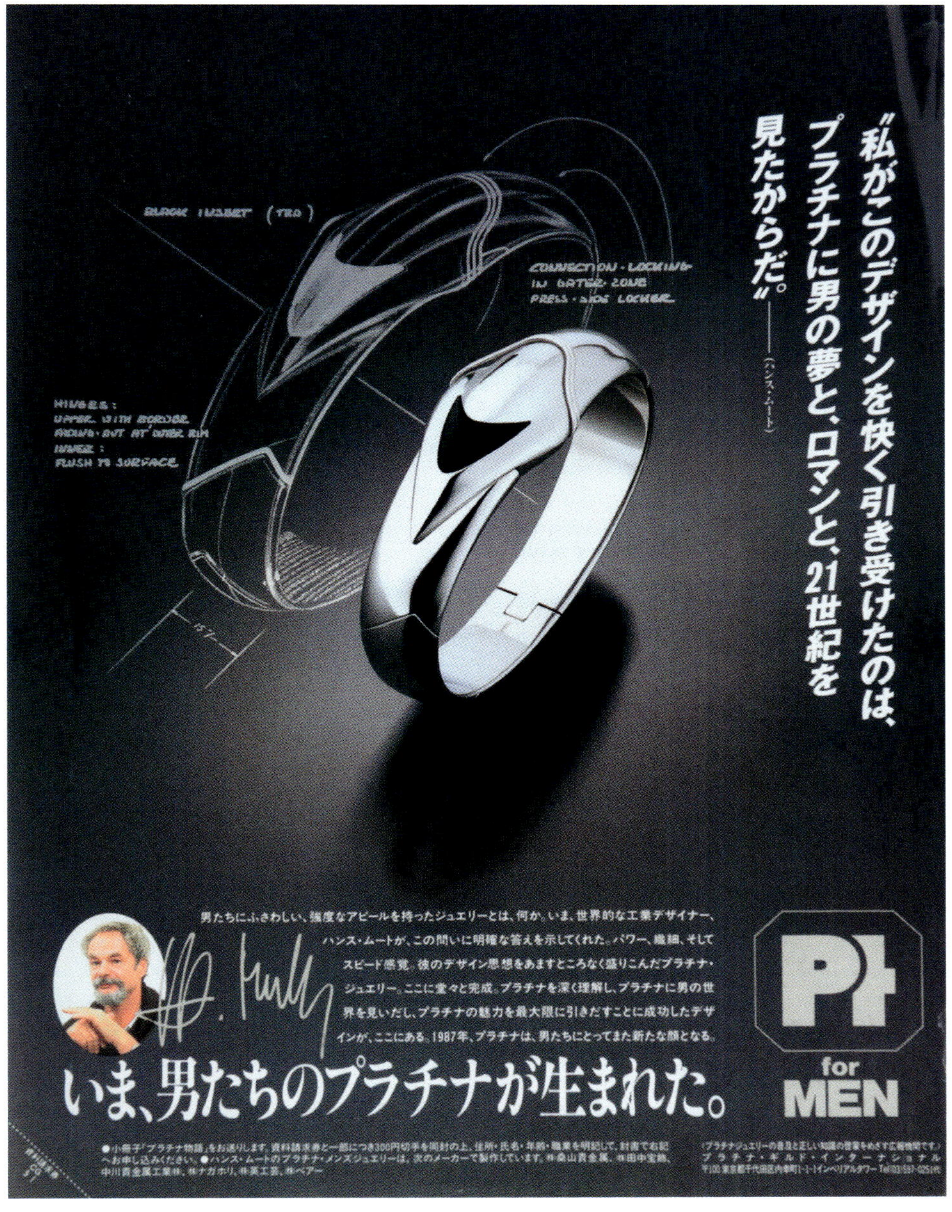

Platin Guild International: Platin-Schmuck und Accessoires nicht nur für Männer

Suzuki SX-1-Projekt

Individuell

Japaner reisen gerne in Gruppen. Die Teilnehmer tragen farbige Wimpel, die an langen Bambusstangen befestigt sind. Auf der Rückfahrt von Nagoya nach Hamamatsu wurde ich von einer einen solchen Wimpel tragenden Frau angesprochen. Sie fragte mich höflich und interessiert, zu welcher Gruppe ich denn gehöre? Ich schaute sie etwas fragend an und sagte, dass ich zu keiner Gruppe gehöre und alleine reise. „Oh, you are an individual!", war ihre sehr erstaunte Feststellung. Denn das hat in Japan schon eine besondere Bedeutung.

Weissagung

Nach einer Präsentation bei einem meiner Tokyo-Klienten lud mich meine ODS-Begleitmannschaft unter Kuni Itho mit den Assistentinnen Satchiko und Tomoko zu einem Drink ins Hotel New Otani ein. Am Nebentisch saß ein japanisches Paar, das immer wieder sehr interessiert zu unserem Tisch sah. Irgendwann neigte sich die Dame zu Itho-san hinüber und sprach ihn an. Ich sah an beider Blicke, dass es wohl um mich ging, was sich schnell bestätigte. Die Dame war eine Weissagerin und hatte wohl mich als Medium entdeckt und ausgeguckt. Die Frage war, ob ich damit einverstanden wäre, mir aus der Hand lesen zu lassen. Meine beiden, mich stets zu den Meetings und Präsentationen begleitenden „Blumen" fanden die Idee großartig, klatschten begeistert in die Hände und baten mich, doch zu zustimmen. Ich wurde zum Nebentisch gebeten, man stellte sich vor, und sie nahm meine Hand, drehte die Handfläche nach oben und begann zu studieren. Dies geschah, wie eben so üblich, nicht schweigsam. Ihre Studien wurden vielmehr immer wieder durch Laute, ihre erstaunt verwunderten Eindrücke zu unterstreichen, begleitet. Endlich blickte sie auf und begann, recht aufgeregt Kuni Itho ihre Eindrücke auf Japanisch zu erklären und bat ihn, mir das zu übersetzen. Ihre Erkenntnisse versetzten mich schon in Erstaunen, denn sie erwähnte Dinge, die absolut mit mir übereinstimmten, hatte sie doch keinerlei vorherige Informationen über mich. Umso mehr berührte mich ihre Aussage zu dem, was sie in meiner Hand las: Ich würde über zwei, fast parallele Lebenslinien verfügen, was sehr ungewöhnlich sei.

Auf meine Frage, was das denn zu bedeuten hätte, antwortete sie, dass dieses auf zwei Leben verweisen könnte, zum Beispiel, als einzig Überlebender eines Flugzeugunglücks, was ich sehr berührt wie auch etwas verstört wahrnahm. Als ich am 20. November 1994, nachts um 4 Uhr von der Polizei geweckt, erfuhr, dass mein Sohn Alexander tödlich verunglückt sei, war das mein erster Gedanke: Er war einer meiner zwei Leben.

rage oder eine feste, verbindliche Parkmöglichkeit nachweisen kann, es sei denn, man entscheidet sich für einen K-Car Type, einen Kleinstwagen. Diesen konnte man auch vor dem Eingang seiner Haustüre nachts abstellen.

Um die weit verzweigte Klientel zu erreichen, stellte der Shinkansen mit seiner individuellen Zugauswahl, den kontinuierlichen und verlässlichen Verbindungen eine in der Effizienz nicht zu überbietenden Mobilitätsfaktor dar. Innerstädtisch übernahm dies das Taxi. Auf den Highways herrschte stets dichter Verkehr, die Geschwindigkeit war für alle Fahrzeugtypen auf 100 km/h begrenzt, wobei die LKW diese Geschwindigkeit ausnutzten und generell immer Vorfahrt hatten. Ab und zu, wenn ich Autos übernahm oder zurückbrachte, nutzte ich die Highway-Route Hamamatsu-Tokio und zurück. Bis zur Tokio-Mautstelle ließ es sich gut und gleichmäßig fahren, danach schlich man, eingebettet im Verkehrsstrom, zum angepeilten Ziel.

„Car Styling" nannte sich ein Magazin, welches in den späten 1980er-Jahren in Japan erschien. Akira Fujimoto-san, ein kleiner, grauhaariger Mann mit lebendig wachen Augen war der Chefredakteur. Ich wurde ihm durch ODS vorgestellt und seit dem fand ein enger und reger Gesprächsaustausch über Design statt. Car Styling inszenierte, mit Tokio beginnend, eine jährlich stattfindende sogenannte „Designers' Night", zu der ich stets zu Interviews eingeladen wurde. Es fand im Stadtteil Minato-Ku statt, in dem Axis-Gebäude, stets zum Ende des Jahres, meist analog zur Tokio Motor Show. Später griff diese Veranstaltung auf Europa über, um bei den bekannten Autosalons wie Frankfurt, Genf und Paris die internationale Design-Prominenz im Mobilitätsbereich zusammenzuführen. Man hatte somit endlich eine Gelegenheit, sich mit vielen Kollegen, Freunden und Berühmtheiten sowie mit der Presse zu treffen. Solche Begegnungen waren bis dahin für die Designer der jeweiligen Hersteller wegen der Wahrung der Geheimhaltung sehr schwierig. Es war Designern nicht gestattet, mit Kollegen des Wettbewerbs zu sprechen. Man sprach natürlich trotzdem, doch vermied man es tunlichst, das Thema auf aktuelle Projekte oder Projektionen zu lenken oder gar auf speziell zu diesem Thema gestellte Fragen einzugehen.

Eizi Hayashi-san war Axis Executive Managing Director und Herausgeber des Axis-Magazins. Stets makellos elegant mit silbergrauem Haar und leiser Stimme war er eine graue Eminenz, welcher man seine Aufwartung zu machen hatte.

Jedes Mal, wenn ich meinen Aktivitäten in Tokio nachging, vollzog sich dieses Ritual. Das Treffen fand in einem seitlichen, von außen einsehbaren Ausleger des mittleren Treppenhauses statt. Mit Kaffee und einem Glas Wasser begann ich zunächst Hayashi-sans Fragen zu beantworten, mit nachfolgendem Kurzbericht über meine aktuellen Eindrücke aus Europa und den USA. Während ich sprach, begann er, sehr gezielt, die Aufmerksamkeit auf sich zu lenken, Motorräder zu skizzieren und seine Deutungshoheit zu untermalen. Der Erfahrungs- und Meinungsaustausch gestaltete sich beidseitig, wobei ich sehr viele wertvolle Informationen und Tipps erhielt. Er wurde zu meinem zweiten Patron.

Die SMC-Motorrad-Design-Aktivitäten konsolidierten sich überschaubar und die Auto-Design Sektion bat mich um Mitarbeit. Also stieg ich in die Design-Erstellung des neuen „Escudo", dem „Jimny"-Nachfolger, mit ein. Das Interieur übernahm ich komplett. Beim Exterieur arbeitete ich bei der Gesamtkon-

Suzuki SX-2
Projekt: Finales
Design-Konzept

Suzuki-SX-2 Design-Referenzmodell

zeption und dem Hardtop mit. Dem schlossen sich Design-Konzeptionen für den „Swift" hinsichtlich Individualisierungskomponenten zur Erweiterung der Modellpalette an. In einem Meeting mit Tani-san und einigen Managern aus der Planung und dem Design diskutierten wir gemeinsam über weitere Modelle und potenzielle Projekte. Ich machte den Vorschlag für zukunftsorientierte Studien, die eine dreidimensional nachvollziehbare Projektion zur Orientierung für die weiteren Entwicklungen geben könnte. Der Vorschlag kam sehr gut an, doch wollte man diese Aktivitäten nicht mit den hausinternen Entwicklungen vermischen. Der Grund war zum einen in der notwendigen zusätzlichen Planung, Investitionen und der Durchführung, sowie der sich ergebende Zeitverlust bis zu den erforderlichen internen Genehmigungen. Es wurde beschlossen, dass diese Avanced-Aktivitäten in mein Landsberger Studio ausgelagert werden sollten. Somit erweiterte sich mein Studio zu Suzuki European Advanced Studio (S.E.A.S.).

Das erste Projekt hatte als Thema einen „Personal Roadster", motorisch ausgestattet mit einem 850 ccm-V-Twin. Besonders schön: Die sich vom Tank zum Sitz hin schwungvoll abneigende Flyline, die sich im Profil fast gazellenhaft leicht präsentierte. Der Vorderradkotflügel erweiterte sich im vorderen unteren Bereich zu einer Bremsscheibenabdeckung; weitere Design-Elemente waren Doppelscheinwerfer, eine hohe Telegabel mit mittigen, fast frei schwebenden Doppelinstrumentierungen. Die Auspuffrohre waren – ähnlich den Automobilen der 1930er-Jahre – mit Chromlamellen ummantelt, die mit leichtem Schwung nach oben in die langen Auspufftöpfe mündeten. Sie verliehen der Maschine eine enorm ruhige und doch dynamische Eleganz, welche durch die Aluminium-Scheibenräder noch weiter betont wurde. Die Kodierung wurde mit „SX-1", die für „Suzuki-Experimental 1" stand, bezeichnet. Das Modell war ein Vorreiter der später von den Wettbewerbern mit Erfolg angebotenen „Personal-Cruiser-Modellen", die sehr extravagant ihr unverwechselbares Image belegten. Sie waren teuer im Preis, aber deshalb eben auch sehr begehrt. Sie unterlagen keinem modischen beliebigen Trend und strahlten eine gewisse Erhabenheit aus.

Es folgte die „SX-2", diesmal ein zukunftsorientiertes Konzept. Als Motor diente ein 750er-4-Zylinder. Meine Konzeption dazu sah eine weitere Stufe der für BMW entwickelten Mensch-Maschine-Philosophie vor: In der „BMW R-100 RS" fand sie ihre dreidimensional nachvollziehbare Umsetzung.

Die ergonomische Optimierung sollte sich nun in der Anpassung der Maschine an die gewählte Fahrweise erfüllen, indem sich bei schneller Fahrt das Cockpit hinsichtlich aerodynamischer Optimierung absenkt, während sich zugleich der Sitz nach hinten verschiebt. Im langsameren Stadt- und Tourenmodus vollzieht sich entsprechend das Gegenteil. Dies stellte den Fokus auf die Gesamtgestaltung dar. Ein Design, nachvollziehbar im Zusammenspiel von Funktion und emotionaler Design-Aussage: aerodynamisch schützend und integrierend dynamisch.

Alle Bedienungsabläufe erfolgen über die Hände, somit haben die Füße auf einer strukturierten Plattform freie Möglichkeit zur Positionierung. Zur besseren Erkennbarkeit der Maschine und zugleich zur physisch-optischen Aufwertung eines potenten Motorrads als gleichgewichtiger Mobilitätspartner wurde die Front aerodynamisch und flächenmäßig gestalterisch neu ausgelegt. Der modulare Gesamtaufbau ermöglichte durch den Austausch einzelner Flächenkomponenten unterschiedliche Versionen sowie einen effizienten Austausch hinsichtlich erforderlicher Reparaturen. Das Gesamtkonzept zu diesem SX-2-Projekt sowie die gestalterischen Ausarbeitung wurde, zusammen mit mir und einem dafür nach Deutschland delegierten jungen japanischen Designer und meinem jüngsten Sohn Alexander erarbeitet.

Alexander hatte sich sehr früh von meinem Enthusiasmus für Autos und Motorräder und wie man sie gestaltet inspirieren lassen. Er schloss seine Ausbildung an der Waldorfschule nach der 12. Klasse ab. Dann ging er bei mir in die Design-Lehre nach dem Motto „Learning by doing".

Meine japanischen Kunden waren begeistert von ihm – und neidisch zugleich. Die Tatsache, dass Vater und Sohn den gleichen Beruf haben, miteinander arbeiten und doch auch unterschiedliche Auffassungen haben dürfen, war schlichtweg ein Traum für sie. Die dreidimensionale Modellerstellung der SX-2 wurde im SMC-Bell Art-Spezialstudio in Hamamatsu nach unserem Design-Konzept und nach den Vorgaben unter Toru Sasaki-san, umgesetzt.

Zur Präsentation flogen wir beide zum Vorab-Check frühzeitig nach Japan, um die notwendigen Vorbereitungen zu treffen. Wir verbrachten den Nachmittag bis spät in den Abend dazu, die Renderings und Aufrisse zum Design mittels doppelseitigem Tape an die Wände zu heften, da rollbare Präsentationswände nicht verfügbar waren. Am nächsten Morgen, sehr frühzeitig zum finalen Check im Design-Center eintreffend, entdeckten wir, dass fast alle Renderings auf dem Boden lagen, manche nicht glatt, sondern gefaltet. Das Tape hatte wohl der „gestalterischen Dynamik" der Design-Entwürfe nicht standgehalten! Es zeigte sich mir wieder eine fernöstliche Gegensätzlichkeit: auf der einen Seite die Bereitschaft zum stets abrufbaren Engagement, auf der anderen Seite ein Mangel an Voraussicht im konsequentem Planen und Handeln, was in diesem Falle die professionelle Vorbereitung einer großen Präsentation bedeutet hätte.

Das Modell machte in der pfeilförmigen Frontgestaltung sowie in seiner silbernen und gelben Farbgebung einen hervorragenden, repräsentativen und zukunftsweisenden Eindruck. Es entsprach im dreidimensionalen 1:1-Modelltransfer bis ins Detail absolut den Originalentwürfen, Vorstellungen und Vorgaben. Die Präsentation verlief nach mittlerweile gewohnter Weise. Die Studie in seiner Konzeption und Projektion zur Zukunft erweckte großes Interesse und zeigte seine Wirkung durch nicht enden wollende Gespräche und lebhafte Gruppendiskussionen.

Bei allen ergonomischen und technischen Features blieb es ein erkennbares, emotionales und funktional nachvollziehbares Motorrad. Dynamisch kraftvoll, logisch, elegant und somit Begehrlichkeiten weckend. Mittlerweile 31 Jahre jung ist dieser Beitrag nicht nur mit dem heutigen Anforderungen und dem Image „Motor-Rad" voll vereinbar, sondern darüber hinaus auch eine realistische Projektion für die Zukunft des Motorrads – ähnlich der BMW-Studie „The Great Escape, the next 100", welche sich im Jahr 2016 und damit 21 Jahre später erstellt, zunächst auf die kommenden 30 Jahre bezieht.

Suzuki Vitara: Konzept

Es zeigte sich hier ganz deutlich, dass man nicht nur als engagiert interessierter Designer fast alles möglich machen kann, sondern dass es es auch der absoluten inneren Öffnung der Entscheidungsträger für ein Projekt bedarf.

Nach gemeinsamen Dinner mit Tani-san und einigen weiteren ausgewählten Herren von Design und Produktplanung im Inanba, was für Alexander die erste Begegnung mit der exzellenten japanischen Küche bedeutete, verließen wir am kommenden Tag Hamamatsu in Richtung Tokio zu einem Meeting mit ODS. Am darauffolgenden Tag fuhren wir nach Osaka, wo wir zwei Tage bei Minolta Camera in Sakai mit nicht endenden Meetings verbrachten.

Entgegen meinen Schilderungen des Geschäftslebens in Japan erlebte mein Sohn die Realität etwas anders. Die langen, nach Aufmerksamkeit verlangenden Meetings machten ihn ungeduldig. Immer wieder schob er mir kleine Memos zu, in denen er drängte, nun zum Schluss zu kommen; es sei doch alles gesagt, zudem sei es spät und er sei müde. Im Hotel Nikko wollte er sofort auf sein Zimmer gehen, doch Minolta hatte uns zum Dinner eingeladen und man wollte uns um 21 Uhr in der Hotel-Lobby abholen. Schnell zum Erfrischen in die Zimmer und wieder zurück in die Lobby-Bar. Der mir durch meine vielen Besuche bekannte Barkeeper begrüßte uns. Ich fragte ihn, ob er uns etwas bieten könnte, was uns erfrischen und, ob der bevorstehenden Essenseinladung, wach halten würde. Er nickte zuversichtlich und erschien nach kurzer Zeit mit zwei gefüllten Cocktailgläsern: „Mutho-san, this is my own creation. It is a cocktail tailor-made for such situations: I call it `earthquake`!" Wir stießen an, um den bisherigen Tag zu verabschieden und den Abend zu begrüßen. Der Cocktail bestand aus Whisky, Gin und Pernod, jeweils in drei gleichen Teilen im Becher mit Eis kurz geschüttelt und schnell abgegossen, um

Hamamatsu

Bei einem abendlichen Bummel in Hamamatsu besuchte ich eine moderne Bar, die mir schon öfters aufgefallen war. Ich nahm an der weitläufigen Theke Platz und bestellte bei der mich freundlich begrüßenden Bardame einen Tequila. Ein paar Plätze neben mir exerzierte ein jüngerer Japaner, die Kappe mit Schirm nach hinten, die neueste Trinkmode, indem er eine Wodka-Tonic-Dose mit der Öffnungsseite nach unten auf den Tresen knallte, danach umdrehte und mittels des kleinen Zippers öffnete und sich diese dann mit einer schnellen Bewegung in den Mund schüttete. Seinem Zustand nach zu urteilen, war das nicht die erste Dose. Zu mir blickend bestellte er rasch noch eine, um dieses Ritual noch einmal zu vollführen. Auf meinen interessierten Blick hin meinte er zur Bardame, dass das eben nur etwas für echte Männer und nichts für Gaijins sei! Nachdem mir das die Lady lächelnd auf Englisch übersetzt hatte, fragte ich nach einem Fläschchen Tabasco und tropfte mir 10 Tropfen davon in den Tequila, hob das Glas, wandte mich zu meinem Wodka-Tonic-Nachbarn und rief ihm ein freudiges „Skôl" zu. Das erweckte nun sein Interesse und auf seine Frage, was der Fremde denn da so trinke und es ihm erklärt wurde, bestellte er dasselbe. Er ließ mich fragen, wie viel Tabasco ich dazu nehme und ich antwortete ihm, dass es eben auf den jeweiligen Mann ankommt. Er nahm die Flasche öffnete sie und schüttete ordentlich in sein Glas, hob es und prostete mir mit einem Schlachtruf zu. Mit einem Zug leerte er das Glas, schaute uns sehr erstaunt, fast erschrocken an und fiel vom Hocker. Die Bardame hielt sich vor Lachen die Hand vor den Mund und verschwand hinter dem Tresen, während ich vom Hocker sprang, um ihm aufzuhelfen, doch ohne Lachen, denn das hätte ihn sein Gesicht verlieren lassen.

ihn nicht zu verwässern. Die Wirkung war frappierend: Wir wurden wirklich wach, was uns zu einem weiteren Durchgang ermunterte.

Ende Oktober besuchte ich mit meiner ODS-Crew die Tokio Auto Show. Nachdem wir alle Pavillons eingehend besichtigt und kommentiert hatten, wollte ich mich über die Neuigkeiten der Motorradhersteller im ersten Stock informieren. Als wir so durch die einzelnen Stände bummelten, sah ich plötzlich auf dem in der Nähe befindlichen Suzuki-Pavillon, wie zwei SMC-Mitarbeiter durch heftiges Armeschwenken auf sich aufmerksam machten wollten. Ich näherte mich dem SMC-Pavillon. Was mir ins Auge fiel, war eine auf einem erhöhten Podest positionierte Maschine, an die sich eine langbeinige Dame im kurzen Outfit lehnte. Die beiden SMC-Mitarbeiter kamen auf mich zu, meinen interessierten Blicken folgend, und fragten mich aufgeregt: „Mutho-san, do you like it?" „Yes, of course, what a lady, indeed!" „Mutho-san, not the lady, the bike! It's your original Katana. We are re-launching it."

Nun schaute ich genauer hin, ja es war die GSX 1100 Katana, „re-issued" und wie aus einem Jungbrunnen gehoben, jedoch mit der alten Reifendimension. „Sehr schön", so meine Hochachtung, „doch warum habt Ihr sie nicht mit moderner Bereifung und Rädern bestückt?" Mit kurzer Verbeugung entschuldigte man sich gleich: „So sorry Mutho-san, we did not think about this." „Why did you not inform me?", wollte ich wissen. Es hätte doch nur einer Frage zu ihren Plänen bedurft, und diese hätte sich nicht nur für die Maschine, sondern auch generell positiv ausgewirkt. Das Üben von Kritik ist in Japan eine sehr heikle Angelegenheit. Sachlich kann man es durch einfaches Schweigen oder durch indirekte Umschreibungen anbringen; von Angesicht zu Angesicht kann es in einer Provokation enden und zu „Gesichtsverlust" führen, was fatale Folgen mit sich bringen würde.

Als ich durch eine Pressemitteilung aufmerksam gemacht wurde, dass SMC einen neuen Scooter mit dem Namen „Katana" auf den Markt brachte, verfasste ich eine Mail. In diesem teilte ich meine Ansicht mit, dass die Verwendung dieser von mir spezifisch für die beiden ED-1 und ED-2-Projekte betitelten Katana-Modelle, die inzwischen mit Suzuki als Produkt-Image und Name identifiziert wurden, nicht zu einem solchen Scooter passten. Dieser würde sich weder auf eine entsprechende Konzeption beziehen, sondern würde, so mein Eindruck, nur der jeweils völlig überzogenen „Styling-Sprache" entsprechen und wohl bloß als trendiger Köder benutzt werden. Die Antwort aus dem Headquarters ließ nicht lange auf sich warten und endete mit der Aufforderung, dass sie eine solch kritische Mail von mir nie mehr erhalten wollten.

Anfang 1991 erhielt ich einen erfreulichen Anruf aus dem Headquarters. Man erörterte mit mir die neuerlichen Pläne, die Katana motorisch zu verkleinern. Man dachte über eine 250 ccm-4-Zylinder-Bestückung nach, die man, je nach Nachfrage, bis auf 650 ccm erweitern könnte. Sie baten mich um Unterstützung in der Re-Proportionierung. Denn die Motoren bauten schmaler und niedriger als der 750 ccm-/1100 ccm-Motor.

Auch um die Motivation zu diesem Projekt aufrechtzuerhalten, musste diese Version, unter Beibehaltung des markanten, unverwechselbaren Gesamterscheinungsbilds, niedriger, kürzer und leichter sein. Man wollte zum einen der enormen Nachfrage von Seiten der Frauen nachkommen und zum anderen all denen eine Gelegenheit für den Erwerb einer Katana bieten, die bei der Markteinführung entweder noch zu jung waren oder sich die Maschine einfach nicht leisten konnten.

Zur Pressevorstellung lud man mich nach Japan ein. Diese fand auf der kleinen, aber mit exklusiven Hotels und Landhäusern bestückten Halbinsel Isu statt – eine begehrte Rückzugsgegend des japanischen Establishments. Ich war als Überraschungsgast vorgesehen. Weder das SMC-Top-Management noch die Presse waren über meine Anwesenheit informiert worden. Zur Wahrung dieses Geheimnisses beförderte man mich von Hamamatsu zum vorgesehenen Präsentationsort in einem mit getönten Fenstern versehenen Kleinbus. Dort angekommen, wurde ich, mit einem Mantel über dem Kopf camoufliert, durch die Küche und über Treppenaufgänge in mein Apartment geführt, mit der Bitte, dieses nicht zu verlassen und auf meine Abholung zu warten. Dies geschah nach einer Stunde, um mich diesmal in voller Ansicht, höchstpersönlich dem erstaunten Publikum wie auch dem Küchenpersonal zu präsentieren.

Am darauffolgenden Tag standen zahlreiche Modelle der neuen kleinen Katana zu Probefahrten bereit. Ich staunte nicht schlecht, als ich dort eine ganze Schar junger, zum Teil in Leder gekleidete Damen vorfand, die um die Katanas herum wuselten. Sobald sie mich erblickten, stürzten sie auf mich zu. Jede hatte irgendeinen Prospekt, Planer oder andere für Autogramme geeignete Gegenstände mit entsprechenden Stiften bereit. Ich war nun ein Gefangener des „Lady-Katana-Clubs". Die Präsidentin war eine Japanerin mit ewig langen Beinen, die in ebensolchen Stiefeln steckten. Aufgeregt erzählte sie mir in fließendem Englisch, dass „sie mit mir schlafen würde". Diese doch etwas für mich überraschende, frivole Aussage erklärte sich aus der Tatsache, dass sie in ihrem Schlafzimmer ein Poster von mir und der Katana befestigt hat, dass sie ständig anschauen würde. Die Einladung zu einer Probefahrt mit mir als Sozius konnte und wollte ich daraufhin nicht ablehnen. Unter großem Jubel der Clubmitglieder starteten wir zu einem kurzen, doch rasanten Trip. Bei der Rückkehr wurden wir begeistert empfangen.

Die Art der Japaner in ihrer fast kindlichen Begeisterung war und ist für mich ansteckend. Diese Begeisterung kommt spontan von innen heraus, eher in Form einer erstaunten Begeisterung, statt der überschwänglichen, mittlerweile zur Gewohn-

Suzuki Katana 250

heit gewordenen, fast hysterischen „westlichen Wow-Schreie". Der Ausdruck japanischer Begeisterung wird auch stets mit einer kleinen Verbeugung untermalt, welche zugleich ehrlichen Respekt bezeugt, ohne die abwägende, stets kritisch arrogante und besserwisserische Art, wie man sie hierzulande leider zunehmend erfährt.

Geleistete Kreativität, der Transfer von Ideen über Entwürfe und Modellbau bis hin zum finalen Referenzmodell, die Bemühungen und Engagements mit den damit verbundenen Anforderungen – all das kann mit einem finanziellen Honorar allein nicht gebührend entlohnt werden.

In den meisten Fällen muss man einem beschränkten Projekt-Budget zustimmen, wobei Nachverhandlungen zugunsten des Auftraggebers keine Seltenheit sind. Geld braucht man, doch nie habe ich es als Zielsetzung betrachtet, abgesehen davon, dass man sich mit dem vorhandenen Projekt-Budget abfinden muss. Die wahre Entlohnung, so sehe ich es bis heute, ist der stille Einfluss, den man bewirkt, ob in der Begeisterung und den erweckten Begehrlichkeiten, den Entscheidungen zum Erwerb, Besitz und zur persönlichen Identifizierung mit einem Objekt, um es zu seinem persönlichen Tool zu machen. In der Veröffentlichung dieser meiner Einstellung laufe ich natürlich Gefahr, dass sich diese in zukünftige Budgetierungen auswirken könnten, ähnlich eines einstigen Personalchefs, der mir das Münchener Umfeld als Freizeitwertfaktor meines Gehalts, anrechnen wollte.

Ende 1989 erhielt ich eine Berufung an das ACCD, dem Art Center College of Design, der international bekannten und renommierten, im kalifornischem Pasadena angesiedelten Design-Ausbildungsstätte. Diese hatte sich mit einer Dépendance in La Tour-de-Peilz, nahe dem schweizerischen Vevey, niedergelassen. Mein damaliger Chef im deutschen Ford-Design-Center Uwe Bahnsen hatte sich beruflich verändert und nun die Position des Präsidenten des ACCD-E inne, dem Art Center College of Design Europe. Seine Frage an mich war, ob ich Lust hätte, in dem neuen College das Transportation Design Department aufzubauen und dieses dann als Chairman zu übernehmen. Natürlich sollte ich unbedingt meine japanischen Aktivitäten, so diese sich mit den neuen ACCD-E-Anforderungen vertrugen, aufrecht erhalten, da man meine Kontakte zu eventuellen Sponsorprojekten nutzen wolle. Ende 1989 fand ich einen Wohnsitz in dem zwischen Vevey und Montreux gelegenen Clarens, den ich mir mit der Leiterin des Computer-Departments, Sharon Aki, einer Hawaiianerin, teilte. Mein Landsberger Studio wurde inzwischen von unserem jüngsten Sohn Alexander geleitet, der jeweils am Wochenende zur wöchentlichen Abstimmung, mit einem meiner Autos die lange Stecke freudig und genüsslich auf sich nahm. Das College war in einem älteren Château untergebracht, welches in einen herrlichen Park eingebettet hoch über dem Genfer See lag. Die ehemalige Stallung und das Gesindehaus wurden zu Werkstätten umgebaut. Das Computer-Department hatte im pompösen, mit Wandmalereien bestückten, umgebauten Schwimmbad eine inspirierende Umgebung gefunden. Die Legende besagte, dass das gesamte Anwesen mit Château und Innenpool von einem Schweizer Fabrikanten speziell für seine Geliebte erstanden und ausgebaut wurde, die nach der ersten Besichtigung und absolutem Missfallen spontan das Château verließ und es nie wieder betrat. Die aus Leidenschaft, Hoffnungen und gewaltigem finanziellen Engagement aufgewandte Huldigung fiel, wegen der Fehleinschätzung seiner Geliebten, förmlich ins Wasser.

Die Studenten meiner international besetzten Klassen zeigten Aufmerksamkeit, Wille und Ehrgeiz. Jedes Semester verschlang für die Studierenden eine fünfstellige Summe an Schweizer Franken, zum Teil wurden Kredite dafür aufgenommen. Denn allein das tägliche Leben mit Materialien, Miete und Verpflegung erwies sich, getreu dem Spruch: „Pas d'argent, pas de Suisse" als sehr teuer, wobei sich im Budget die vielen und ständig ausgestellten Park-Tickets zusätzlich schmerzlich bemerkbar machten. Neben den Fächern zur Grundausbildung eines Designers stellten sich mobilitätsorientierte Themen, die teils durch mich oder Gastdozenten vorgegeben und begleitet wurden sowie Sponsorprojekte von Automobilherstellern wie von Toyota, Renault, Fiat und Audi. Dies hatte den Vorteil, dass bei der am Semesterende stattfindenden Degree-Show potenzielle Sponsoren sowie die Industrierepräsentanten eingeladen wurden, um ihnen sowie den Studenten anhand ihrer Abschlussarbeiten die Möglichkeit zu einem persönlichen Kontakt zu bieten. Viele der Design-Studenten verließen das College bereits mit einem Vertrag in der Tasche. Ich legte großen Wert auf eine sehr konzeptbezogene Ausbildung als Basis jeglicher Design-Entwicklung. Zudem erlernten die Studenten kreatives Skizzieren, professionelles Erstellen von Renderings, einer repräsentativen Visualisierung von Entwürfen zu Präsentations-Zwecken, bis hin zu 1:1-Tape-Zeichnung mit 4-Seiten-Aufrissen. Zudem vermittelten wir den 3D-Transfer zu 1:4-Maßstabsmodellen in verschiedenen Techniken, wie Ton, Hartschaum, Holz oder Plexiglas, mit Ausbildung an Metall bearbeitenden Maschinen bis zum Lackieren und Detaillieren – alles mit dem Ziel zu einer repräsentativen 3D-Modell-Umsetzung des jeweiligen Entwurfs. Einige meiner Studenten schafften es später zu leitenden Positionen als Chef-Designer bekannter Unternehmen oder wurden, wie der Däne Henrik Fisker, zu einflussreichen Automobilherstellern.

Teil 3 Japan – meine „dritte“ Lehrzeit

19 Zurück nach Europa

Die vielfältigen Aufgaben und Verantwortlichkeiten sowie die weit entfernten Standorte zwischen der Schweiz, Japan und Deutschland verlangten mir einen engagementtechnischen Spagat ab, um allen Erwartungen gerecht zu werden. Das Art Center verpflichtete auch zur Teilnahme an Meetings und Vortragsreihen in Pasadena. Zudem hatte der neue Präsident David Brown die Absicht, einen ostasiatischen Standort einzurichten. Er wollte meine langjährigen Japan-Erfahrungen und Kontakte nutzen. Somit wurde ich in diese Planungen mit einbezogen.

Vor und nach meinem Exklusivvertrag mit SMC für „Motorized Wheelers" boten sich immer wieder motorradbezogene Projekte an. Willie-G. Davidson, Chef-Designer von Harley Davidson, hatte ich während meiner BMW-Zeit in den USA persönlich kennengelernt, und seitdem korrespondierten wir miteinander. Sam Brustas, der damalige Repräsentant von Harley Davidson Deutschland kontaktierte mich mit einem Vorhaben zu einer Design-Studie über eine sportliche, europäisch ausgerichtete Harley. Das Projekt war ebenso herausfordernd wie chancenlos, da, wie die Presse nach der offiziellen Präsentation der Design-Studie auf der Kölner IFMA schrieb, „...eine Harley eine Harley ist und eine Harley bleibt".

Welch ein Wandel, denn seit dieser Zeit hat sich Harley Davidson in seiner Modellpolitik nur langsam verändert. Eine Harley Davidson ist eine uramerikanische Interpretation eines Motorrads, und seine Nutzer sehen in ihr eher den zähmenden Ritt auf einem Mustang, den man nicht kontrollieren kann, sondern sich nur unterordnen kann. Kaum ein Bike bleibt so kurz in seinem Originalzustand wie eine Harley Davidson; diese wird individuell verändert, hin zu einem verchromten, vergoldeten, in metallisch funkelnden Farben lackierten, mit phantasievollen Themen bemalten „customized" Bike. Die Gestaltung eines Motorrads mit einem nach vorne ausladenden Vorderrad, somit einem verlängerten Radstand und dem dadurch großen Wendekreis, der speziellen Sitzhaltung mit hochgehobenen Armen an den Lenkergriffen hängend und den relaxed, weit nach vorn gelagerten Füßen, erscheinen mir wie ein persönliches Lustobjekt. Der Customizer erscheint typischerweise in Jeans, T-Shirt, Boots, ist gerne gebräunt und mit Tattoos versehen, er trägt ein Amulett an ledernem Band. Der Gesichtsausdruck unter der tiefschwarzen Sonnenbrille ist alles andere als entspannt, freudig oder genießend. Er erscheint eher etwas leidend in der Bändigung seiner zweirädrig motorisierten Kreatur. Ein europäisch ausgerichteter „Café-Racer" auf Basis eines Harley Davidson-Sportster verlangte somit in der Konsequenz nach ganz anderen Kriterien, spezifisch in der ergonomisch erforderlichen Auslegung wie auch im Design.

Im Mittelpunkt einer Harley steht die typische V2-Motorauslegung mit dem massigen Getriebegehäuse, ganz abgesehen vom Sound, worauf sich auch meine Design-Thematik ausrichtete. Die Flyline entwickelt sich von einer knappen, niedrig gehaltenen Cockpitverschalung über den akzentuierten Tank über den Motor bis hin zur ergonomisch ausgerichteten Sitzbankkonfiguration. Die Sitzbank selbst ist mit rotem Leder bezogen und mit einem keilförmigen Heckabschluss versehen. Der Vorderradkotflügel orientiert sich optisch am unteren Teil des Cockpits. Eine zusätzliche trapezförmig ausgebildete Gitterstruktur, auch zur Aufnahme der Soziusfußrasten, zusammen mit der Farbgebung in Metallic Anthrazit verlieh der Maschine zusammen mit dem Harley-V-Herz eine technisch wie emotional interessante Note. Die Modellbezeichnung lautete „XLES". Willie-Gs Wertschätzung drückte sich in Form einer dunkelgrauen „Lowrider" aus, welche meine Eindrücke zu dem amerikanischen „Man and Bike" nachvollziehbar bestätigte: Eine Harley fährt man nicht, sie fährt vielmehr Dich!

Ferdinand Alexander „Butzi" Porsche kannte ich aus meiner Stuttgarter Zeit. Wir lernten uns bei einem Besuch im Porsche-Werk in Zuffenhausen kennen, wo er mir den Prototyp seines Renncoupés, den Typ „904" zeigte. Beide hatten wir berufliche wie familiäre Gemeinsamkeiten: Neben der Begeisterung für automotives Design hatte wir beide einen Sohn mit Namen Oliver. Beruflich standen unsere Firmen im Wettbewerb, speziell bei einer Ausschreibung zu einer 750er-Honda-Vollverkleidung. Die Einladung dazu erfolgte via Honda Europe in Antwerpen, wobei sich unter den Teilnehmern auch Porsche-Design befand. Meinen Beitrag gestaltete ich zusammen mit Harris W. Mann, einem früheren Ford-GB-Designer, den ich aus den 1960er-Jahren kannte und schätzte. Die Präsentation fand bei Honda in Antwerpen statt. Es waren vier Wettbewerber erschienen. Porsche-Design sollte mit der Präsentation beginnen. Die Maschine wurde auf die Drehscheibe gerollt und dort aufgestellt, doch statt mit der Präsentation zu beginnen, stand die Porsche-Delegation in einem Kreis zusammen, heftig diskutierend. Danach löste sich ein Mitarbeiter und kam auf mich zu. Sie wären etwas in Verlegenheit, denn keiner aus ihrer Gruppe könnte sich zur Präsentation in fließendem Englisch ausdrücken. Sie möchten mich fragen, ob ich Ihnen bei der Präsentation aushelfen könnte. Auf meine Frage hin, in welcher Form das wohl sein könnte, meinte er, indem ich ihnen als Übersetzer ins Englische assistierte. Man bat mich zu ihnen, um mich entsprechend ihrer Konzeptaussage und Botschaft zu informieren. Ich sagte zu. Applaus und allgemeines dankbares Händeschütteln seitens der Porsche-Crew, während Hondas Management sich erstaunt gab. Dann begannen wir Seite an Seite mit der Präsentation. Danach waren wir mit unserem eigenen Beitrag dran, der sich im Vergleich zum nüchtern funktionalen Porsche-Beitrag emotionaler darstellte, zudem wir – diplomatisch – die rot-weiß-blauen Honda-Farben im Farbthema verwandten. Das Design-Konzept und die Modellumsetzung erhielt eine sehr gute Benotung und ging später – mit leichten Änderungen versehen – in Serienanlauf. Mein japanischer Verhandlungspartner Aoto-san, Chef-Designer Honda-Motorrad, den ich bereits kannte, hatte nur ein beschränktes Budget zur Verfügung, was ihm eher peinlich war, doch wollte er mich unbedingt unter den Wettbewerbern haben. Somit einigten wir uns, dass ich zu dem limitierten Budget zur Kompensation zwei neuartige Scooter-Typen meiner Wahl erhalten sollte.

„Giro-X" und „Stream" nannten sich diese beiden dreirädrigen Scooter-Versionen, bei denen sich ein zweirädriges Antriebsmodul durch ein kinetisches Gelenk mit dem vorderen, einrädrig lenkbaren Frontmodul verband. Man lehnte sich in die Kurven, wobei das Antriebsmodul, leicht versetzt, schiebend folgte, was bei meiner Probefahrt zum Erstaunen einer mir mit ihrem Auto folgenden Frau führte. Sie glaubte, ein Tier jage mein ungewöhnliches Gefährt! Beim Halten blockieren sich beide Module, sodass man, ohne aufzubocken ab- wie aufsteigen kann. Das System basiert auf einem englischen Patent, welches Honda erworben hatte und mit dieser Scooter-Konfiguration – bis dato ein wichtiges, praktisches, wie höchst effizientes, urbanes Mobilitäts-Modul anbietet.

Ich lernte Fritz Egli, den schweizerischen Rahmen-Spezialist en und Motorrad-Konfektionär, über Reinhold Kraft, einem Allgäuer Honda-Großhändler aus Leutkirch, kennen. Kraft war ein enthusiastischer Customizer und arbeitete eng mit Egli zusammen. Egli bat mich um zwei Entwürfe mit Modellumsetzung, jeweils auf Suzuki-Basis. Der erste Entwurf zitierte einen auf GSX 1100-Basis erstellten Mono-Sitzer, mit einer kuppelförmig skulpturierten Cockpitverkleidung und seitlich herausragenden Lenkergriffen, neuer, scharf akzentuierter Tank- und Heckverschalung sowie Vorderradkotflügel mit ausgeprägten Deflektoren-Thema, was der Maschine ein flugzeugähnliches Image verlieh. Zu der metallisch weißen Flächenfarbe ergaben das Anthrazit und Schwarz des Motors und der Telegabel wie auch der Sitzbezug einen interessanten Kontrast; der Rahmen sowie die hintere Schwinge zeigten sich in Silber. Auch optimierte ich mit einem eigenen Entwurf das Markenzeichen, wobei ich mich von dem klassischen Logo der englischen „Vincent" anregen ließ. Diese Maschine taufte ich auf den Namen „Grey Flash".

Egli-Projekte: „Red Lightning“

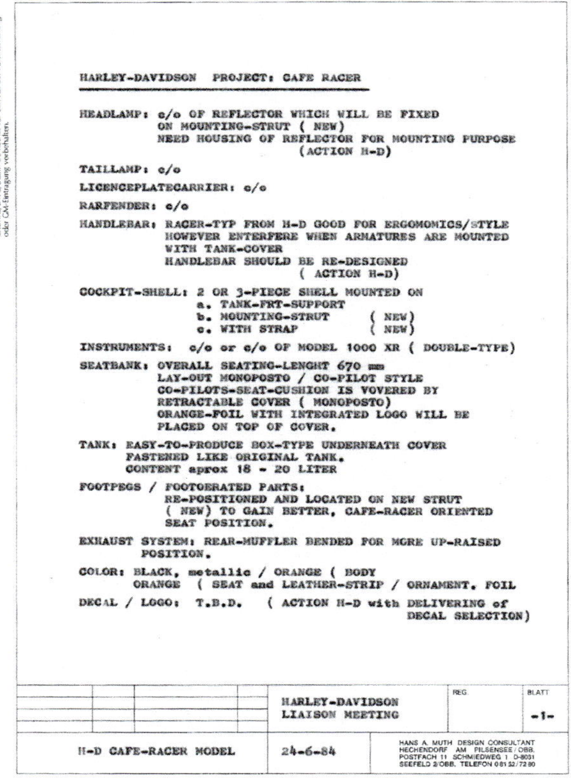

M

Vervielfältigung dieser Unterlage sowie Verwertung und Mitteilung ihres Inhaltes unzulässig, soweit nicht ausdrücklich zugestanden. Zuwiderhandlungen sind strafbar und verpflichten zu Schadenersatz (LitUrhG, UWG, BGB). Alle Rechte für den Fall der Patenterteilung oder GM-Eintragung vorbehalten.

HARLEY-DAVIDSON PROJECT: CAFE RACER

HEADLAMP: c/o OF REFLECTOR WHICH WILL BE FIXED
ON MOUNTING-STRUT (NEW)
NEED HOUSING OF REFLECTOR FOR MOUNTING PURPOSE
(ACTION H-D)

TAILLAMP: c/o

LICENCEPLATECARRIER: c/o

RARFENDER: c/o

HANDLEBAR: RACER-TYP FROM H-D GOOD FOR ERGOMOMICS/STYLE
HOWEVER ENTERFERE WHEN ARMATURES ARE MOUNTED
WITH TANK-COVER
HANDLEBAR SHOULD BE RE-DESIGNED
(ACTION H-D)

COCKPIT-SHELL: 2 OR 3-PIECE SHELL MOUNTED ON
a. TANK-FRT-SUPPORT
b. MOUNTING-STRUT (NEW)
c. WITH STRAP (NEW)

INSTRUMENTS: c/o or c/o OF MODEL 1000 XR (DOUBLE-TYPE)

SEATBANK: OVERALL SEATING-LENGHT 670 mm
LAY-OUT MONOPOSTO / CO-PILOT STYLE
CO-PILOTS-SEAT-CUSHION IS VOVERED BY
RETRACTABLE COVER (MONOPOSTO)
ORANGE-FOIL WITH INTEGRATED LOGO WILL BE
PLACED ON TOP OF COVER.

TANK: EASY-TO-PRODUCE BOX-TYPE UNDERNEATH COVER
FASTENED LIKE ORIGINAL TANK.
CONTENT aprox 18 - 20 LITER

FOOTPEGS / FOOTOERATED PARTS:
RE-POSITIONED AND LOCATED ON NEW STRUT
(NEW) TO GAIN BETTER, CAFE-RACER ORIENTED
SEAT POSITION.

EXHAUST SYSTEM: REAR-MUFFLER BENDED FOR MORE UP-RAISED
POSITION.

COLOR: BLACK, metallic / ORANGE (BODY
ORANGE (SEAT and LEATHER-STRIP / ORNAMENT. FOIL

DECAL / LOGO: T.B.D. (ACTION H-D with DELIVERING of
DECAL SELECTION)

HARLEY-DAVIDSON LIAISON MEETING		REG.	BLATT -1-
H-D CAFE-RACER MODEL	24-6-84	HANS A. MUTH DESIGN CONSULTANT HECHENDORF AM PILSENSEE / OBB. POSTFACH 11 SCHMIEDWEG 1 D-8031 SEEFELD 2/OBB. TELEFON 0 81 52 / 72 80	

Projektbeschreibung zur Harley-Davidson „European Sportster“

Nach dem „Grauen Blitz“ folgte die „Red Lightning“. Diese unterschied sich durch ein einteiliges, auf Tank und Heckrahmen von hinten her übergestülptes Flyline-Modul, das sich im vorderen Teil mit einer aerodynamischen Frontverkleidung verband und somit die Maschine völlig umschloss. Der in Silber gehaltene Tank zeigte sich zum Großteil als „Egli“-Visitenkarte. Die knappe Sitzmulde wurde farblich im blauen Alcantara gehalten, einem Farbton den ich den alten Ferrari-Monopostos entlehnte. Dieses Design verbaute Egli auch auf Honda- und Kawasaki-Basis. Letztere begegnete mir auf dem letzten herbstlichen Motorradtreffen in Sinsheim: ein unerwartetes wie freudiges Wiedersehen, welches zu einem intensiven Interview mit dem Besitzer, mir und dem „Motorrad“-Redakteur Klaus Herder führte. All diese Modelle liefen unter der Kodierung „E.K.M“, die für die Kooperation „Egli-Kraft-Muth“ stand. Egli traf ich zuletzt bei einem Glemseck-Event: hier unverkennbar sein präzises Schweizerdeutsch mit dem stets interessiert fixierenden Blick. Es ist immer ein Vergnügen, mit solchen Persönlichkeiten zu planen und zu arbeiten. Gegenseitiger Respekt und selbstverständliches Vertrauen in die jeweilige Kompetenz ermöglichten ein harmonisches, auf das Projekt fokussiertes Arbeiten, ohne unnötigen Stress.

Die traditionelle Firma MZ in Zschopau versuchte mit vielen Anstrengungen, an ihre erfolgreiche Vergangenheit wieder anzuknüpfen, unter anderem mit einer Maschine, die, mit einem Yamaha-250-ccm-Motor bestückt und mit einem überzeugendem Design versehen war, für die das englische Designer-Duo Seymour-Powell verantwortlich zeichnete.

MZ hatte zwar einen eigenen Designer, einen Japaner, verpflichtet, dieser aber warf das Handtuch. Die letzten seiner Entwürfe bestanden aus zwei 125 ccm-Versionen, einer sportlichen Straßenmaschine und eine Super-Moto-Version. Für die

Harley Davidson: „European Sportster“

Honda Fairing Project: Design-Konzept

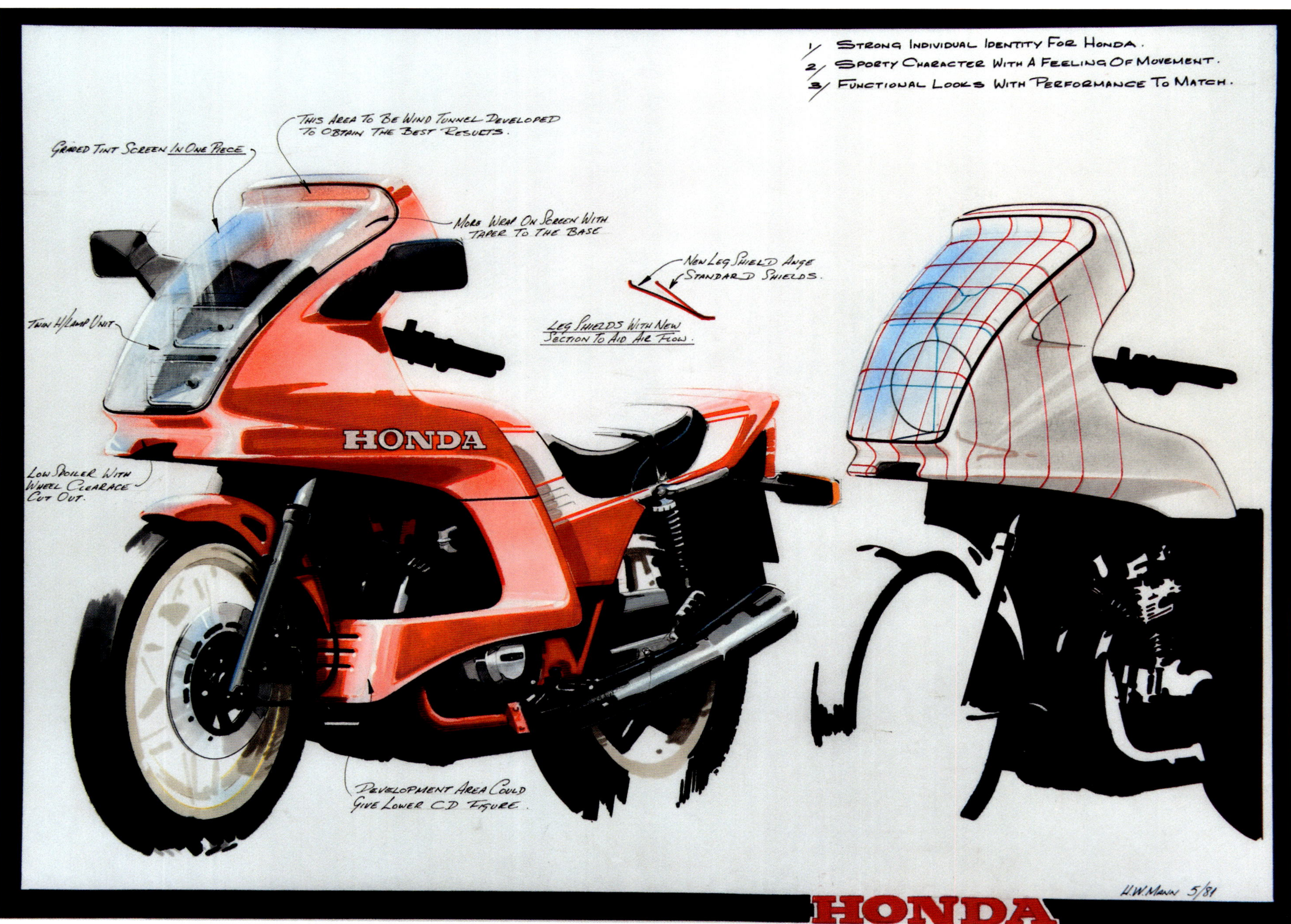

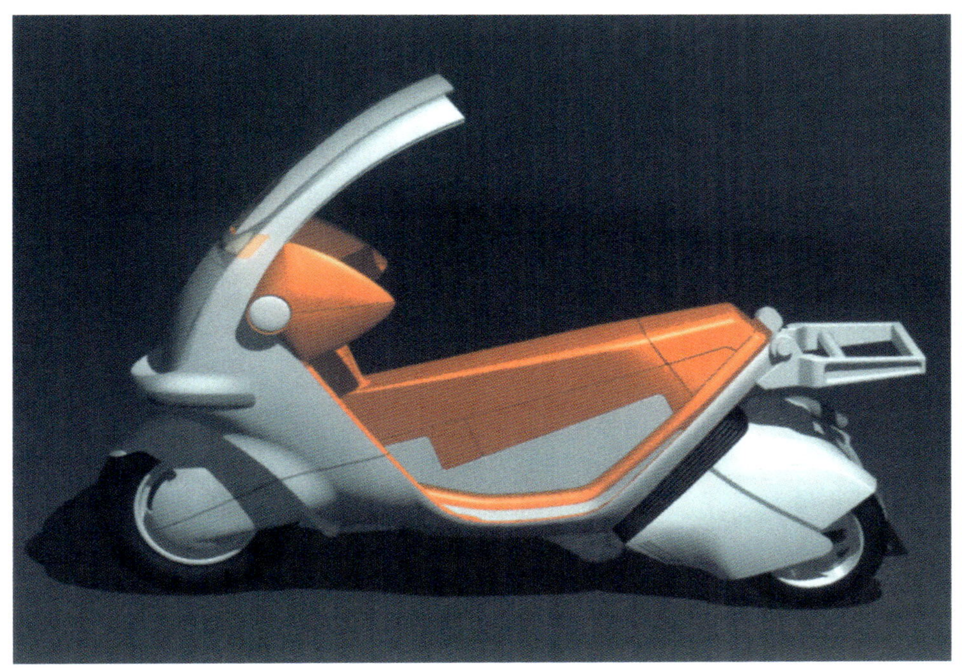

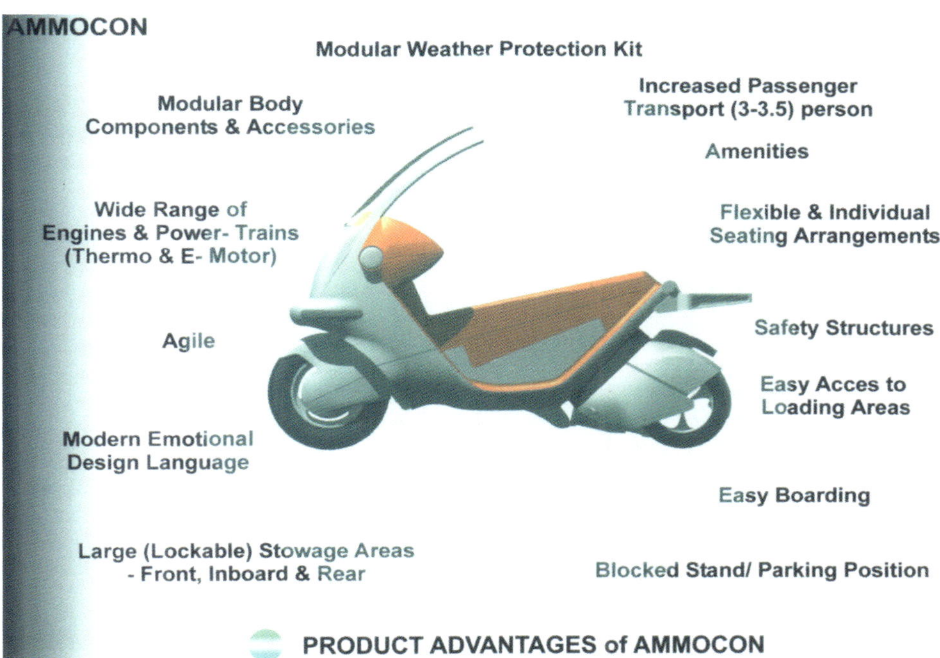

AMMOCON-Projekt. Modulare Auslegung, CAD-Simulation, Modellvariationen

SMC-Projekt „City-Racer“ (unten rechts)

eine wollte man eine sportlichere Auslegung in Form einer Cockpit- und Kühlerverschalung sowie einer entsprechenden Sitzbank und Heckgestaltung. Man bat mich, dieses Projekt zu übernehmen. Dank des technischen Leiters und der sehr kooperativen Zusammenarbeit mit der gesamten Crew entwickelte es sich recht progressiv. Ein geplantes 1000 ccm-Topmodell, dessen Gestaltung schon vor meinem Engagement dem Münchner Designer Peter Nauman, von Nauman-Design, übergeben wurde, tat sich in der Umsetzung und Markteinführung schwer. Das Top-Management wechselte ständig. Außerdem, so zumindest mein persönlicher Eindruck, folgte das letzte Management ganz anderen Ambitionen.

Die Begeisterung für Neues wurde durch die motivierten Ausführenden gelebt. Doch es fehlte einfach der „initiierende" Funke für einen gemeinsamen „Aufbruch". Es ähnelte dem Engagement von Clemens Neese zur Wiederbelebung der historischen Horex, mit dem Versuch, die positiven Erinnerungen an diese erfolgreiche Marke wieder in eine neue Produktidentät umzuwandeln. In den ersten Nachkriegsjahren, in denen sich viele bekannte deutsche und auch englische Traditionsmarken vom Motorrad abgewendet hatten, wurden diese von japanischen Firmen ersetzt. Diese brachten, nach einer zunächst notwendigen Studierphase in Form von Nachbauten auch differenzierte, neuartige Ansätze und eine neue Qualität in Technik und Ausstattung mit sich.

Mit seiner Vielfalt an Motoren, Typen und Design waldelte sich das Motorrad in seiner bisherigen funktionalen Bedeutung als „Nachkriegs-Auto-Ersatz" zu einem emotional behafteten „Liebhaberobjekt".

Eine völlig neue Herausforderung erwartete mich bei einem meiner Klienten, der Firma Haslbeck in Mühldorf/Inn, für die ich hinsichtlich Design-Konzeptionen für additive Fahrzeugkomponenten zu Modellerweiterungen für die Firmen Toyota, Daimler-Chrysler/Mercedes, Porsche und VW tätig war – darunter interessante Projekte für die Mercedes M-Klasse, Porsche Cayenne und den VW Touareg.

CEO Norbert Haslbeck war befreundet mit Jost Capito, ehemaliger BMW- und Porsche-Manager. Dieser saß in der Geschäftsleitung von S.P.E. Sauber-Petronas Engineering und übernahm später erfolgreich die Rennleitung der GP-Formel-1 Wagen. Malaysia, das Stammland der Petronas Inc. hatte – und hat noch immer – ein „Mobilitätsproblem". Das Angebot von Autos war zudem gering und wurde hauptsächlich durch Mitsubishi-Lizenz-Modelle abgedeckt. Die enorme unkoordinierte Verkehrsdichte und das tropische Klima mit den plötzlich einbrechenden Regenfällen stellten weitere Herausforderungen dar an die meist mit 50 ccm-Motoren angetriebenen Kleinmotorräder, welche übervoll mit Menschen und Gütern beladen den Hauptanteil der „erforderlichen Mobilität" abdeckten.

Doch nicht nur Malaysia, sondern der gesamte ostasiatische Raum sah sich mit einer ständig wachsenden Nachfrage für „individuelle Mobilität" konfrontiert. Jost Capito und sein Chef-Ingenieur Osamu Goto, ein Japaner und Ex-Ferrari-Techniker, dachten über die Entwicklung eines funktionstüchtigen „Multipurpose-Vehicle-Systems" nach. Dieses sollte die Dimensionierungen und somit die Agilität eines Motorrads mit den Vorzügen eines Autos für den Transport von Mensch und Gütern intelligent kombinieren. Zu den Projektanforderungen zählten niedrige Erstellungskosten und niedriger Preis, Modularität für vielfältige Produktvariationen sowie eine „QFD", eine Qualitäts- und Funktionsverteilung, die die Kombination von persönlichem Mobilitätsstatus und ausreichender Transportmöglichkeit bietet. Ich machte mich an eine Gesamtkonzeption mit visualisierten Images hinsichtlich Package, genereller Auslegung und Design. Die Konzeptformel musste, so sah ich es, „flexibel, effizient, modular" lauten.

Dem Projekt gab ich als Namen das Acronym „AMMOCON", das für „Advanced Malaysia Mobility Concept" stehen soll (Akronyme zu bilden und mit Wörtern zu spielen, ist ein Hobby von mir). Die Initialpräsentation erzeugte großes Interesse und Zustimmung, auch bei dem aus Malaysia angereisten SP-Management. Man gab grünes Licht für den Start. Es folgten weitere Ausarbeitungen hinsichtlich eines additiven, modularen Faltverdeck- und seitlichen Flex-Tür-Systems, um gegen Niederschläge gewappnet zu sein. Die Breite des Fahrzeugs betrug die eines großen Motorrads mit seitlichen Koffern. Die Fahrzeugauslegung entsprach dem erweitert optimierten Honda-Dreirad-Konzept. Eine durchgängige Sitzbank ergab Platz für 3,5 Personen mit reichlich Stauraum unter der Bank, der hinteren Gepäckbrücke sowie zusätzlicher Staufläche in der aufklappbaren Front – bei der Präsentation von mir scherzhaft als „Platz für eine Familie mit kleinem Hauselefanten" vorgestellt. Meine Studien zeigten verschiedene Modellvariationen, die sogar eine Sportausführung beinhaltete. Diese sollte von einem KTM-Motor angetrieben werden. Mit einer Tape-Zeichnungen im Maßstab 1:1, mit hinterlegten grauen Folien abschattiert und somit einem dreidimensionalen Eindruck vermittelnd, als Silhouette ausgeschnitten und auf Sperrholz befestigt. Diese mit Winkeln versehen, somit aufrecht stehend, gab ein nachvollziehbares Image ab. Zusammen mit einem CAD-Team der Firma DMS in München erstellte ich ein Video, welches das Fahrzeug in all seinen funktionalen Möglichkeiten

Hightech-Bike: 1:1 Design-Referenzmodell. Die Bike-Alternative: Rennmaschine und Multipurpose-Bike – die Speichen z. B. lassen sich leicht ein- und ausbauen.

Präsentation bei Opel (links)

▲ Hightech-Bike der 1980er: Nach rund 20 Jahren ein Déjà-vu?

◄ Cilo, Schweiz: „Cilo Ville"-Projekt

aufzeigte, zusammen mit dem Gesamtkonzept und der Produktphilosophie.

Das Projekt forderte mich besonders vom Layout her, wie auch in der technischen Umsetzung. Kurz bevor wir mit dem Transfer in ein 1:1-Modell bei DMS beginnen konnten, kam von der SP-Engineering AG aber das Stopp! Große Verwirrung und Rätselraten! Es folgten Telefonate in die Schweiz und nach Malaysia, um mit neuer Motivation dem Stopp entgegenzuwirken – umsonst!

Die endgültige Erklärung wurde mit internen Gründen des malaysischen Top-Management begründet, welches mit dem malaysischen Herrscherhaus sehr eng verknüpft war und somit keinerlei weitere Fragen zuließ. Ich tröstete mich damit, dass dieses Projekt bis zum heutigen Tag nichts an seiner Aktualität wie Attraktivität verloren hat. Denn Malaysias damalige Verkehrsbedingungen und Probleme entsprechen nach wie vor dem damaligen Status Quo. Sensibilisiert durch dieses Projekt zum Thema „Motorische und motorisierte Mobilitätsauslegungen“, in Form eines Radfahrers oder der Nutzung eines Rollers, Motorrads oder Autos, lenkte sich mein Interesse auf den Vater des Motorrads, das Fahrrad, das bis heute mit seinem „Drahtesel-Image“ behaftet ist.

Ich hatte mich nach meinem BMW-Abgang intensiv mit dieser Thematik beschäftigt und ein zukunftsträchtiges Konzept entwickelt beziehungsweise dieses als Modell im Maßstab 1:1 umgesetzt. Die deutsche Niederlassung der englischen Firma Burmah Oil, besser durch ihr Produkt „Castrol“ bekannt, interessierte sich für mein Projekt – wahrscheinlich im Hinblick auf ein umweltfreundlicheres Image.

Der Fokus richtete sich also auf das Fahrrad. Nicht zuletzt vor dem Hintergrund der Nachhaltigkeit schien das Fahrrad weitaus aktueller als benzin- und ölverbrauchende motorisierte Fahrzeuge. Doch man blies das Projekt kommentarlos einfach wieder ab. Ebenso forderte man auch das Vorab-Entwicklungsbudget zurück. Der Grund war, so erfuhr ich später, dass man sich im Zuge von nicht ölgebundenen, diversifizierten Produktaktionen verkalkuliert hatte.

Ich überarbeitete das Modell und motzte es zu einem Hightech-Bike auf. Damit zog ich auf Wanderschaft, um mein Glück auch bei klassischen Fahrradherstellern zu suchen – darunter bekannte Namen wie Kalkhoff, Dürkopp – und auch bei einigen Autoherstellern wie Opel, Lamborghini und Steyr Puch. Das spontane Interesse bei all diesen Firmen war groß, doch das jeweilige Follow-up ernüchternd.

Bei Kalkhoff führte es zu einem Auftrag für Kinder- und Jugendräder, vom Mountainbike wollte man aber gar nichts wissen.

Villiger, Schweiz: Town-Bike

Expo-Bike: Für die Hannover-Expo projektiertes Bike mit Continental-Luftfederungs-Elementen

Für Dürkopp, die zunächst fest gewillt waren, wieder in das Fahrradgeschäft einzusteigen, erstellten wir sogar ein Modell unter der Verwendung von Karbon. Doch nachdem man sich entschlossen hatte, die Firma Adler zu übernehmen, erledigte sich das Zweirad-Revival. Das Opel-Management war hingerissen und bei der Präsentation im Rüsselsheimer Design-Center wurde ich gefragt, ob sie eine Design-Studie, die auf dem kommenden Frankfurter Autosalon präsentiert werden sollte, daneben stellen dürften. Nach einigen Monaten, auf meine Anfrage über den Stand der Dinge hin, erklärte man mir, ich sollte doch jemand finden, der es fertigen könnte, Opel würde es dann vertreiben. Den damaligen Design-Chef Gordon Brown, der ein begeisterter Befürworter des Hightech-Bikes war und den ich kontaktieren wollte, um von ihm eventuelle Hintergrundinformationen zu erhalten, erreichte ich nicht. Er war tragisch zu Tode gekommen, indem er beim Fotografieren der Loreley rückwärts in den Abgrund gestürzt war.

Ein Besuch bei den damaligen Interimsbesitzern von Lamborghini, die ein ansehnliches Château am Genfer See bewohnten, endete ebenso mit einem freundlich interessierten, doch letztlich nur vage hoffnungsvollen Gespräch. Das Ganze wurde dann noch mit einer Auseinandersetzung mit den argwöhnischen österreichischen Zöllnern wegen dieses Fahrradmodells gekrönt.

Doch ein generelles Interesse an der Modernisierung des Fahrrads war wohl wenigstens geweckt worden. Ein Hersteller zeigte Interesse und lud mich zu einem Gespräch ein. Hier huldigte man mir ob dieses, in jeder Hinsicht modularen Gesamtkonzepts hinsichtlich Austauschbarkeit, Sicherheit und Ergonomie. Man erbat sich – vertraulich – einen Satz Unterlagen zum weiteren Studium. Danach das große Schweigen. Auf meine Anfragen hin reduzierten sie ihr Interesse mit Fokus auf das Getriebemodul, was ich jedoch ablehnte. Einige Monate später, die Kölner IFMA stand an, erhielt ich am ersten Tag, dem Pressetag, von meinem Mitstreiter H.G. Werner einen Anruf. Ich müsse sofort nach Köln kommen, zuvor aber einen Rechtsanwalt kontaktieren, denn mein Bike stünde auf dem Messestand des besagten Herstellers. So getan, der Anwalt erstellte eine einstweilige Verfügung und informierte einen Gerichtsvollzieher in Köln. Ich fuhr schnurstracks mit dem Auto auf die Messe. Dort traf ich mich mit dem Gerichtsvollzieher und H.G. Werner, um mit ihnen gemeinsam zu dem Messestand zu gehen. Mit der einstweiligen Verfügung wurden die Herren am Stand aufgefordert, dieses offensichtlich kopierte Modell vom Stand zu entfernen. Bei einem gerichtlichen Nachspiel erhielt ich Recht, denn ich hatte mein Konzept sicherheitshalber vorab patentieren lassen.

Frustriert kontaktierte ich den enthusiastischen Bike-Chef-Redakteur Uli Stanciu. Ihn interessierte nicht nur mein bisheriges Engagement im Versuch, dem „Fahr-Rad" neue Impulse zu verleihen, sondern auch generell meine Erfahrungen als vielseitig involvierter Designer und Trendsetter. Wir trafen eine Vereinbarung, die besagte, dass wir im Magazin solange Design-Vorschläge für moderne Fahrräder publizieren, bis die Hersteller nachzögen. So geschah es.

Mit einer Titelblatt-Visualisierung eines „Downhill-Bikes" beginnend, zogen wir das gemeinsam durch. Die vielseitigen Konzepte und Entwürfe von mir, die Texte von ihm. Es trug Früchte, wenn auch langsam und verhalten.

Als wir gemeinsam einmal die Friedrichshafener Zweirad-Messe besuchten und auf einem Stand „etwas uns doch Bekanntes" erblickten, sahen wir, wie zwei Herren etwas hastig ihren Stand verließen. Zumindest zeigte man doch schon Sensibilität im Erkennen. Weiteres potentielles Interesse an Kooperationen mit mir folgte, wie zum Beispiel mit der jungen Schweizer Firma BKTEC, die mit ihrem „Flyer" das erste wirklich ernsthafte und leistungsfähige Elektro-Bike herstellten. Sie waren an einem spezifischen Design für den Nachfolger interessiert, dem späteren „Call a Bike". Auch die Firma Cilo, ein in der Schweiz etabliertes Unternehmen, war an einer modernen Bike-Ausrichtung interessiert. So entstand das „Cilo de Ville", ein für Stadtfahrten ausgerichtetes Fahrrad, welches der Öffentlichkeit auf der Züricher Bike-Messe vorgestellt wurde, auch mit einer Fahrt durch die Messe, wie auch außerhalb, mich als Biker live präsentierend.

Die Realisierung scheiterte, obwohl man Patente angemeldet hatte, und auch Gespräche mit der Firma Alu-Suisse hinsichtlich der Rahmenfertigung geführt hatte. Man wollte wohl nur einen Marketing-Gag: Schweizer Franken ade! Bei keinem meiner vielen anderen und diversen Projekte habe ich so viel an Zeitaufwand, Energie und Geld verloren, wie beim Thema Fahrrad.

Den absoluten Clou bot die Firma Giant-Bicycles. Bei einem Gespräch in der deutschen Niederlassung in Düsseldorf hinsichtlich einer eventuellen Zusammenarbeit in Sachen Fahrrad-Design, bat man mich, ob ich mein Referenz-Portfolio nicht zu weiteren internen Besprechungen dort lassen könnte. Ich tat das nach dem Motto „Trust and create opportunities". Als ich einige Jahre später dem Landsberger Bike-Center einen Info-Besuch abstattete, sah ich auf der Fahrt in den Hof entlang der seitlichen Ausstellungsfenster „mein Fahrrad". Das Auto geparkt, zurück zum Fenster: Ich konnte es nicht glauben, da stand einer meiner Fahrradentwürfe in Serienausführung realisiert!

Den Inhaber des Bike-Centers, den ich gut kannte, begrüßte ich mit „Lieber Herr Preiss, bei Ihnen gibt es ja mal moderne Fahrräder zu kaufen!", und verwies auf das ausgestellte Giant-Bike und erzählte ihm den Hintergrund zu meiner freudigen Entdeckung. Ich hatte seit meinem Besuch und dem Gespräch nie wieder etwas von Giant gehört, aber auch meinerseits, bedingt durch die laufenden Aktivitäten, notwendige Nachfragen versäumt. Bevor ich nun langwierige Recherchen zu dieser Tatsache anstellte, die aus Erfahrung zu keinem befriedigenden Resultat führen, kaufte ich das Fahrrad – eine zeitgemäße Variante zum Thema des „kreativen Gegenwerts": Man erstellt und liefert ein Konzept und kauft dann, sozusagen als „Eigen-Honorar", selbst das fertige Produkt! Dieses Fahrrad stellt sich gegenüber dem, was heute nach mittlerweile 15 Jahren auch als E-Bike angeboten wird, noch immer als eine hochmoderne Interpretation zu diesem wieder hochaktuellen Thema „Fahrrad".

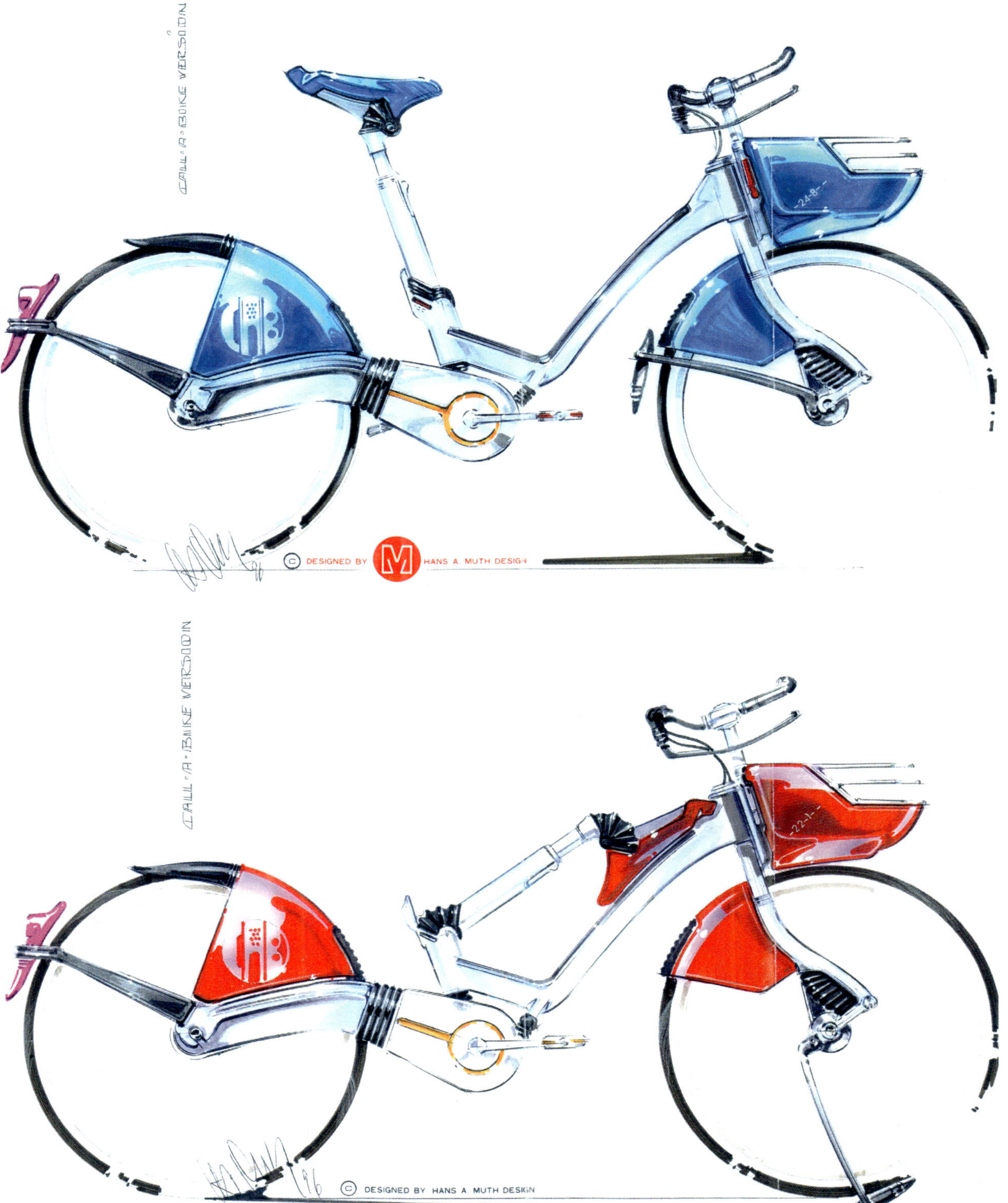

„Call a Bike"-Projekt: Park- und Nutzungsmodus

B
Basic
DESIGNED BY
M
HANS A. MUTH DESIGN
CONCEPT BY
FOR CIPEX S.A.

Bei allem ehrgeizigen Engagement mit dem Sohn Alexander, der das Landsberger Basis-Studio führte und sich sehr schnell in die aktuellen Projekte einbrachte, darunter einige Projekte sogar selbstständig ausführte und diese auch bei der Klientel in bekannter „Muthscher" Form präsentierte, musste Alexander einmal fremde Luft schnuppern. Es war wichtig für seine weitere Entwicklung, sich nicht nur solo oder zusammen mit mir im bewährten Team auseinanderzusetzen, sondern sich für eine gewisse Zeit zu lösen, um sich in Firmen zu integrieren, hier beizutragen, sich zu behaupten und durchzusetzen.

Alexander bewarb sich zunächst bei BMW und Audi. Während BMW zwar spontanes Interesse zeigte, sich aber Bedenkzeit erbeten hatte, gestaltete sich sein anschließendes Vorstellungsgespräch bei Audi weitaus effizienter: Man stellte ihn sofort ein und er begann, im Interieur-Design unter Martin Smith. Somit erweiterte sich mein bisheriger eh schon großer Spagat auf einen sogar noch größeren Winkel.

Das BMW Motorrad-Design wurde von dem Amerikaner David Robb als Chefdesigner geführt, der mich Mitte der 2000er-Jahre kontaktierte und zu einem Gespräch in das Motorrad-Design-Studio einlud. Den letzten direkten und aktiven Kontakt zu BMW hatte ich Ende der 1990er-Jahre mit einem Vortrag zur Gesamtmobilität und mit Beiträgen zum Rad-Design für die 1er-Serie. Zu dieser Zeit war Chris Bangle für die gesamten BMW-Design-Aktivitäten verantwortlich; Boyke Boyer, den ich in den 1960er-Jahren bei Ford einstellte und in den 1970er-Jahren zu BMW holte, leitete das Exterieur-Design der Automobilsparte.

Am Gespräch mit David Robb nahm auch Edgar Heinrich teil, der heute als Chef-Designer für die Motorräder erfolgreich agiert. Ein Projektmodell war bei der Präsentation vor dem Vorstand wohl unerwartet durchgefallen, und nun suchte man, da man angesichts der bevorstehenden Sommerferien in Zeitnot geriet, nach einer Möglichkeit, das Projekt durch eine revidierte Interpretation zu retten. Edgar Heinrich meinte schmunzelnd, dass es doch schon auch interessant wäre, wie Hans A. Muth ein solches Thema im Design behandeln würde. Auch mich interessierte diese zugleich alte wie neue Herausforderung. Nach einem Briefing fuhr ich in Gedanken versunken zurück. Mit meinen konzeptionellen Gedanken und den dazugehörigen Visualisierungen zum Re-Design trafen wir uns wieder.

Nachdem wir uns auf eine „Vision" geeinigt hatten, bestimmten wir das weitere Vorgehen. Die Modellumsetzung sollte bei der Firma DMS in München erfolgen, mit der sowohl BMW-Design wie auch ich schon langjährig zusammenarbeiteten.

Die Maschine stellte einen RS-Typ mit Integralverkleidung dar, wobei die Schwierigkeit war, einen aus Kostengründen viel zu großen und breiten Ölkühler in Form eines Zukaufteils gestalterisch zu integrieren, was hinsichtlich des benötigten Platzbedarfs vor der Motorstirnseite wegen des erforderlichen Abstands zum Vorderrad beim Eintauchen der Telegabel eine Herausforderung war. Das Modelleur-Team war mir bekannt: Herbert Halmerbauer, Chef und Inhaber der DMS, hatte stets die Möglichkeit, sich die richtigen und schon bewährten „goldenen" Modelleurs-Hände für die sensiblen Projektarbeiten zu buchen. Es hatte den Vorteil, dass, wenn man sich kannte, der Modelleur die dreidimensionalen Möglichkeiten und Limitierungen wie Konsequenzen zu dem aufzeigte, was der Designer formal im Sinn hat. Es führte stets zu einer gemeinsam gefundenen, machbaren und akzeptierten Lösung. Seit meinem Weggang von BMW Mitte 1979 hatten sich natürlich viele Dinge verändert. Was mir auffiel, war die Anzahl der Besucher bei den kurzen „In-Progress-Meetings". Statt der wie damals üblichen Repräsentanten aus den jeweiligen, direkt aktiv am Projekt beteiligten Bereichen kamen nun jeweils ein bis zwei Controller dazu. Diese Konstellation machte einen kurzen Statusbericht zur Modellentwicklung, den etwaigen Problemen wie Notwendigkeiten und den sich daraus ergebenden Konsequenzen äußerst schwierig. Alle trugen nun nicht nur Ansichten und Meinungen aus ihren jeweiligen Kompetenzbereichen vor, sondern auch zur generellen Gestaltung. Das minderte die Konzentration in dem wichtigen Austausch zu kritischen oder problematischen Situationen. Diese zusätzlichen Diskussionen raubten uns außerdem Zeit. Einige Teilnehmer kannten mich noch aus meiner aktiven BMW-Zeit, zogen mich zur Seite, um die alten unkomplizierten Zeiten zu beschwören und den Unterschied zum derzeitigen Status zu schildern, was ich nur bestätigen konnte.

In den 1960er- und 1970er-Jahren wurde ohne all die heutigen CAD-gestützten Simulationen und mit einem weitaus kleineren Mitarbeiterstab in direkter Kommunikation gearbeitet, anstatt sich nebeneinander sitzend E-Mails zu schreiben. Alles war eigentlich recht überschaubar und effizienter. Man sprach miteinander, sah sich dabei an und konnte somit zugleich einen emotionalen Eindruck vom Kollegen gewinnen, was hilfreich war, um zu einer eindeutigen Einigung zu kommen.

Meine direkten Ansprechpartner vom Motorrad-Design waren Edgar Heinrich sowie Herbert Halmerbauer mit seiner Crew, die unter meiner Anleitung für die 3D-Umsetzung verantwortlich zeichneten. Durch die vielen gemeinsam bestrittenen Projekte kannte man sich. Die Chemie stimmte, was stets zu einer entspannten, aber konzentrierten Zusammenarbeit führte.

Fernsteuerung für R/C-Modelle der Firma Tamiya, Japan

Man freute sich über das, was man an einem Tag erreicht hatte und auch auf den jeweils folgenden aktiven Tag. Ständige Blicke aus verschiedenen Positionen ergaben kritische wie auch bestätigende Aufschlüsse zum jeweilig aktuellen Modellstatus. Trotz des beanstandeten Ölkühlers entwickelte sich das Modell auch zur Zufriedenheit von Dave Robb. Besondere Aufmerksamkeit zollte ich der Cockpit-Innengestaltung und den Instrumentierungen. Eine der typischen Überraschungen brachte man mir in der letzten Projektwoche kurz vor dem offiziellen

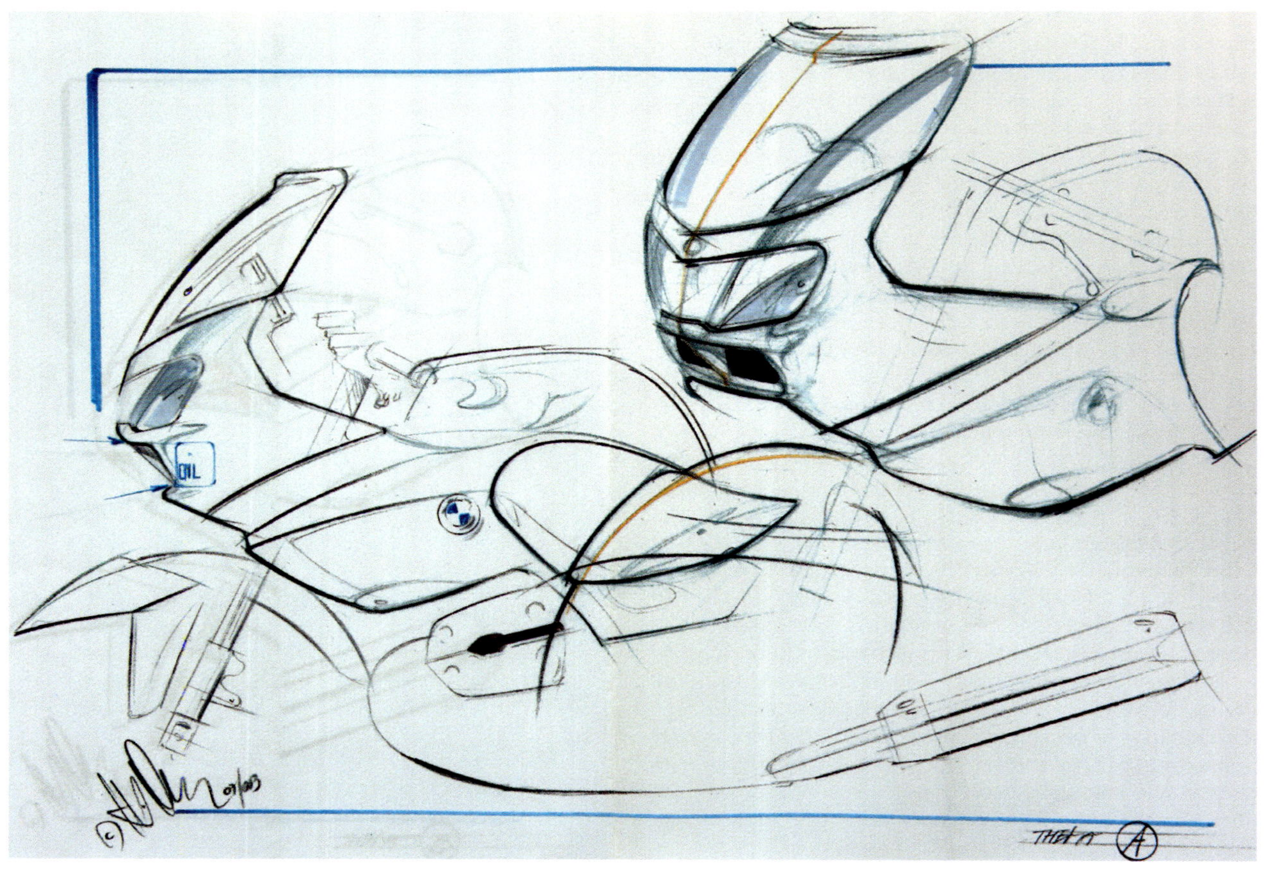

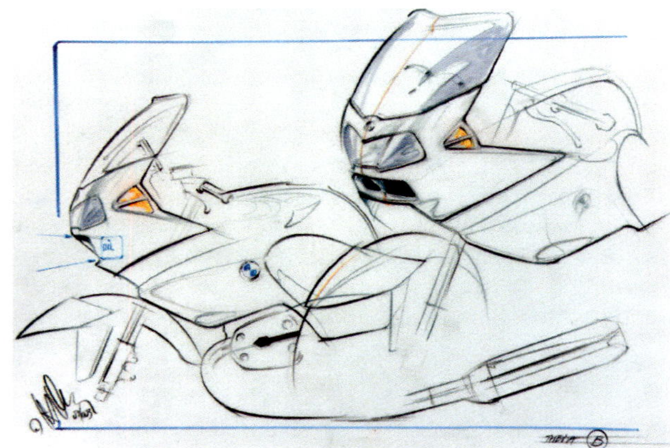

Abgabetermin. Aufgrund der ständigen Reklamationen und gestalterischen Kunstgriffe ob des Ölkühlers, hatte man nun eine kleinere und günstigere Version des Ölkühlers gefunden! Was nun? Wir hatten es, dank der reichhaltigen Erfahrungen im Umgang mit Proportionen, bisher gut hinbekommen. Ein Wechsel zum neuen Ölkühler würde sich in der Konsequenz auf alle angrenzenden Partien auswirken. Das wäre nicht nur ein erneuter, sondern auch ein nicht kalkulierter Mehraufwand an Arbeit, Zeit und Kosten.

Zu diesen Kernfragen gesellten sich nun auch die Überlegungen des Einkaufs, da der neue kleine Kühler auch noch preislich günstiger wäre. Die Gesichtsausdrücke der Meeting-Teilnehmer ergaben eine emotionale Bandbreite – von ratlos verzagt, abwägend zweifelnd bis hin zu vorwurfsvoll und ablehnend. Man einigte sich, den bisherigen Status beizubehalten und das Ergebnis der Präsentation abzuwarten. Hier sollten sich die elektronischen Neuerungen und Möglichkeiten als Vorteil erweisen. Die Vorstellung sollte zum ersten Mal mithilfe einer Videopräsentation erfolgen.

Innerhalb eines Consulting-Vertrags arbeiteten wir mit der Firma Rox im bayerischen Hofstetten zusammen. Rox stellte seit vier Generationen vornehmlich Business- und Reisegepäck sowie Koffer und Container für fast jegliche Anwendergruppe erfolgreich her. Darunter waren auch Koffer und Accessoires für Motorrad-Hersteller, wie unter anderem BMW, Honda und Yamaha sowie Ledertaschen für die klassische BMW-Boxer-Generation, um die sich H.J. Siebenrock engagiert und mit Hingabe kümmert. Da ich parallel dazu die österreichische Firma Polytec beriet, ergab sich ein gemeinsames Projekt für die Honda Access Europe in Belgien. Das generelle Thema war, wie

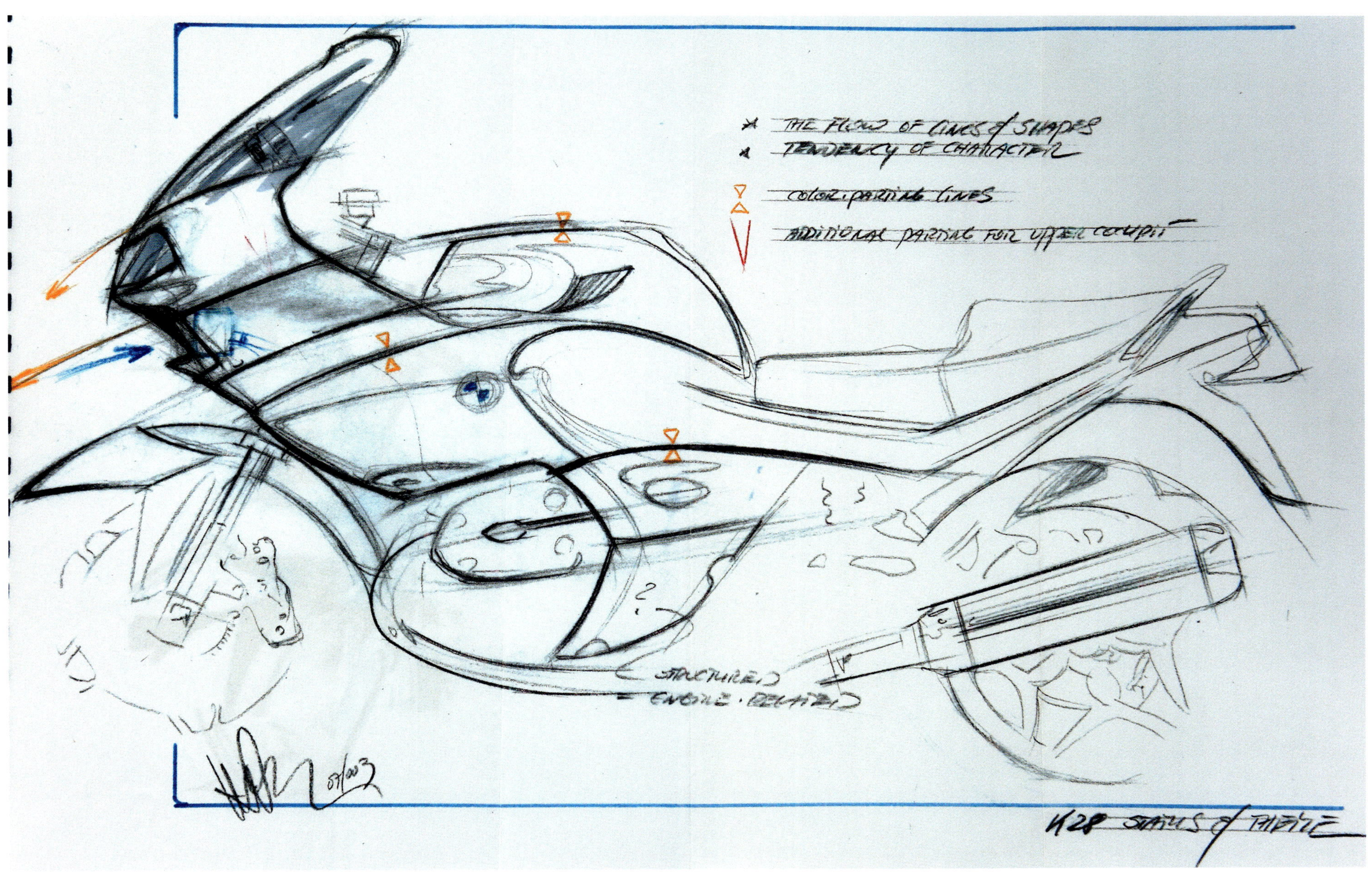

BMW-„K28“-Projekt: Scribbles, Skizzen und Rendering zur Design-Konzeption

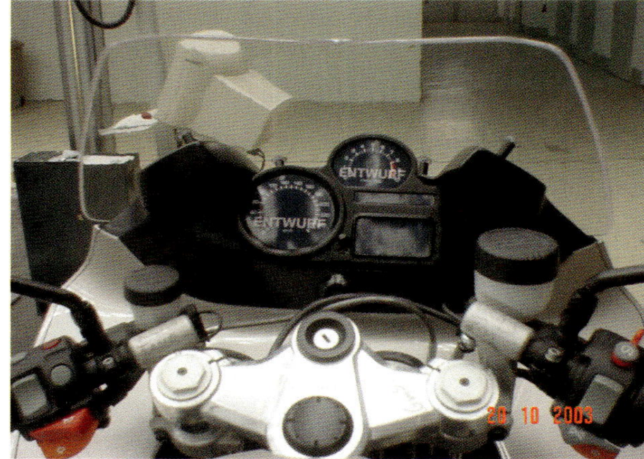

BMW „K28"-Projekt: Design-Referenzmodell, Erstellung bei Firma DMS, München

man aus einem Modelltyp durch spezifische Ausstattungen neue Varianten generieren kann, um somit eine längere Laufzeit der Basistypen zu erlangen. Die meisten Zubehörangebote beschränkten sich auf Staumöglichkeiten durch Container, in Form von seitlich anzubringenden Paniers, oder einem hinter der Sitzbank auf einer Gepäckbrücke positionierten Top-Case. Letzteres hat generell die Aufgabe, den Helm sicher aufzubewahren.

Für die Firma Polytec hatte ich zuvor eine „Polytec-Creative-Section" initiiert, die die Aufgabe hatte, parallel zu den Anforderungen der Kunden in Eigeninitiative Ideen zu entwickeln, um sich auch als kreativer Mit-Entwickler zu positionieren: kreative Software-Zugabe, die ich zusammen mit meinem Zauberlehrling Marco Bader, Designer bei der Polytec, mit viel Hingabe, Kreativität und Humor erstellte. In diesem Sinne entwickelte ich für BMW und Audi jeweils spezifische Szenarien mit entsprechenden Komponenten. Die Thematik für BMW lautete „Load & Carry", ein konsequent durchdachtes und ausgelegtes Stausystem, darunter eine modulare Dachbox sowie Container, die man mittels eines zusammenfaltbaren Trollys vielfältig benutzen kann.

Für die Audi AG erarbeitete ich ein Konzept für eine Innenraum-Auslegung sowie ebenso ein „Load-&-Carry-System", das spezifisch auf die Bedürfnisse einer Frau ausgerichtet ist. Der große Anklang, welchen diese beiden Projekte fanden, jeweils auf der Automechanika in Frankfurt am Main präsentiert, motivierte mich, dies auf das Motorrad zu übertragen.

Honda Access zeigte sich für ein solches Projekt offen. Als Basis bot sich das Modell „650 Transalp" an. Es war zugleich eine Möglichkeit, das Motorrad einmal in seinem Nutzwert zur individuellen, agilen, interurbanen Mobilität nachvollziehbar zu

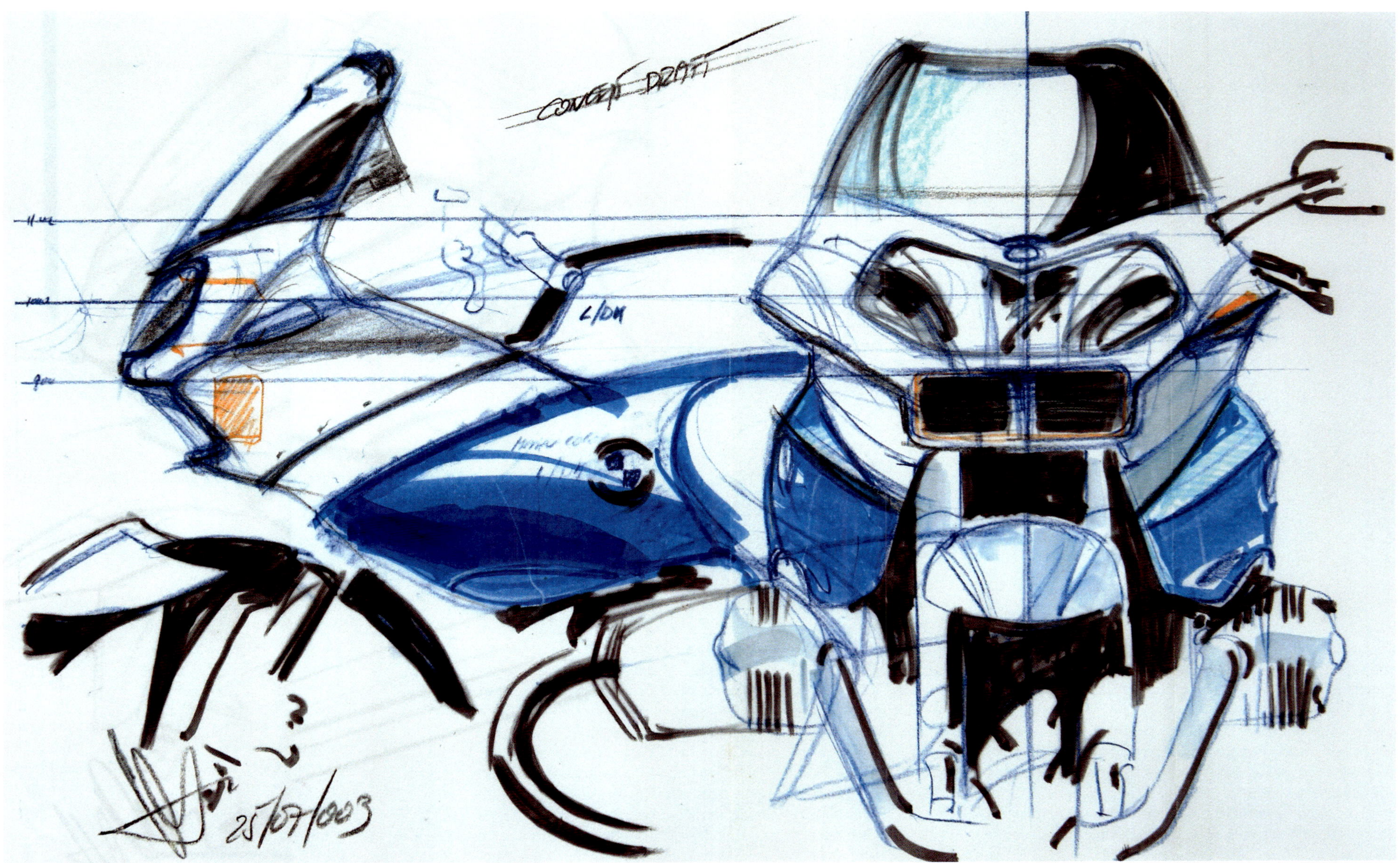

BMW„K28"-Projekt: Scribbles und Skizzen zur Designkonzeption

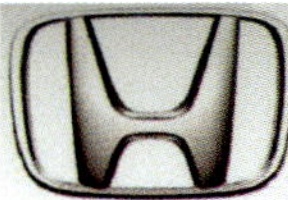

Project : LOAD & CARRY , based on HONDA 650 Transalp motorcycle

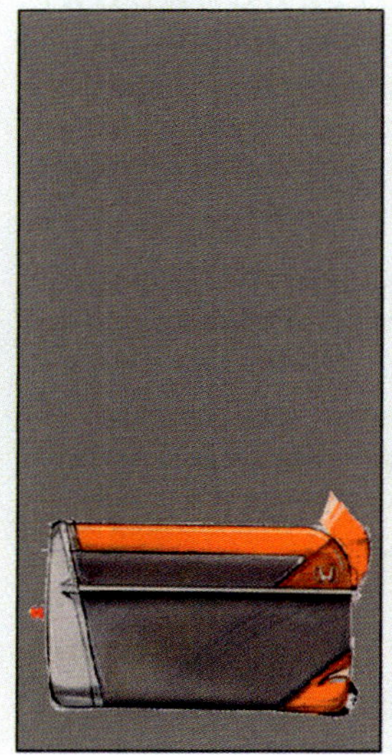

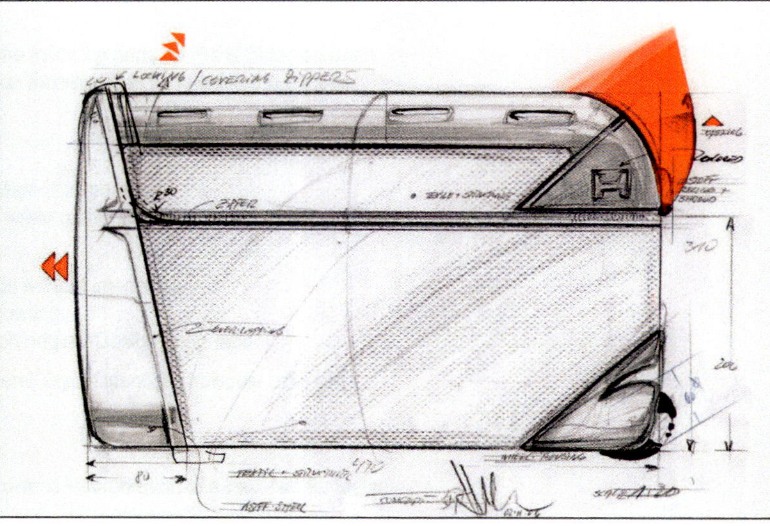

Honda Access, Rox, Polytec: „Joint Venture“-Entwicklung für ein multiples Motorrad-Ausstattungskonzept

demonstrieren. Die persönlichen Transportbedürfnisse zum Business, kleinem City-Shopping oder zum samstäglichen Brötchen holen unterscheiden sich wesentlich von denen zu einer Wochenendtour an die Seen oder ins Gebirge. Die den spezifischen Bedürfnissen angepassten Taschen, Container oder rollbaren Koffer wurden – je nach Nutzungsbedarf austauschbar – an den entsprechend geänderten und ausgetauschten seitlichen Blenden mittels eines neuen Clipverfahrens befestigt. Ein spezieller Gag stellte der „Zeitungs- und Baguette-Köcher“ dar, zu dem ich die Seitenflächen der vorderen Cockpitverschalung abänderte und somit dafür nutzbar machte. Geschützt wurde das jeweilige Transportgut durch ein Flex-Netz oder zusätzlich mit einem Nylon-Cover als Regen- und Spritzschutz. Jede Komponente wurde in diversen Ausstattungen entworfen, um diese auch als Aftermarket-Produkt anbieten zu können. Die Präsentation fand, nach einigen Meetings in Aalst, diesmal bei Rox in Hofstetten statt.

Mit dem Modell „T-Max“ brachte Yamaha erstmals einen Maxi-Roller auf den Markt, ein Motorrad-Scooter-Zwitter, der die Vorzüge eines Scooters hinsichtlich Frontschutz und bequemer Sitzposition sowie die Leistung des 500 ccm-Kraftwerks eines Motorrads kombinierte. Da Yamaha Europe auch zur Rox-Klientel gehörte, ergab sich auch hier ein interessantes Projekt. Bei einer Top-Geschwindigkeit von fast 160 km/h erwies sich der Frontschutz als nicht mehr effektiv. Wind und Wetter verwirbelten in den Beinräumen, was sich negativ auf den Fahrkomfort und somit auf das gesamte Fahrverhalten auswirkte. Es stellte sich die Aufgabe, einen seitlichen Schutz zu entwickeln, der leicht zu öffnen war – und dies nicht nur für den Fußbereich in der sofortigen Freigabe der flexiblen Schutzhülle bei einem Unfall, sondern hauptsächlich zum seitlichen Abstützen des jeweiligen Fußes bei langsamer Fahrt wie auch beim Anhalten. Ich liebe solche Aufgaben. Denn zu den funktionellen Anforderungen kommen auch die ästhetischen Aufgaben, um solche Komponenten stimmig zu integrieren.

Zu dem Konzept-Wettbewerb „C.L.E.V.E.R“ für einen dreirädrigen „City Commuter“ wurde ich zur Teilnahme seitens der BMW AG über die Firma DMS eingeladen. Das Konzept-Layout erwies sich ähnlich zu dem Honda-3-Rad-System, in der die vordere Kabine schwingt, während das Antriebsmodul schiebt. Original entstammt diese Idee übrigens einem GM-Projekt namens „Lean-Machine“. Dramatisch logisch gestylt, doch „zu früh“ erdacht, und zu jener Zeit nicht benötigt, landete es in den „kreativen Asservatengewölben“, den Grabkammern der Hersteller, der in ihrem Potenzial nicht erkannten und verschmähten Intelligenzen. Auch in Hamamatsu wurden einige frühzeitig erdachte und im Sinne intelligenter Simplizität entwickelte Projekte versenkt – darunter das schon erwähnte City-Bike.

„Mr. Muth, you are too advanced“, verkündete mir einst ein bekannter amerikanischer Motorrad-Journalist, anlässlich der BMW-„R 100 RS“-Präsentation. Es gehört nun einmal zu den Aufgaben eines Designers, entsprechend vorausschauend zu agieren, Trends zu wittern und auf Basis des bisher Bekannten zu reagieren. Aber sind dies nicht auch die wichtigen Tugenden des Marketings, des Top-Managements? Aus meiner fast 58-jährigen Erfahrung im Zusammenspiel mit der Industrie wurde Neueres meistens durch die Brille des bisher Bekannten beurteilt. Wie lange hat es gedauert, bis man begriff, dass Design ein strategischer Faktor ist? Dieses BMW-Projekt war eine Herausforderung, und ich war wieder einmal erstaunt, was sich dank einer eigenen Identifikation mit einer Aufgabenstellung an attraktiven Lösungen darbot. Ein funktionaler Prototyp ging zu dieser Zeit durch die Presse, doch das Projekt wurde irgendwann nicht mehr verfolgt. Der Grund lag wohl auch in der Package-Auslegung, welche für zwei hintereinander sitzende Personen gedacht war. Die eng ausgelegte Zelle, durch eine Flügeltür sich öffnend, war alles andere als eine effiziente Lösung, und mit einer Zweierbesatzung war es kaum möglich, dem heutigen Einkaufsverhalten entsprechend, die diversen von H&M bis Bogner reichenden Einkaufstüten mit einer Ablageoption zu versorgen. Der „Smart-ere“ Mercedes war da die durchaus pfiffigere Lösung, obwohl ihm der Stern der Anerkennung bis heute verwehrt worden ist.

Die kleine Firma Cupex, nahe Colmar im Elsass, hatte einen intelligenten E-Motor entwickelt, der sich hervorragend zum Antrieb für einen Scooter eignete. Dies hatte wohl eine bekannte Bierbrauerei zu einer besonderen Marketing-Aktion motiviert, eine limitierte Scooter-Serie mit einem solchen Motor auszustatten. Auf welche Gedanken man beim Biertrinken so kommen kann! Durch Vermittlung des Importeurs des dazu auserkorenen Scooters kam ich ins Spiel. Monsieur Knörzer, der CEO

BMW-„C.L.E.V.E.R"-Projekt

Projekt C.l.e.v.e.r.

Creative Concept Phase 4:
Variante B/B1

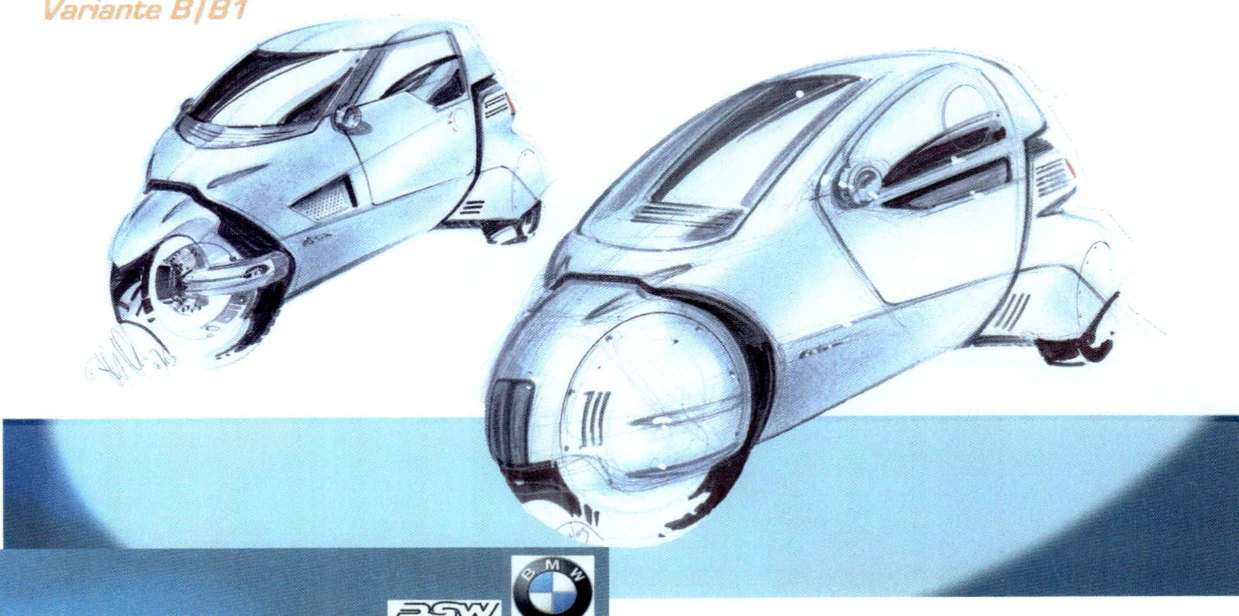

Projekt C.l.e.v.e.r.

Design Conception Interieur:
Image Cockpit Modul (Capsula)

Instrumentierung c/o Serienprodukt
Feature: Neigungsmesser

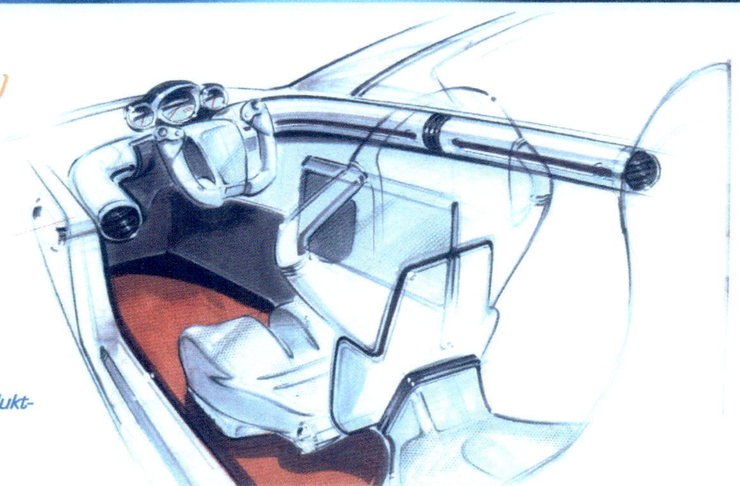

Nachvollziehbare Weiterführung der Produkt-Philosophie;
Emotion - Integration - Erlebnis

City-Bike-Studie für Suzuki, 1984

der Cupex S.A., der mich zu einem Treffen einlud, präsentierte mir den Motor und informierte mich über dessen Intelligenz und Einsatzmöglichkeiten. In seiner runden kompakten Auslegung schien er mir für diesen Einsatz fast als vergeudet und so überzeugte ich ihn, diese neuartige wie zeitgemäße Antriebsart – maßgeschneidert für einen zweirädigen City-Commuter – in ein entsprechendes Gesamtprojekt einzubringen. So begann ich mit einer Gesamtauslegung und Konstruktion mit den Zielsetzungsanforderungen „modular“, „multiple“, „effizient und attraktiv im Erscheinungsbild zur formalen Repräsentanz“. Das Projekt gedieh dank der Rollenverteilung mit der jeweiligen Professionalität und der stimmigen Chemie mit wachsender Begeisterung, die uns schon hinsichtlich einer eigenen Serienfertigung weiter planen ließ.

Auch war der Verkauf dieser Entwicklung eine angedachte Option. Dazu brauchten wir entsprechend hilfreiche Kontakte. Als einer dieser erwies sich Graf Schulenburg, der mir seit unseren gemeinsamen Abgängen von BMW in vielen Dingen mehr als nur beratend zur Seite stand. Er war von unseren Plänen sowie dem Projekt mit seinen vielfältigen Nutzungsmöglichkeiten – darunter Versionen für Dienstleistungsunternehmen wie die Post – sehr angetan. Einer der ausgesuchten Ansprechpartner war BMW Motorrad. Graf Schulenburg arrangierte ein Treffen und somit machten wir uns auf, alte Gefilde zu betreten.

Mit einem fahrbaren Prototyp (ein mit dem Cupex-Motor ausgestatteter, französischer Serien-Scooter) und einem gerollten, im Maßstab 1:1 fotografisch vergrößerten, farblich angelegtem Entwurf des Projekts sowie einem Projekt-Portfolio fanden wir uns dann bei BMW Motorrad ein. Nach unseren einzeln vorgetragenen Präsentationen luden wir zu einer Probefahrt auf dem im Hof bereitgestellten Prototyp ein. Das abschließende Gespräch mit einem Kaffee stellte dann klar: Alles sei zwar „sehr interessant“, doch gemäß der Haus-Formel leider „not invented here“ und damit nicht wirklich interessant. Dies geschah im Jahre 1993!

Was BMW dann 1999 als Beitrag zum Thema „Urbane Mobilität“ in Form des C1-Scooter, dem im Sommer 2012 der erste E-Roller folgte, präsentierte, erwies sich in meinen Augen als ungelenker, schwer aufzubockender und höchst seitenwindempfindlicher Scooter. Während der Pilot ohne Sturzhelm, durch Überrollbügel und Sicherheitsgurt in das Fahrzeug integriert und geschützt, fahren konnte, musste sich die Co-Pilotin mit einem notdürftigen Sitz außerhalb der Kabine begnügen und sich durch die klofensterförmige Öffnung nach vorne blickend, vertrauensvoll dem fahrerischen Geschick des unbehelmten Piloten ausliefern. Bei einem Bier kam man 1993 doch da auf ganz andere Gedanken!

HaiE3

Der CEO des österreichischen Werkzeug- und Formenbau-Unternehmens Haidlmair, Josef Haidlmair, ist nicht nur ein begeisterter und aufgeschlossener Autofan, sondern jemand, der diese Begeisterung für eine „neue Mobilität“ engagiert und konstruktiv an die zeitgemäßen Bedürfnisse anpasst und umsetzt.

Auf seinen Reisen nach China war er von den vielfältigen kleinen, elektrisch angetriebenen Fahrzeugen fasziniert. Das motivierte ihn dazu, in Eigenregie ein solches Fahrzeug für den täglichen Gebrauch mithilfe seine Mitarbeiter zu erstellen.

Die ersten Entwicklungsschritte erwiesen sich als nicht zielführend. Da man sich mit einem Linzer Energie-Unternehmen terminlich für die offizielle Präsentation festgelegt hatte, doch die Zeit eng wurde, kam ich schließlich über eine Empfehlung eines Marketing-Consultants, den ich von meinen Polytec-Aktivitäten her kannte, ins Spiel.

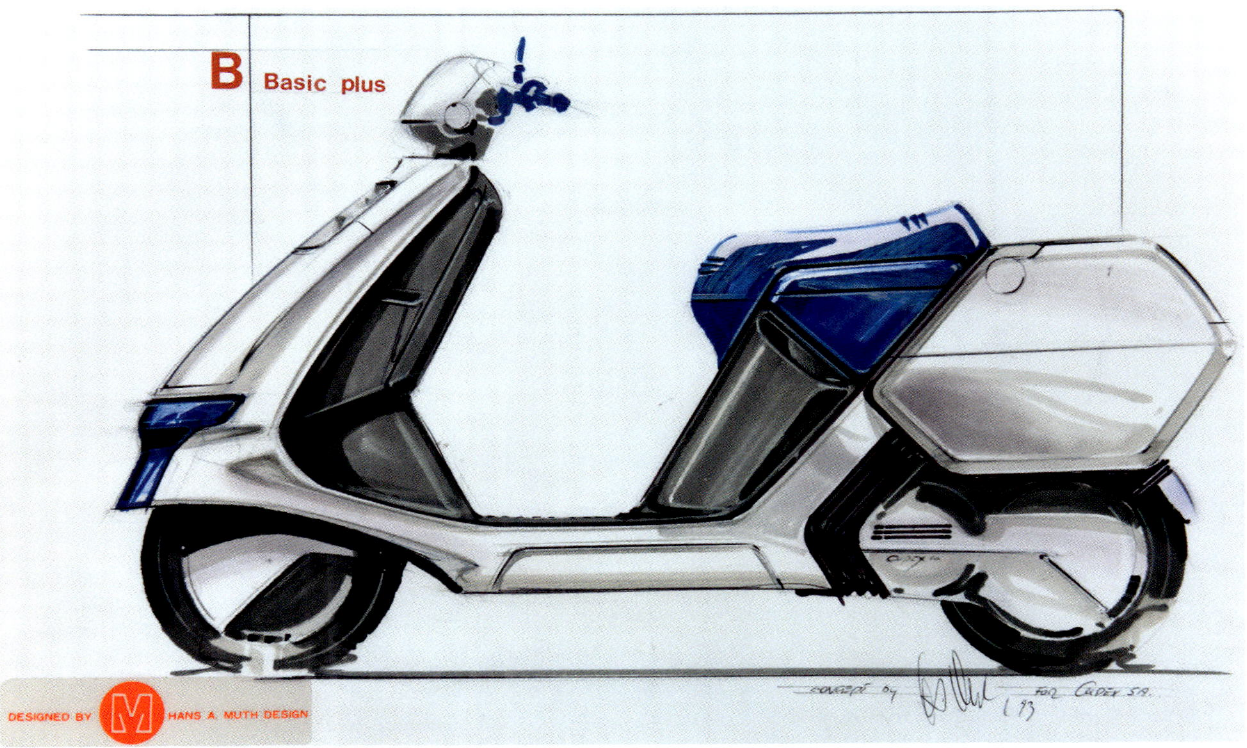

Cupex, France: Electro-Scooter-Konzept: Design-Projektionen

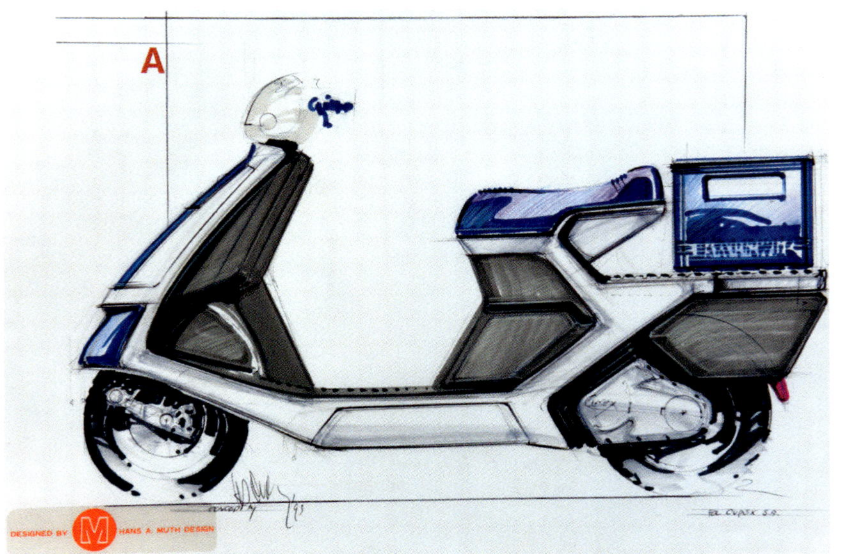

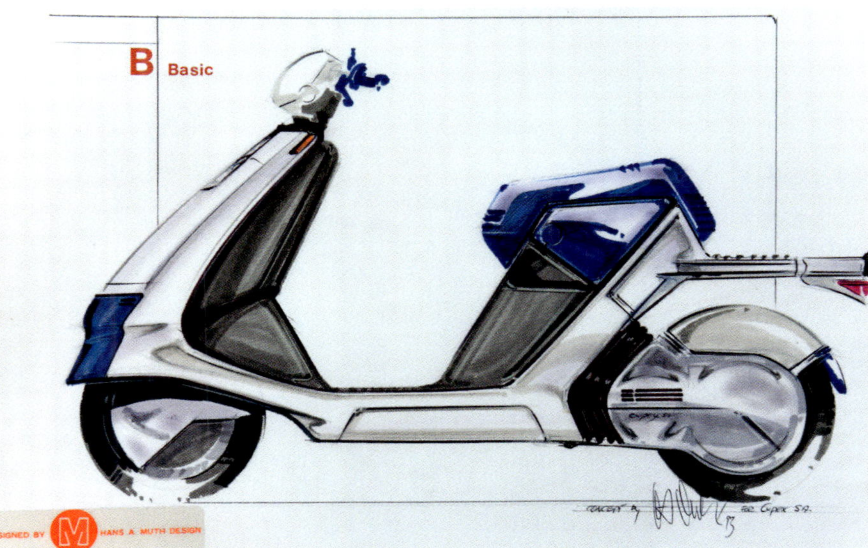

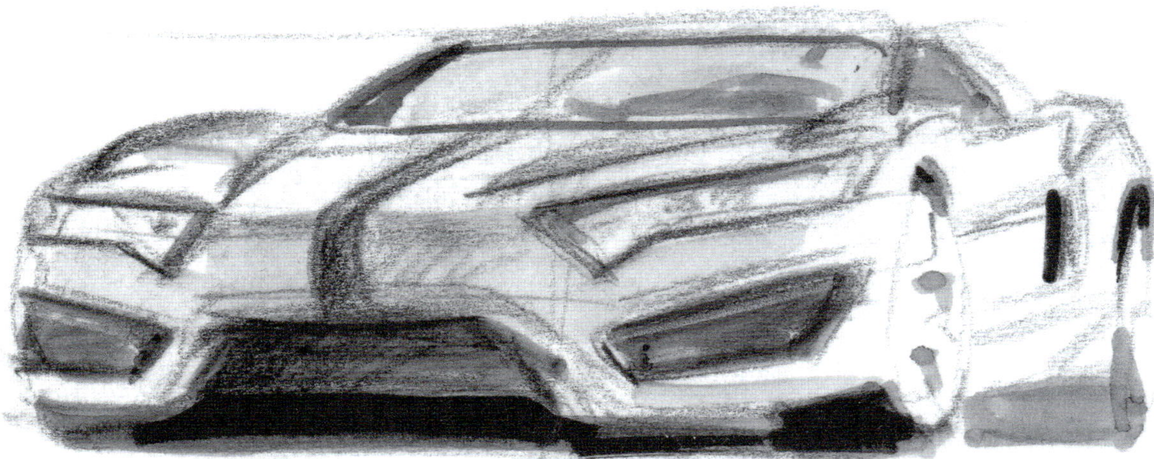

Haidlmaier, Austria: „HAI – E3“ Electro Urban

Der „HAI – E3“ wird in einem Solar-Carport geladen / Das Design des neuentwickelten Radnabenmotors / Das Anpassen der Karosserie

Es war Anfang März 2009 und es standen somit knapp sechs Monate zur Verfügung. Eine schnelle doch fundierte Analyse des bisherigen Entwicklungsstatus führte mich zu einem abgeänderten, doch realisierbaren Gesamtkonzept. Dieses bezog sich auf einen leichtgewichtigen, kompakten, durch zwei hintere Radnabenmotoren angetriebenen 2-sitzigen, interurbanen Roadster: funktional, effektiv, attraktiv. Als Basis diente das in Aluminium-Verbundbauweise gefertigte, leichtgewichtige Chassis des Opel Speedster, abgespeckt und entsprechend für den E-Antrieb modifiziert. Die Karosse war im Targa-Format mit verstaubaren Dachhälften und Scherentyp-Flügeltüren zum geringeren seitlichen Parkraumbedarf. Die Verwendung käuflicher Teilkomponenten wie Leichtbauräder, Beleuchtungs- wie Lüftungs- und Schaltersysteme erwies sich als effektiv und nützlich in der Realisierung.

Es war Ferdinand Porsche, der sehr früh elektrische Radnabenmotoren für die Firma Lohner entwickelte. Somit stellte diese Studie auch eine technische Referenz an ihn dar, wie auch eine nationale wegen der Farbgebung des HAI E3 in Weiß-Rot, den österreichischen Landesfarben, wobei das metallische Weiß eine moderne Interpretation darstellt.

Das Fahrzeug wurde termingerecht angeliefert und unter großem Beifall präsentiert, was sich auch bei der Vorstellung auf der eCar Tec-Messe im Oktober 2009 wiederholte.

Dieses Projekt stellt ein „er-mut(h)igendes" Beispiel dar, wie intuitive Kreativität gepaart mit Improvisation und Entschlossenheit einen überzeugenden Beitrag zur erforderlichen Mobilität liefern kann.

Die Bezeichnung „HAI" setzt sich aus „Haidlmairs Automotive-Initiative" und „E3" für „Effizienz, Emotion und Energiebewusstsein" zusammen.

Haidlmaier, Austria: „HAI – E3" Electro Urban

> PINK-FLOYD
30.03.13

21 Fernöstlich-europäisches Wetterleuchten

Im Herbst 2012 erhielt ich einen Anruf von Gerald Steinmann, PR- und Marketing-Manager von Suzuki International Europe (S.I.E.). Ähnlich dem damaligen Telefonat von Manfred Becker fragte er mich, ob ich Interesse an einem Gespräch mit dem Präsidenten der S.I.E., Akira Kyuji, verantwortlich für die Sparte Motorrad, hätte, was ich, durchaus überrascht, positiv beantwortete. Das Gespräch bei dem ersten Treffen in Bensheim fokussierte sich auf die Frage, wie ich zu dem Design der Katana gekommen war und warum diese so erfolg- und einflussreich wurde. Er erzählte mir, dass die Katana für ihn ein motivierender Grund zu einer Anstellung bei SMC war. Ein weiteres Treffen mit ihm und Steinmann sollte in der Nähe von Nürnberg, zum Zweck eines Interviews zusammen mit Bert Poensgen, dem damaligen Vertriebs- und Marketing-Direktor, stattfinden, um noch intensiver die Entstehungsgeschichte und die Gründe für den Erfolg zu beleuchten. Dass ein Motorrad wie die Katana vom Entwurf unverändert so 1:1 in Serie ging, war und sei die absolute Ausnahme gewesen, so Poensgens Kommentar.

Zwischen Kyuji und mir folgte ein weiteres, sehr interessiertes und konstruktives Gespräch hinsichtlich der Erstellung einer auf die Anforderungen der europäischen Märkte abgestimmten Produktausrichtung. Ausgangspunkt sollte eine erkennbare Produktidentität sein, die von einem Flaggschiff-Design ausgehen sollte. Anfang 2014 erstellte ich eine visualisierte Gesamtkonzeption, darunter auch eine Version zu einer Nachfolge-Katana. Doch im Gegensatz zu der dynamischen Entschlussbereitschaft und der spontanen Umsetzung wie vor 35 Jahren erwies sich der moderne Zeitgeist als komplexer, zäher und in Abhängigkeiten verwobener.

Als Kyuji-san im gleichen Jahr ins Headquarter zurückgerufen wurde, stoppten die bisherigen Aktivitäten. Obwohl seine neue Position und Verantwortlichkeit für diese bereits erstellten Gedanken und Konzeptionen – nach meiner Auffassung – sich als potentielle Basis für Neues anboten, blieb es zunächst beim Stopp. Somit konzentrierte ich mich als weiteren Ansprechpartner auf Gerald Steinmann, der zu den drängenden Fragen nach Produktneuigkeiten im Fokus stand. Wir trafen uns vielfach an neutralen Orten und versuchten konstruktiv, einige passende Aktivitäten auszulösen, um S.I.E. bei den Kunden, Händlern und der Presse im Gespräch zu halten. Bei einem der Treffen sprach er mich auf Daniel Händler, einen jungen, höchst motivierten Kommunikations-Designer an, dem S.I.E. angeboten hatte, seine Bachelor-Arbeit bei ihnen zu absolvieren. Man hatte wohl Interesse an ihm und so trat man mit der Bitte an mich heran, ob ich ihn nicht etwas unter meine Fittiche nehmen könnte. Solchen „Zauberlehrlingen", wie ich sie nannte, hatte ich schon öfters mit meinen Erfahrungen und Erkenntnissen als Mentor gedient. Wir verabredeten uns in Stuttgart und hatten ein längeres Gespräch zu seinem bisherigen Werdegang und zu seinen weiteren Plänen und Zielsetzungen. Mit seiner bestimmten, offenen, höflichen Art machte er auf mich einen sehr guten Eindruck. Im Mai 2014 besuchte er mich in meinem Studio, bestückt mit einer Projektaufgabe, die ihm Gerald Steinmann als gemeinsames Studienobjekt mit auf den Weg gegeben hatte. Die Aufgabe war, wie man aus einem herkömmlichen Suzuki-Serienbike am Beispiel einer 1250 S-Bandit durch professionelles Customizing nicht nur diesem betagten Modell, sondern auch der Marke Suzuki neue und attraktive Impulse verleihen könnte. Ein reizvolles Trainingsprojekt, welches wir nach eingehendem Austausch über Design, Motorräder und deren gestalterische Einkleidung mit viel Engagement und Begeisterung am Objekt Motorrad begannen. Wichtig war uns bei einer solchen Gelegenheit den wahren Begriff „Motorrad" wieder einmal in den Vordergrund zu stellen. „Muskel und Sehnen" waren das Thema und mit knapp, doch bewusst gestalteten Formteilen, wie Tank, Sitzbank-Heck und Bugspoiler war das Ziel zu einer attraktiv dramatischen Flyline gesetzt. Die weiteren Ingredienzen dazu waren eine vierteilig gepolsterte Mono-Sitzbank in hellbraunem Leder und ein breites, der oberen Tankkonfiguration angepasstes Lederband, welches den Tank in Position hält. In der Farbgebung folgten wir der klassischen Suzuki-Rennfarbe Weiß-Blau, die auch die neue, minimalistisch gestaltete Vorderradabdeckung, den Bugspoiler

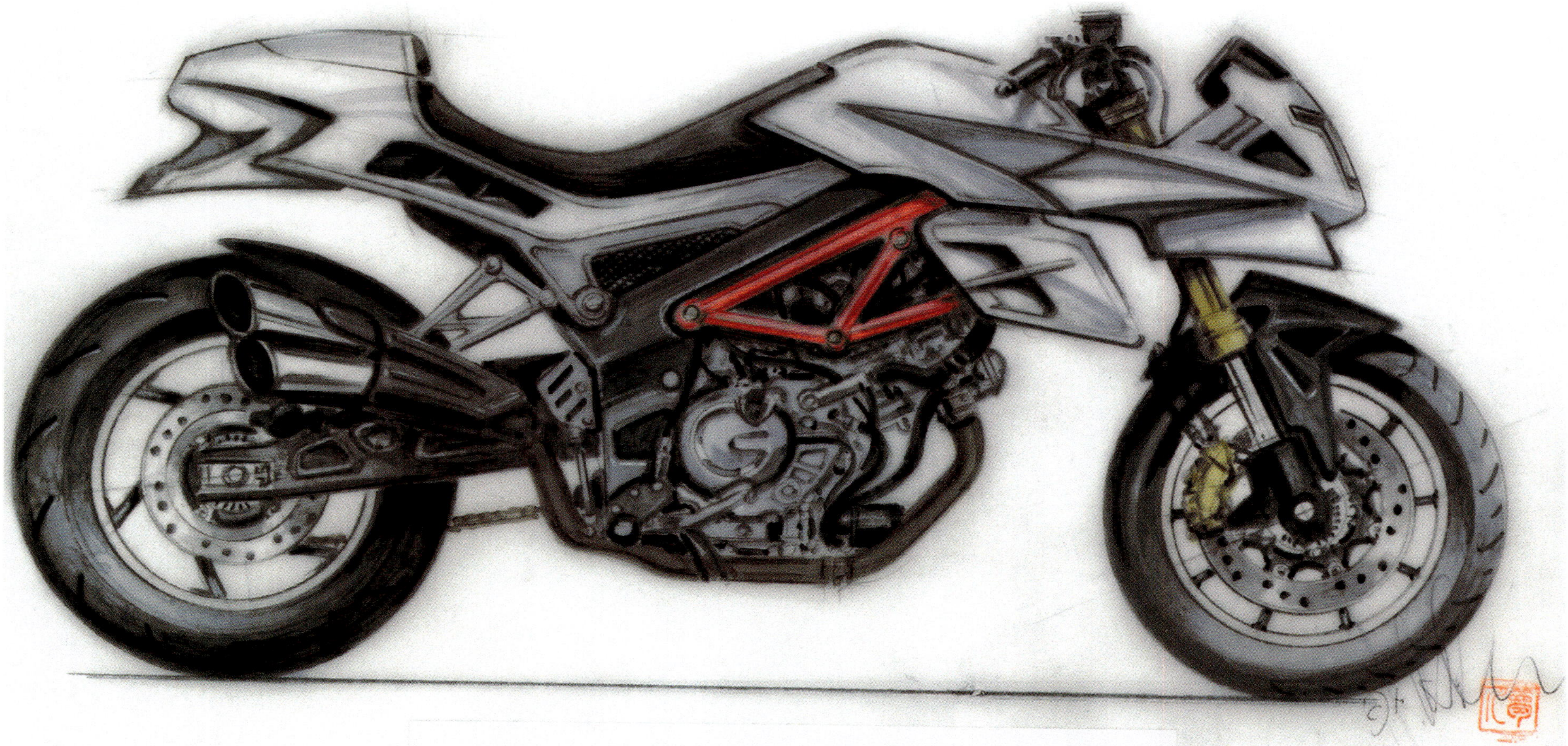
SCENARIO **V-STROM TESSA C/R SPRINTER** Version **A**

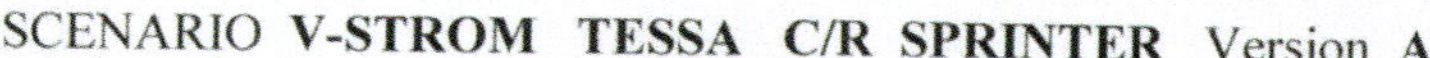

Suzuki International Europe: Design-Konzept für das Modell C/R Sprinter auf Basis der V-Strom

THEME STREET-FIGHTER Version **A**, Hayabusa based layout
Concept & Design © by HansA. Muth D.C.

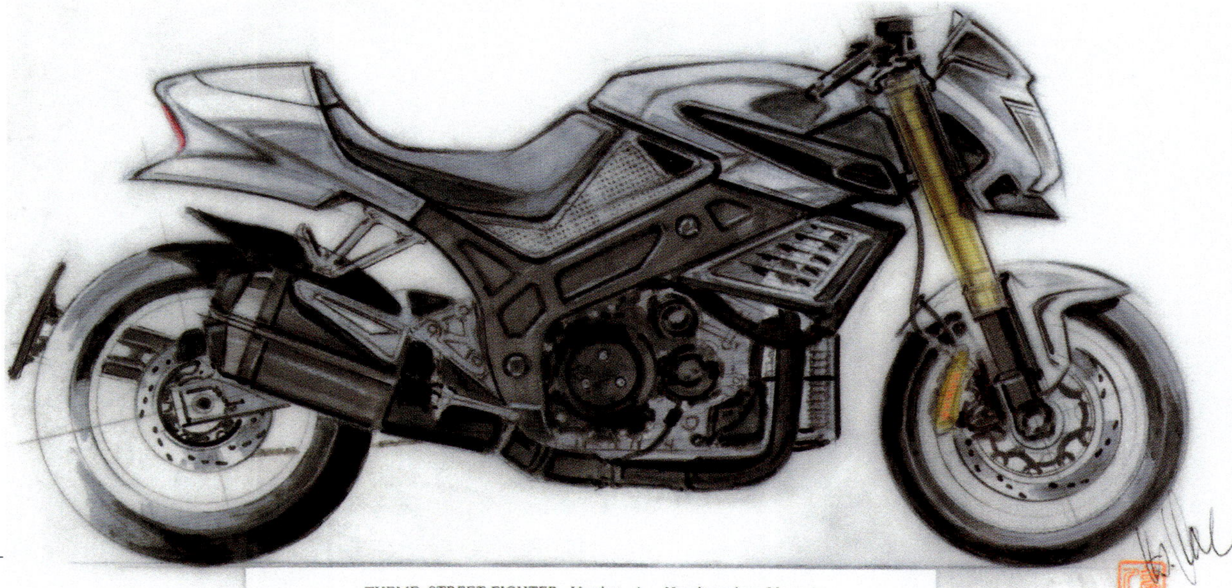

und den Scheinwerfer mit einbezog. Mit dem Austausch vieler Kleinteile und Komponenten durch Teile aus den vielfältigen Angeboten der Motorrad-Veredelungsindustrie, wie Rizoma oder LSL, inklusive einer Vier-in-vier-Auspuffanlage, dem Einbau einer Showa-Big-Piston-Gabel aus der GSX-R, die, wie auch bei der hinteren Rahmenstruktur, einige Veränderungen erforderte, bekam die Maschine den gewollten, zweirädrigen „Tiefflieger-Effekt". Da sich Formmodulationen vor einem weißen Hintergrund nicht gut abbilden lassen, wurden die grafischen Dekorelemente flächiger gestaltet, was half, die Formensprache akzentuierter hervorzuheben.

SCENARIO **SUPER-SPORT** VERSION **C** GSX-R ; ALL New Design in New Design Identity

Die Konzeptionserstellung und Design-Ausarbeitung war ein Dreitagewerk. Mit diesen Unterlagen wurde der Standort nach Sachsen verlagert. Bei der Firma Phil Schubert SP Fight-Machines in Großschirma wurde das Design mit viel Einfühlungsvermögen und handwerklicher Professionalität von Phil Schubert und seinem Team, Daniel Händler sowie dank meines Supervising dreidimensional umgesetzt. Für die Leder- und Lackierarbeiten wurden befreundete Werkstätten, wie Hardcore Kustoms in Dresden, hinzugezogen. Das Projekt hatte auch einen menschlichen Aspekt im Sinne der „Sensei-Kohei"-Beziehung – Lehrer und Schüler –, welche in Japan eine große Tradition hat. Nach einem festgelegten Rhythmus werden hölzerne Tem-

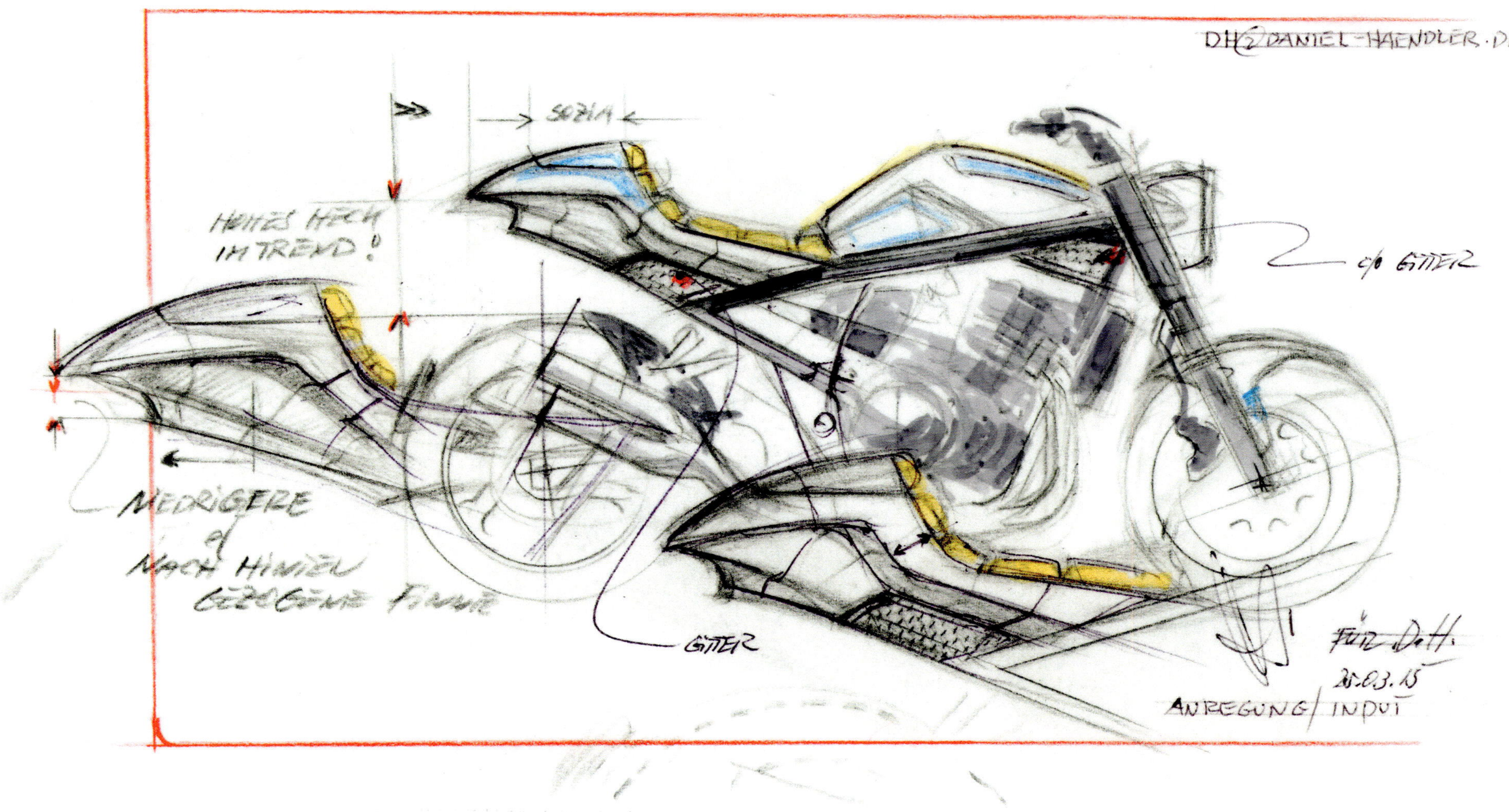

„Fat Mile“: Von der ersten Idee zum Design-Konzept

pel abgebaut und unter der Anleitung des Sensei mit den jungen Koheis wieder aufgebaut. Weitergabe des Wissens und die Sensibilisierung für die traditionellen handwerklichen Arbeiten und Künste sind hier das Ziel. Der Name „Fat Mile“ entstand aus dem Image einer beim sportlichen Start entstandenen Reifenspur, die eine solche Maschine mit fettem Hinterradreifen auf dem Asphalt hinterlässt. Die Fat Mile wurde auf der IMOT im Oktober 2014 präsentiert und bewies im darauffolgenden Jahr bei dem Glemseck-101-Event, siegreich pilotiert von Nina Prinz, dass diese Namensgebung sich als authentisch erwies. Bei aller enthusiastischen Begeisterung der Suzuki-Klientel, die nationale wie internationale Fachpresse miteinbezogen, sowie der gemeinsame Wille seitens S.I.E. mit vielen entsprechenden Überlegungen zur Umsetzung und Durchführung einer limitierten Serie, blieb es bei diesem exklusiven Einzelstück. Auch für alle weiteren kreativ konstruktiven Vorschläge zum Erhalt einer Wahrnehmung des Suzuki-Markenimages, ob fehlender Modell-Neuerungen, verblieb es bei den Ansätzen.

Der Geist des Samurai, autark, entscheidend und agierend, in präzis gesetzten, fast choreografierten Schrittabfolgen sein Katana führend, hat sich nachvollziehbar verändert: statt mit offenem Helm, präzis kalkuliertem Blick und gezielten Aktionsabfolgen, nun ein zauderndes Reagieren, hinter vergittertem Schutzvisier verborgen, taktierend und verharrend.

Wie war das noch mit der Kritik an Japan? Diese hier bezieht sich auf den Wandel in der Progressivität ihres Anspruchs und Wirkens. Es fehlt der individuelle Mut zu authentischen Entscheidungen und Konsequenzen, welche die Übernahme von Risiko, das Einstehen für getroffene Entscheidungen und die überzeugte Durchsetzung nun einmal mit sich bringen.

Standfestigkeit basiert auf einer eigenen festen Überzeugung, die eine Folge von logischem, konsequentem und konzeptionellem Denken und Handeln darstellt. Sagt man „Katana", so wird spontan „Suzuki" verstanden. Ein agiles und emotionales Produkt wie ein Motorrad lebt nicht nur von Technik, Leistung, Sound und Design, es lebt auch von einem Image, mit dem man sich identifizieren kann.

Teil 4 Über Mut(h) und was wir für die Zukunft brauchen

22 Über Muth

Die Sprache des Designers ist das Skizzieren, die Zeichnung. Die expressive Architektin Zaha Hadid, der Universalkünstler Joseph Beuys sowie der geniale Alan Turing haben sich ebenso dazu geäußert. Zaha nennt es „die spielerische Kraft einer Zeichnung", Beuys bestimmt das Zeichnen als „Annäherung an ein Objekt", während Turing es ganz spezifisch ausdrückt: „Ein Mensch, ausgestattet mit Papier, Stift und strikter Disziplin, ist eine Universal-Maschine."

Die Skizze, die die Idee als Image umreißt, ist die erste Visualisierung einer kreativen Idee. Es ist ein kreativer Prozess, ein Wechselspiel zwischen den kritischen Augen und der entsprechenden Rückfütterung ans innere „Kreativzentrum"; die Hand optimiert fortwährend mit den nun nachfolgenden Strichen das Neue. Ich zeichne bis heute alles mit der Hand, den Kugelschreiber mit schwarzer Mine bevorzugend, die flächigen Modulationen mit grauem Marker und/oder Kreide betonend. Diese Technik wurde nun von den modernen Tablets abgelöst, die in der Effizienz nicht nur zu perspektivischen Darstellungen mit all ihren spezifischen Erfordernissen, wie korrekten Ellipsen oder Winkeln, sondern auch in den weiteren darstellerischen Möglichkeiten unbestritten Vorteile aufweisen. Doch ein Computer braucht klare Vorgaben, ein Stift hingegen nur eine Spitze oder einen Daumenklick auf einen Ball-Pen. Das jeweilige darstellerische Ergebnis ist jedoch sehr unterschiedlich: Uniformität versus Authentizität!

Die mich von früh an faszinierenden Skizzen meines Großvaters, unvergessen in ihrer Art und Leichtigkeit, übertrugen sich auch auf meinen jüngsten Sohn Alexander, der mich mit seiner jüngeren Auffassung und Dynamik in seiner Art des leichten

Favoriten aus dem eigenen Fuhrpark

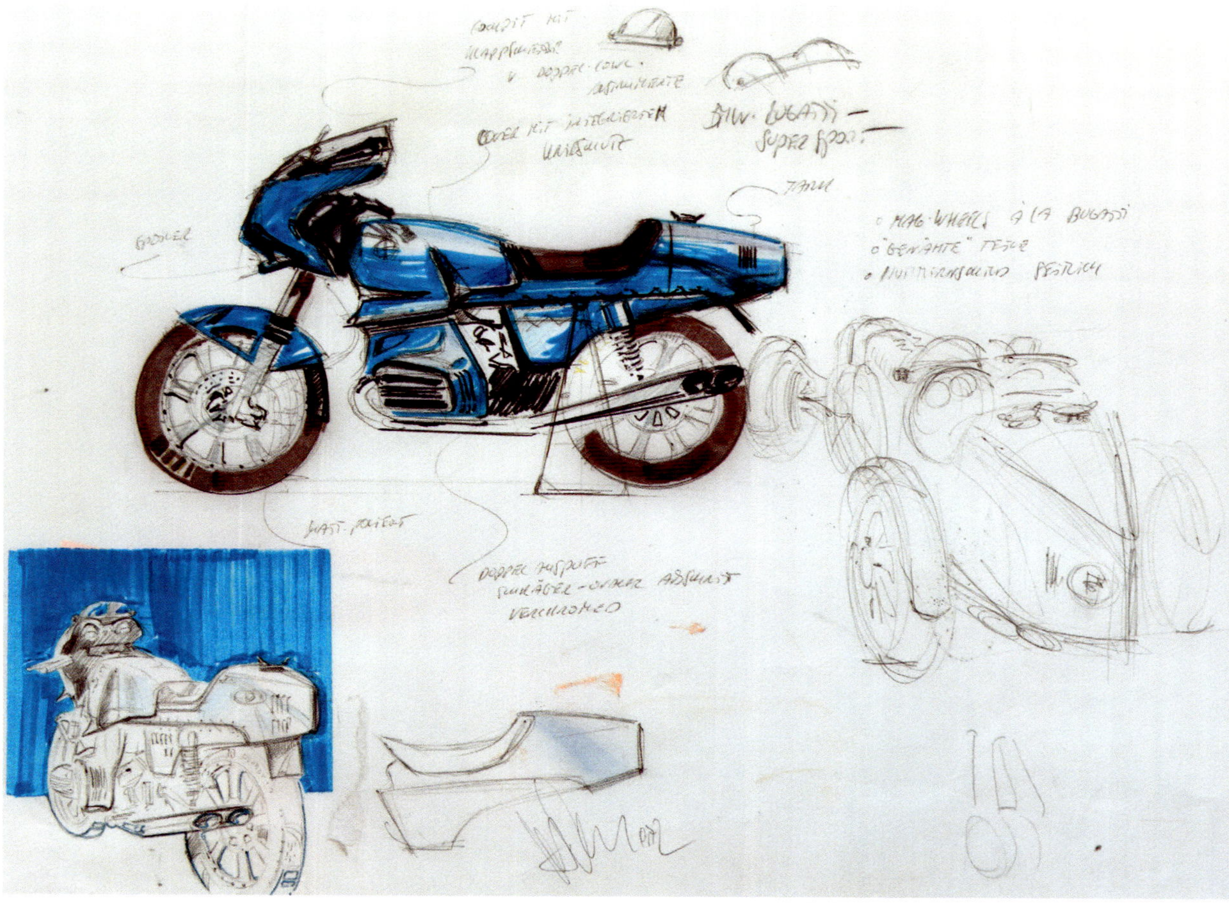

Projektionen zu den ständigen Themen „BMW" und „Bugatti"

und fast spielerischen Skizzierens in bewundernswerter Weise übertraf. Designprozesse beginnen mit einer Analyse der gestellten Aufgabe und deren Zielsetzungen. Nach eingehender Recherche anhand der vier W-Fragen beginne ich mit dem **W**arum, gefolgt von dem **W**as, **W**ie und **W**ozu, auch ausgehend vom Status des Vorgängerobjekts, seinem bisherigen Einfluss und der Marktposition sowie des Wettbewerbs. Die gegebenen Vorgaben als Basis betrachtend, versuche ich, ein Konzept zu erstellen, das auch die möglichen Folgeeinflüsse nach der Markteinführung hinsichtlich der wirtschaftlichen, politischen wie auch der gesellschaftlichen Entwicklungen berücksichtigt.

Solche Design-Konzeptionen erstelle ich nach einer meiner eigenen Formeln, wie meine „4 Cs" welche für die Begriffe „creative", „conceptional", „constructive" und „consequent" stehen, und phonetisch sich als quasi „forsee", also „Vorausschauen", darstellt. Bei Nichterfüllung einer dieser Begriffe, erweisen sich Konzepte und die folgenden Ausarbeitungen als nicht stimmig: Es ist nicht nur die formale Erfüllung zu einem Design, sondern die beinhaltete Botschaft in ihrer Intelligenz, Aussage und Bezug.

Mein Arbeitsplatz und meine Arbeitszeit unterliegen einer strengen Disziplin – hier zeigt sich der Preuße in mir. Dazu gehört auch das ständige Aufräumen, sobald ich meinen Arbeitsplatz verlasse. Die Beschäftigung mit technischen Objekten, ob Kamera, Hubschrauber, Auto oder Motorrad, die sich alle aus Konstruktionen, festgelegten Maßen und entsprechend präzisen Herstellungsanforderungen und -prozessen zusammensetzen, erfordert somit auch ein adäquates, diszipliniertes Umfeld für den Designer, welches sich auch auf die jeweilige Produktqualität auswirkt. Eine reichhaltige wie vielfältige Auswahl an Fahrrädern, Motorrädern und Autos in meinem persönlichen Depot – die Zweirädrigen direkt unter dem Landsberger Studio in einem ehemaligen Pferdestall und die Autos in einer nahe gelegenen Garage – unterstützte meine Arbeit. Die Auswahl richtete sich hauptsächlich nach den jeweiligen aktuellen Projekten. Absolute Favoriten waren meine MV Agusta 750 S, Moto Guzzi Falcone, Laverda SFC, NSU Fox, Norton 850, Harley Davidson Sportster, Ducati, Yamaha XT 500, Ossa ISD-Replica oder Honda 250- und 750-Magna-Modelle. Es ergab sich ein ständiges Wechselspiel der Marken und Modelltypen, um die Besonderheiten direkt am Objekt nachvollziehbar zu studieren. Manche reizten mich auch zu persönlichen Umbauten, wie die Yamaha TR-1, welche ich in Inning/Ammersee, bei Motorrad Hartl, dem beliebten Treffpunkt der Lokalmatadore, wie Toni Mang und seinem Mechaniker Sepp Schlögel, zu einer Sportausführung umbauen ließ. Obwohl alle drei Kinder – Tochter Katja, Sohn Oliver und Alexander – mit eigenen kleinen Motorrädern ausgestattet wurden und mir auf meiner Honda 125 Bials mit Gelände- und Trial-Modellen der Marken Honda, Yamaha und Bultaco bei gemeinsamen Wochenendausflügen in die nahe Landschaft folgten, zogen beide Söhne später das Auto vor. Nur die Tochter erkannte die Vorzüge der zweirädrigen Mobilität in Form einer Vespa. Trotzdem entwickelte Alexander ein sicheres Gefühl für Motorrad-Design und hatte großen Anteil an der Gestaltung der Suzuki-SX-2-Studie. Die dadurch gemachten Erfahrungen in der Beherrschung eines Motorrads im Gelände beeinflussten seine Sensibilität für andere Mobilitätsobjekte und dem verantwortungsvollen Umgang damit positiv.

Meine Basis war und ist meine Familie mit ihrem Zusammenhalt, ihren gemeinsamen Interessen, ihrer gegenseitigen Wahrnehmung, mit Respekt und Toleranz. Wichtig dafür ist auch ein von meiner Frau Gudrun stets liebevoll gestaltetes häusliches Umfeld, in dem ich mich ganz individuell entfalten konnte und kann. Leichtigkeit, Ironie und der Sinn für Humor in der täglichen Kommunikation sorgten stets für eine heitere und positive Stimmung. Während sich Tochter Katja bei der Münchner

Sohn Alexander Muth

Hans A. Muth

Redaktion der Vogue erfolgreich verdingte, Sohn Oliver, eigentlich vom Rockstar träumend, sich dann über einige Umwege vom Moderator von damals Jung-Koch Tim Mälzer, über eine Regieassistenz-Tätigkeit hin zu einem erfolgreichen Regisseur entwickelte, verloren wir den Jüngsten, unseren hochbegabten Sohn und Designer Alexander am 19. November 1994 – viel zu früh für seine 27 Jahre – durch einen tödlichen Autounfall.

Alexander – inzwischen von Hartmut Warkuss, seinem damaligem Design-Chef bei Audi, der in dieser Verantwortlichkeit zu VW wechselte und von ihm persönlich zu VW-Design berufen wurde und diesem nach Wolfsburg gefolgt war – befand sich auf der Rückfahrt von Pforzheim nach Hannover, als ihm auf nebelfeuchter Autobahn das Auto ausbrach. Dieses Ereignis war und ist für uns alle eine Tragödie; für mich prägend für meine weiteren, auch geografisch, diversifizierten Aktivitäten. Mit dem Beginn meiner vielfältigen japanischen Engagements hatte meine Frau die Erziehung, Betreuung und die Ausbildungen der Kinder mit Einfühlungsvermögen, Hingabe und Verantwortlichkeit übernommen. Der Plan war, dass Alexander nach einer gewissen Zeit, bereichert durch seine neuen externen Erfahrungen, gemeinsam mit mir als Partner die Muth-Design Consultancy führen sollte. In der Zusammensetzung seiner Lebenspuzzle-Steine, passte das nahtlos zusammen. Alexander hatte ein kurzes, doch erfülltes Leben. Für mich ist er ein „junger Mozart des Designs".

Die BMW R 90 S „re-issued“

Die ständig wechselnde Klientel und ihre spezifischen Projektanforderungen verlangten eine andere, eine integrierte Arbeitsweise, auch was die jeweilige Örtlichkeit betraf. Was zunächst im eigenen Studio, im gemeinsamen Erarbeiten mit Alexander bereichernd und befruchtend, stattfand, vollzog sich seit Anfang der 1980er-Jahre vermehrt direkt in den Studios der Klienten, in fremden Städten und Ländern. Dazu kamen die erforderlichen Reisen zu den Klienten per Auto oder Bahn und die langen Flüge mit Einfluss auf die eigene Physis, der inneren Umstellung, den ständigen Leistungsabfragen und die Bereitschaft zur Einstimmung auf die jeweilig unterschiedlichen Projektgegebenheiten und jeweiligen Engagements einschließlich der Präsentationen, und der dadurch nicht ausbleibende Stress und – nicht zu vergessen – die sehr ungewöhnlichen, geografisch bedingten Klimabedingungen. Das alles konnte ich nur aufgrund meiner familiären Basis bewältigen und nur dank meiner Frau sowie dem Beistand des großen Familien- und Freundeskreises durchstehen.

Es fehlte mir jedoch nie die notwendigen Motivation, die bei einem kreativen Designer einfach gegeben sein muss.

Alle meine eigenen sowie die mit Sohn Alexander gemeinsam bearbeiteten Projekte wurden stets durch Musik begleitet. Es stellte sich heraus, dass sich bestimmte Musik auf uns und damit auf unsere Arbeiten höchst positiv auswirkte. Es gibt Projekte, die mit einer ganz speziellen Platte oder CD verbunden sind und in ihrer musikalischen Aussage mit diesen fest verbunden sind. Die Auswahl zieht sich von Richard Strauß „Ein Heldenleben“ sowie Richard Wagners „Rheingold“ und Mozart – allein zu der Musik im 1. Akt seiner Oper „Così fan tutte“ kann man mit geschlossenen Augen einen ganzen Motorradtank formen oder Berlioz „Symphonie Fantastique“, Pink Floyds

... und ewig lockt der Bugatti

„Wish You were here", „The Final Cut" oder „Broken China" und Vangelis inklusive seiner Filmmusik. Auch Jean-Michel Jarre, der ein wundervoller und inspirierender Begleiter sein kann, wie auch der Filmkomponist Hans Zimmer, der mich mit der Thematik aus dem „The da Vinci Code" zu ungewöhnlicher Tiefe im kreativen Hoch bringen kann. Letztlich haben sich auch Paul Simons „Graceland" und die Dire Straits vielfach bewährt.

Nicht nur die Musik, sondern auch deren Interpreten, wie der Dirigent Sir Simon Rattle mit seinen Gedanken über die Musik und Musikern, geben mir hilfreiche Inputs und Denkanstöße.

Ständige Aufnahmebereitschaft und der Sinn für kulturelle Angebote und Ereignisse wie Theater, Ballett oder Kunstausstellungen speisen die kreativen Zellen und Batterien. München und das von mir sehr oft besuchte Stuttgart bieten mit ihren Museen und Veranstaltungen ein besonderes kulturelles Angebot. Für den täglichen Informationsbedarf bietet das Fernsehen mit der abendlichen „3Sat Kulturzeit" und Arte, und als Printmedium die Süddeutsche Zeitung alles an Anregungen, was man als kreativ Schaffender benötigt. Denn alles, was ein Designer täglich erschafft, gilt auch als ein Kulturgutbeitrag aus der Mitte der Gesellschaft.

Was auch immer ich im Design tat und bis heute tue, basiert stets auf einer Produktphilosophie und ist somit auch eine von mir getroffene Aussage, eine Botschaft. Es setzte Trends, es beeinflusste positiv. „Nun gilt es," so Marc Aurel, 121 – 180 n. C., „nicht mehr zu untersuchen, was ein tüchtiger Mensch ist, sondern selbst einer zu sein!"

Teil 4 Über Mut(h) und was wir für die Zukunft brauchen

Großvaters Skizzen

23 Jugendzeit

Geboren wurde ich 1935 in Rathenow/Westhavelland, dem Jahr, in dem der Engländer Malcolm Campbell mit seinem blauen Rennwagen den automobilen Geschwindigkeitsrekord mit 484,62 km/h aufstellte, die erste mit Stromlinienverkleidung versehene deutsche Dampflok 183 km/h erzielte, Heinrich Mann seinen Roman „Henri Quattre" begann, Kurt Tucholsky seinem Leben ein frühzeitiges Ende bereitete, Christo Javacheff, der spätere Umhüllungskünstler, geboren wurde, und die weiblich Haarmode nach einer in Rolle geformten Frisur verlangte. Dieser Jahrgang schien in seinen individuellen und technischen Voraussetzungen dynamisch und einflussreich zu werden.

Mein Vater leitete als persönlich haftender Gesellschafter die Firma seines Vaters, Nitsche & Günther Optische Werke KG, Rathenow. Meine Mutter war Fotografin für das Berliner Museum für Schifffahrt und Meereskunde. Die Erziehung für mich und meine beiden Geschwister, dem vier Jahre älteren Bruder und der vier Jahre jüngeren Schwester, war preußisch streng: Anstand, Höflichkeit und gutes Benehmen, Gehorsam, Disziplin, Ehrlichkeit sowie ein Gefühl für Ordnung, das sich bei mir besonders stark ausprägte. Wir empfanden das nicht so, wie man es heutzutage kritisch betrachten würde, es war für uns normal und prägte sich tief in uns ein. Für mich war es die Basis für das Leben mit seinen Herausforderungen und Umwälzungen, die durch das Kriegsende 1945 völlig unerwartet auf uns zukamen.

Zwei Grundstücke weiter befand sich das Anwesen meiner Großeltern. Ein fast schlossartiges Hauptgebäude mit Erweiterungen, Innenhöfen und vielen Nebengebäuden. Darunter ein Palmenhaus, Pferdeställe und Wagenremisen. Nach hinten hinaus großzügig angelegte Blumenrabatten, verschiedene Obstgärten und ein zur Wiese umgestalteter ehemaliger Tennisplatz. Im vorderen Bereich ein offener, von Bäumen umgebener metallener Pavillon, Rasenflächen, großzügig angelegte Blumenbeete und Büsche, dazwischen einzelne Steinfiguren und Säulen sowie niedrige Brunnenbecken. Durch alles schlängelten sich eingefasste weiße Kieswege. Im Haus waren die ehemaligen Kinderzimmer der Geschwister meines Vaters – inzwischen alle verheiratet und mit reichlich Nachwuchs an Vettern und Cousinen gesegnet – von diesen bewohnt. Es ergaben sich drei altersgleiche Gruppen, wobei die meinige drei Vettern umfasste: zusammen mit mir der ein Jahr ältere Vetter Eberhard und der um zwei Jahre jüngere Peter. Für uns war das großelterliche Haus und Anwesen ein vielfältiges und fast unbegrenztes Spiel- und Abenteuerparadies, wobei die Mobilität in Form von Tretroller, Ruderrenner und Bollerwagen mit den sich ständig wandelnden Einsätzen im Fokus stand.

Rathenow, als „Stadt der Optik" bekannt, unterstrich dieses Image mit dem Wahrzeichen des Brillenmännchens, einem Mann, der eine Brille in die Höhe stemmt. Unsere Firma war neben der Fertigung von Korrekturbrillen zugleich eine der größten Brillenglas-Schleifereien weltweit. Daneben gab es noch die Firma Busch, die hauptsächlich auf optische Geräte spezialisiert war. Rathenow war zugleich auch die Garnisonsstadt der Zieten-Husaren, der berühmten Kavallerie Friedrichs des Großen. Die Paraden und Aufmärsche der jeweiligen Regimenter in ihrer Farbenvielfalt anlässlich bestimmter historischer Feierlichkeiten waren für uns Kinder aufregende Erlebnisse. Besonders der berittene Kesselpauker-Schläger stand im Mittelpunkt des Interesses. Diese Ereignisse wurden natürlich immer sofort mit Uniformstücken, Mützen und anderen Accessoires, die auf dem Dachboden des großelterlichen Hauses in Kisten aus alter Zeit lagerten, nachgespielt. Eingekleidet, jeder mit Reitgerte bestückt, paradierten wir in entsprechender Aufstellung als Reiter oder Offizier auf unserer Exerzierwiese durch die Gartenanlagen, das alles nicht gerade zur Freude des Kutschers und Gärtners Behnke, der sich dann, die abgenommene Mütze in den Händen drehend, beim Großvater mit folgendem Satz beschwerte: „Ach, Jott Herr Muth, die Jungs sind ma wieda uff de Beete und in de Rabatte rumjetrammst!"

Das vormittägliche Begleiten unseres Großvaters in die Stallungen zum Füttern der Pferde mit ihrem freudigen Wiehern und Schnauben, die typischen Stallgerüche sowie das Aufsatteln der Pferde oder das Einschirren der Kutschen waren für uns immer wieder aufregend und zugleich lehrreich. Überhaupt herrschten Pferd und Wagen vor, denn es gab kein Automobil und auch kein anderes motorisiertes Gerät in dieser in sich geschlossenen Welt der Großeltern. Großvater Muth war wortkarg, doch immer präzise und humorig, der nach dem Frühstück und dem Besuch in den Stallungen mit seinem Dackel Schnappi seine tägliche Vormittagsrunde absolvierte. Wenn er als erster allein wieder heimkam, bedeutete das, dass Großvater seine übliche Route spontan geändert hatte. Im Laufe der Jahre wichen die Pferde der Husaren den motorisierten Fahrzeugen der Wehrmacht, und unter all den verschiedenen Fahrzeugtypen waren es die grau lackierten BMW Solomaschinen und Seitenwagen-Gespanne, die mich faszinierten und optisch, funktional und akustisch mein ungeteiltes Interesse fanden.

Somit war der immer dringender werdende Wunsch nach einem eigenem „Motorrad" in Form eines Fahrrads nur verständlich. Er wurde mit einem blau lackierten und mit Stützrädern ausgestatteten Exemplar letztlich erhört und erfüllt, wobei die Stützräder sehr bald entfielen. Eins davon übernahm die Stützfunktion zu einer selbst kühn ausgelegten Beiwagenkonstruktion, die wegen der rechtsseitigen Kette, durch Streben links an den Fahrradrahmen verschraubt wurden. Für die erste Testfahrt zur Geländetauglichkeit wählte ich die in der Nähe liegenden Kaffee-Berge. Vetter Eberhard als designierte Testperson fühlte sich, trotz kniender Position, zunächst recht wohl. Doch das änderte sich schnell und schmerzvoll, nachdem es bergab ging und sich das Vertrauen in meine Konstruktion bei der Überwindung eines dünnen Baumstamms nicht bestätigte. Das stolze Gespann zerlegte sich. Beide Piloten landeten unsanft im Gelände. Wir kehrten heulend und humpelnd heim, mit den einzelnen, teils stark verbogenen Komponenten und Fragmenten bestückt.

A.G. von Loewe, Großvater mütterlicherseits war für meine „Motor-Gene" verantwortlich. Er selbst war eine absoluter „Automane", geboren in dem damals noch polnischen Kiew als Sohn des Kiewer Stadtarchitekten, erzogen in der Kadettenanstalt, Automobil-Konstrukteur bei verschiedenen Firmen, darunter Selve, Panhard & Levassor sowie für die Marke Wanderer, die zur Auto-Union gehörte. Er lehrte Kraftfahrzeug-Technik auf der TH Aachen und verfasste ein Buch mit dem Titel „Der Automobilmotor".

Zugleich zeichnete er Titelblätter für „Das Auto", die damalige „Auto, Motor und Sport", für die ich Ende der 1950er-Jahre diese Aufgabe fortsetzte. Auch Hersteller von Automobilzubehör ließen von ihm Werbezeichnungen und Plakate erstellen. Mit 40 Jahren entschloss er sich, sich nur noch dem Zeichnen und Malen zu widmen, wobei er sich auf ein Thema fokussierte: das Automobil. Sein Haus in Kattowitz/Schlesien war voll mit seinen Bildern, Grafiken, Zeichnungen und kleinen Automodellen.

Zusammen mit meiner Mutter besuchten wir ihn dort zum letzten Mal im Jahr 1942. Wir reisten mit der Eisenbahn und ich hatte mir vor der Abreise gewünscht, dass der Zug von einer stromlinienverkleideten Lokomotive gezogen werden sollte. Dieser Wunsch wurde erfüllt.

A.G. von Loewe war das Gegenteil von meinem Großvater Gustav Muth; lebendig, interessiert, mitteilsam, und für mich einfach nur faszinierend. Bestückt mit bis zu sechs Brillengläsern vor seinem Auge, die er bei Nichtbedarf, hintereinander klackernd, in die Handschale drückte. Bei seinen Besuchen saß ich auf seinem Schoß, und er skizzierte und zeichnete Autos für mich, meistens Bugattis, mit leichter Hand zum gehauchten Strich ein Bild formend und dann mit kräftigen Ansatzstrichen betonend.

Großelterliches Anwesen in Rathenow

Die Familienlegende erzählt von einem Ereignis, das sich während der Brautzeit meiner Mutter ereignete. Mein Vater besuchte die Familie von Loewe. Großvater hatte einen Wanderer Cabriolet als Firmenwagen, bestückt mit einer seiner Konstruktionen. Er lud zu einer Nachmittagsfahrt ein. Er, stolz und zufrieden zurückgelehnt hinter dem Lenkrad, daneben meine Großmutter und im Fond das junge Brautpaar. So ging es im zunächst mäßigen Tempo voran, bis er vor sich fahrend ein Auto entdeckte. In diesem Augenblick trat er auf das Gaspedal. Großmutter schrie auf „Dölfchen, was machst Du?", und ergriff, nach Halt suchend, den Türgriff, wobei sich die Tür öffnete. Großvater, ohne die Beschleunigung zu reduzieren, lehnte sich über sie, zog die Tür wieder zu und setzte zum Überholen des endlich erreichten Autos an. Auf gleicher Höhe, winkte er dem Fahrer desselben huldvoll zu, überholte ihn und bog in die nächste Seitenstraße ein. Danach fuhr er wieder auf die leere Straße, wohl zu neuerlichen Präsentation des Wanderer und seiner Konstruktion!

Zu den Autos, die mich zu jener Zeit begeisterten, zählten neben den Mercedes-, Horch- und Maybach-Cabriolets und -Limousinen, besonders der „Autobahn-Adler" und der Tatraplan, der sich stromlinienförmig mit zentraler Heckflosse ausgelegt von den üblichen automobilen Formen unterschied. Mein Vater fuhr ein hellgrünes Opel-Admiral-Cabriolet mit einem in Schweinsleder ausgestattetem Interieur und einem klangvollen General Motors-Sechszylinder-Motor. Natürlich gab es auch Favoriten in der Nutzfahrzeugsparte: der kleine Opel-Blitz und die imposanten Lastzüge, dreiachsige Lastwagen mit Anhänger der Firmen Büssing, Mercedes und Krupp. Dazu kamen Militärfahrzeuge in Form von Kübelwagen, Halbketten-Schlepper sowie Busse und Tanklaster mit Aral-Aufdruck. Die Firma Märklin bot damals eine große Fahrzeugpalette als Spielzeug-Reproduktionen im verkleinerten 1:43-Maßstab als Druckgussmodelle an, die sich natürlich fast vollständig im Spielzeug-Fuhrpark der Gebrüder Muth befanden.

Die Schule weckte in mir nicht gerade großes Interesse, abgesehen von den Fächern Musik, Religion, Zeichnen und Turnen. Trotzdem durchlief ich die ersten beiden Grundschulklassen so gut, dass ich die Dritte überspringen durfte. Es herrschte ja noch Schule im wahrsten Sinne, bestraft wurde mit einem dünnen Rohrstöckchen oder man musste als schlechtes Beispiel auf dem Tisch stehen und wurde vom Lehrer mit den Worten: „Schaut ihn an, er wird es nur zum Bäcker schaffen" bespöttelt. Und als ich einmal in der Schule mit einer alten preußischen roten Militärmütze, die mir bei einem damals beliebten Spiel mit meinen Vettern so gut stand und mit der ich mich einfach großartig fühlte, erschien, bekam ich einen Verweis und wurde sofort nach Hause geschickt. Für mich war das unverständlich.

In den folgenden Jahren wurden der Krieg und seine Auswirkungen, besonders durch die fast täglichen Luftangriffe, auch für uns deutlich spürbar und beeinträchtige das bisher unbeschwerte Leben. Rathenow liegt zirka 80 km westlich von Berlin an der Eisenbahnstrecke Magdeburg – Stendal – Nauen – Berlin. Berlin war der zentrale Angriffspunkt der US- und der englischen Royal Air Forces. Was dort nicht abgeworfen wurde, teils wegen heftigem Flakbeschuss oder durch wetterbedingte Änderung der Flugrouten, wurde auf dem Rückflug entleert, deshalb traf es auch öfters Rathenow und Umgebung. Im Kino lief vor jedem Film die „Deutsche Wochenschau" mit den aktuellen Sondermeldungen zu den Entwicklungen und Siegen an den verschiedenen Fronten, dramatisch intoniert mit einem Auszug aus „Les Préludes" von Franz Liszt. Die Filmauswahl umfasste die klassischen Filme der 1930er-Jahre mit Stars wie Willy Fritsch, Lilian Harvey, Zarah Leander, Lil Dagover, Hans Albers oder Otto Gebühr.

Unvergessen ist das Aufheulen der Sirenen als Warnung vor bevorstehenden Luftangriffen. Dann der Gang hinab in den Keller mit seinem typischen Geruch, und das manchmal mehrmals in einer Nacht; die Einschlaggeräusche der unterschiedlichen Bombentypen mit vermeintlicher Ortung; dann die Gerüche am Morgen danach durch den Trümmerstaub, dem zum Teil noch kokelnden Holz und den in den Trümmern liegenden Toten verursacht; die ständigen Gespräche der Eltern über die Ereignisse und ihre Weisungen und Gebote zum Umgang mit den unterschiedlichsten Situationen. All das wurde zur täglichen Normalität. Mitte 1944 wurde mein Vater plötzlich zum Militär eingezogen, im Nachhinein noch immer unverständlich, hatte er doch ausgezeichnete Kontakte zur Wehrmacht, besonders zur Luftwaffe. Der Grund war wohl eine ernste Auseinandersetzung zwischen ihm und den Behörden der Gauleitung über den Umgang mit den Kriegsgefangenen, die in unserer Firma arbeiteten. Wie alle Firmen musste sich auch die Firma Nitsche & Günther an der Erstellung von Wehrmachtsgut beteiligen. Es ging hauptsächlich um die Produktion von optischen Zieleinrichtungen für die Kampfflugzeuge. Mitunter kamen Generäle der obersten Luftwaffenführung nach den offiziellen Besprechungen in der Firma in unser Haus zu einem Empfang. Für mich war das immer besonders aufregend, brachten sie doch meistens wundervolle metallene, detailgetreue Flugzeugmodelle als Präsent mit – leider nicht zum Spielen. Diese Modelle wurden im der Vitrine des Herrenzimmers eingeschlossen und konnten somit von mir nur durch die Scheiben von außen bewundert werden. Die Luftangriffe nahmen an Intensität zu. Auf dem Weg zum Schwimmen im nahe gelegenen Wolzensee entgingen wir Kinder einmal nur knapp einem gezielten Tieffliegerangriff. Auf meinen Warnruf warfen wir uns sofort rechts und links ins Gras. Wieder aufgerappelt, den Schrecken noch im Gesicht, hörte ich ein gleichmäßiges Brummen in der Luft. Ein Blick zum Himmel gab die Erklärung. Dort zeichnete sich, von der Sonne glänzend und spiegelnd ein großer Verband von amerikanischen B17-„Superfortress"-Bomber ab. Wir Jungs hatten alle kleine Typenbücher, in denen die aktuellen Flugzeugtypen als Foto und Aufrisse in allen Perspektiven dargestellt waren. Für uns war es fast ein Sport, die einzelnen Typen korrekt zu identifizieren. Dieser Bomberverband war auf dem Weg, um an diesem Nachmittag Rathenows Altstadt großflächig zu zerbomben. Hatten sie das vorgegebene Ziel verfehlt?

Im Frühjahr 1945 kündigte sich das Ende des Krieges an. Meine Mutter bereitete uns Kinder mit vielen Anweisungen, Ratschlägen, mahnenden Ge- und Verboten auf den Fall der Fälle vor. Eins dieser Gebote war: „Sollten wir getrennt werden, bleibt Ihr an dem Platz stehen, bis ich Euch wiederfinde." Doch es kam ganz anders und für mich bekam der Begriff „Verantwortung" plötzlich eine ganz persönlich reale Bedeutung. Ende März 1945, Rathenow war mittlerweile Kampfzone, erhielten wir unerwarteten „Besuch" von einem russischen Offizier und seinem Adjutanten. Er sprach fließend Deutsch, begrüßte meine Mutter, die zuvor mit meinem Bruder eine Partie Schach gespielt hatte, mit Handkuss, meinte mit Blick auf das Schachbrett: „Aaach, Schaaach", setzte sich und machte einen Zug. Er bot meiner Mutter eine russische Papirossa an, doch sie bevorzugte ihre eigene Marke, gab ihr Feuer und zündete sich die eigene an. Im Gespräch warnte er meine Mutter vor den nachfolgenden Truppen, sie solle diese nicht ins Haus lassen. Sie selbst wären der erste Sturmtrupp, doch für das Verhalten der nachfolgenden Truppen könne er keine Garantien übernehmen. Der 27. April 1945 war ein sonniger Tag, draußen lieferte sich dem Geräusch nach ein russischer Panzer ein Gefecht mit einer am Ende der Straße in Stellung gegangenen Pak, einer Panzerabwehrkanone. Es ging hin und her und gleichzeitig pochte es laut und nicht endend an der Garagentür. Der Warnung entgegen öffnete meine Mutter die Haustür, um sich umzusehen. Zwei angetrunkene Mongolen, die Maschinenpistole in den Händen, standen dort und lallten Unverständliches. Sie folgten meiner Mutter zur Haustür, unverständliche Wünsche äußernd. Im gleichen Augenblick kam unser Hausmädchen die Treppe herunter. Die Mongolen schubsten meine Mutter zur Seite und stürmten dem, die Treppe wieder hinauf rennenden Mädchen hinterher. Sie sah ihre Rettung in einem Sprung vom ersten Stock in das hintere Haus-Terrain. Mittlerweile war meine Mutter aus dem Haus geeilt, um im Nachbarhaus, wo es jemand gab, der Russisch sprach, um Beistand zu rufen. Einer der beiden Soldaten, wohl annehmend, dass ihnen Gefahr drohte, hob die Waffe und schoss sieben Mal auf meine Mutter. In Panik lief ich durch das Haus zum hinteren Ausgang und durch den Park, der am anliegenden Krankenhausgelände endete, kletterte über den Zaun, der sich rechts zum Anwesen der Großeltern mit einer zwei Meter hohen Klinkermauer fortsetzte. Auch diese Mauer bezwang ich, auf den Dahlien-Rabatten auf Großvaters Grundstück landend und dann weiter zum Haus. Niemand hörte mein Rufen, niemand öffnete. Ich hatte in meiner Panik vergessen, dass der gesamte Familien-Clan sich sicherheitshalber in den Firmenbunker begeben hatte. Meine Mutter war darüber informiert und auch dazu eingeladen worden, hatte es jedoch abgelehnt: „Hier hat mich Ernst verlassen, hier erwarte ich ihn wieder zurück", so ihre Entscheidung. Was jetzt nur tun? Im Nebenhaus war das Getränke-Depot Bauder. Frau Bauder öffnete vorsichtig die Türe, ließ mich ins Haus und versuchte, mich ob meines Berichts zu beruhigen. Während einer Feuerpause, der Schusswechsel dauerte an, ging sie mit mir, eng an den Zäunen entlang zu unserem Haus. Es lag zurückgesetzt zur Straße und hatte eine lange mit Platten verlegte Zufahrt, die zum Haus und zur Garage führte. An der Hecke zum Nachbarhaus lag meine Mutter. Auf unser Rufen reagierten die Nachbarn und berichteten von dem, was sie mitbekommen hatten. Demnach waren meine jüngere Schwester und die drei bei uns einquartierten Personen aus dem Rheinland ins Krankenhaus gebracht worden.

A. G. von Loewe, Großvater mütterlicherseits: Automaniak und Motivator

Ein Nachbar erklärte sich bereit, mich zu begleiten. In einem großen Krankensaal, der mit ebenfalls dorthin Geflüchteten überfüllt war, fand ich sie wieder, wie die Meisten auf dem Boden kauernd. Wir alle hatten nur das, was wir am Leibe trugen, nur meine Schwester hatte ihre Lieblingspuppe fest im Arm mitgenommen. Die Betten waren mit zivilen Patienten belegt und nicht etwa mit deutschen Soldaten, die sich darin verstecken wollten, wie die am Abend plötzlich hereinstürmende russische Patrouille annahm. Ohne sich zu vergewissern, ohne die Decken wegzuziehen, erschossen sie alle in ihren Betten. Es wurden vier unbeschreibliche, unvergessliche, grauenvolle Tage, die wir alle in diesem Saal erleben mussten. Mit den nicht entsorgten Toten, dem Schreien und Wimmern der Verletzten, den verängstigten Müttern, Kindern und den geschockten alten Leuten. Keiner durfte den Saal verlassen oder über die im unteren Teil mattierten Fenster schauen. Zwei große Kübel dienten als Trinkwasserversorgung und Toilette. Nahrung gab es keine und wurde von denen, die sich noch etwas Proviant mitnehmen konnten, zwischen allen verteilt. In der zweiten Nachthälfte wurde der Saal durch ein Flammenmeer erleuchtet, das von der Lage her wohl das großväterliche wie auch unser Anwesen sein mussten, was sich später leider bestätigte.

Nach all den behüteten und unbeschwerten Jahren im Familienkreis, mit all den Möglichkeiten zur eigenen Entfaltung, hatte sich dieser bisher gewohnte Lebensablauf nun radikal verändert. Ich wurde plötzlich ob meiner neuneinhalb Jahre außergewöhnlich gefordert und war gezwungen, das bisher Aufgenommene und Erlebte mit den dabei intuitiv gewonnenen Erfahrungen umzusetzen, um in dieser neuen Realität zu bestehen. Ich musste spontane Entscheidungen treffen und die Verantwortung für mich und die mir nun anvertraute kleine fünfeinhalbjährige Schwester übernehmen. Zu diesem Zeitpunkt war mir noch nicht bewusst, was da noch alles auf uns zukommen würde. Nach dem vierten Tag wurden wir alle mit „Dawei, Dawei"-Rufen aus dem Saal runter auf den Hof getrieben, wo wir uns in Vierergruppen aufstellen sollten. Flankiert von bewaffneten russischen Soldaten, setzte sich der Treck dann in Bewegung, zunächst durch das Krankenhausgelände Richtung östlicher Ringstraße.

Kurz vor dem Doppeltor befand sich ein asphaltierter Platz, der vollständig mit zusammengetragenen, nebeneinander aufgereihten Leichen belegt war, die man mit großen Planen abgedeckt hatte. Bei einer am Rande liegenden reichte die Plane nicht ganz zur Abdeckung, und gab somit einen Teil der Toten frei. Es war meine Mutter, die ich beim Vorbeilaufen an ihrem Kostümrock und dem Gürtel, der ein kleines Schiffchen als Zierrat trug, erkannte.

Durch die Kaffeeberge wurden wir durch die kämpfenden russischen Linien getrieben. Unter dem Lärm des Abfeuerns, der in Reihe positionierten Stalinorgeln, der MGs und dem drängenden „Dawei, Dawei" der Begleitsoldaten stolperten wir über entleerte Munitionskästen, weggeworfene Waffen, Baumwurzeln und tote Soldaten. Diejenigen, die versuchten, in dieser chaotischen Situation aus dem Treck zu flüchten, wurden sofort erschossen. Und mitten im Treck war ich mit der kleinen Schwester, ihre Puppe wieder fest im Arm an sich gepresst, zusammen mit der Einquartierungsfamilie aus Düren, eine Mutter mit Sohn und kleiner Tochter. Es ging Richtung Osten, Nennhausen/Damme. Zwölf Kilometer durch verlassenes Kampfgebiet, übersät mit ausgebrannten Fahrzeugen und Panzern, verlassene Geschützen, Munitionsstapeln und toten deutschen Soldaten. Ungeheuerliche Bilder und Eindrücke, die sich uns Kindern darboten und die sich mir bis zum heutigen Tage fest eingeprägt haben. Gegen Abend erreichten wir einen großen Bauernhof, der erste Halt seit dem Verlassen des Krankenhauses. Geschlafen wurde in den Scheunen. Die Mutter bat mich, auch ihre Tochter fest in den Arm zu nehmen, um sie ebenfalls als Kleinkind erscheinen zu lassen. Am nächsten Tag wurden wir je nach Alter und Geschlecht zu Arbeiten eingeteilt.

Ich wurde mit einer Gruppe von acht fast gleichaltrigen Jungen zum Bergen toter Pferde eingesetzt, die wir wortlos, doch keuchend zu einer dafür vorgesehenen Grube schleiften. Danach ging es hungrig und erschöpft in die Waschküche zurück, wo in einem großen Kessel eine Art von Suppe angerührt wurde. Als ich unter dem Stapel Feuerholz zwei Bündel mit Geldscheinen fand und diese den Frauen zeigte, meinten sie: „Die kanns'te gleich mit ins Feuer werfen, damit kanns'te nu äh nischt mehr mit anfangen!"

Drei Tage später war die Dürener Familie ohne ein Wort verschwunden. Nun vollkommen auf uns selbst gestellt, erfuhr ich, dass jemand zurück nach Rathenow wollte. Angesprochen, ob wir beide mitkommen könnten, meinte er nur: „Von mir aus, wenn'ste nicht schlapp machst, kanns'te mitloofen, uffpassen müssde aba sellba." Der Rückmarsch verlief durch das gleiche erschreckende Szenario von toten Menschen, Pferden und zurückgelassenem Material; wenigstens wurde nicht mehr gekämpft. Nur in der westlichen Ferne konnte man noch das Wummern, Heulen und Rattern der diversen Waffensysteme vernehmen. Am Waldrand trennten wir uns von dem Mann. Mein Ziel waren zunächst die beiden Familienanwesen, die aber total ausgebrannt waren. Weil ich nicht wusste, wo sich der Firmenbunker befand, lief ich durch das ebenfalls stark zerstörte Rathenow über die noch intakte Havelbrücke in die Altstadt zur Großen Baustraße 7, dem Haus des Schulfreundes meines Vaters und dessen Familie, die dort einen Kolonialwarenladen führten. Nach einer Nacht dort versuchten wir den verbliebenen Clan ausfindig zu machen. Dieser hatte in den Räumen der Forstwirtschaft gegenüber dem Nitsche & Günther Verwaltungsgebäude eine Bleibe gefunden. Dort wurden wir nun auch integriert und fanden in der Familiengemeinschaft mit unseren Vettern und Cousinen das vertraute Umfeld. Schon Im Dezember 1945 kam mein Vater mit einer der ersten Gruppen aus russischer Gefangenschaft zurück und wurde sofort von den damals neu formierten Vorboten der späteren Stasi vernommen.

Nachdem man ihn dreimal zum Verhör geladen und wieder freigelassen hatte, nahm er nun den Zug nach Berlin in die westliche Zone. Er fühlte sich nach den Verhören und Anpöbeleien nicht mehr sicher. Man warf ihm Beihilfe zur Kriegstreiberei durch die Herstellung optischer Komponenten für Rüstungsgüter vor. Meine Schwester und ich folgten später nach. In Berlin Lichterfelde fanden wir eine passende Unterkunft.

Berlin war im Jahr 1946 von den großen Themen „Überleben, Wiederaufbau und Neuanfang" erfasst. Lichterfelde-West lag im amerikanischen Sektor, und das wirkte sich auf fast alle Bereiche aus. Optisch fielen die omnipräsenten GIs in ihren lässigen Uniformen, beigen Hemden mit offenem Kragen und sichtbaren T-Shirts, locker in den Hosen steckend, olivfarbenen Schiffchen-Käppis und halbhohen Boots auf. Ebenso die Jeeps, die 3-achsigen Army-Trucks, die Buicks, Chevrolets und Ford-Limousinen als Staff Cars, alles akustisch durch Glenn Miller und Louis Armstrong aus dem neu installierten AFN-Armee-Sender untermalt. Die Kaugummis in ihren diversen Geschmacksvarianten oder die Life-Saver-Drops, verpackt in einer Rolle kleiner bunter Ringe, einem Rettungsring nachempfunden, waren neu für uns: Es waren alles Objekte unbekannter, doch verlockend süßer Begierden!

Der Zufall wollte es, dass die Familie Mertens, amerikanische Freunde meiner Eltern, als Angehörige der US-Besatzung, in Berlin stationiert wurde. Er war Captain bei der US-Army und bewohnte in Zehlendorf eine kleine Villa mit seiner Frau und Sohn Patrick, der das gleiche Alter wie ich hatte, sowie mit seinem jungen Foxterrier Hund'schen. Zu ihm wurde ich nun täglich zum Spielen geschickt. Er konnte kein Deutsch und ich kein Englisch, doch brachten wir uns quasi im Spiel gegenseitig die Sprache des anderen bei.

Es war die Zeit des ständigen Hungers. Die Lebensmittelkarten bestimmten die Nahrungsmenge und Auswahl. Alles war karg rationiert. Abends wurden die Brotscheiben auf der Waage abgewogen. Salzhering und Kohl in allen Zubereitungsvarianten bestimmten die tägliche Speisekarte. Umso mehr genoss ich die Sandwiches, die Riesenauswahl an Candies, wie die Hershey`s Chocolate Bars, Coca-Cola und alle sonstigen Köstlichkeiten, die mir bei den Mertens nun zu Teil wurden.

Im neu eröffneten „German-American Youth Club" lernte ich neben Baseball, Federball auch das beliebte Bingo-Spiel kennen. Mein Hauptinteresse galt jedoch den großformatigen Magazinen wie „Saturday Evening Post", „Collier`s" und „Life" mit ihren ganzseitigen Automobil-Werbeanzeigen der großen amerikanischen Hersteller General Motors, Ford und Chrysler. Neben den zeichnerisch in überzogenen Perspektiven dargestellten Fahrzeugen und Interieurs waren es auch die Werbe-Slogans, wie zum Beispiel „First by far, with a post-war car", die mir zum Teil bis heute geläufig sind. Diese Autos unterschieden sich schon sehr von den mir bisher bekannten und vertrauten deutschen Autos. Das Design war großzügiger, voluminöser, der Klang der Sechs- und Achtzylinder-Motoren dumpfer, die Namen exotischer: Cadillac, Buick, Oldsmobile, Pontiac, Plymouth sowie Packard. An Motorrädern sah man neben den bekannten deutschen Vorkriegsmarken wie BMW, DKW, NSU nun auch die schweren Militär-Harleys mit seitlichem Gewehrköcher. Sehr ungewohnt waren der dumpf stampfende Sound, der sich beim Gaswegnehmen in ein „rotziges Geblabbere" verwandelte sowie die hohen und breiten Lenker.

Da ich die Grundschule, zu der Zeit „Volksschule" genannt, durch Überspringen einer Klasse frühzeitig beendet hatte, konnte ich direkt in das Lilienthal-Gymnasium eintreten. Mit meinen spielerisch erlernten Englischkenntnissen brillierte ich, durch den US-Jugendclub war ich sportlich gestählt und zeichnerisch motiviert konnte ich mein mangelndes Interesse an den anderen Fächern kompensieren. Das Gymnasium war nur mit der Straßenbahn erreichbar, was mein Interesse und meine Liebe zu dieser Mobilitätsart weckte. Ich versuchte mich nach Möglichkeit, stets neben den Fahrer zu positionieren, um aufmerksam die jeweiligen Bewegungen und das typische Klicken der Fahrtgeber-Kurbel zu beobachten. Das Heranziehen der Kurbel, um zu beschleunigen, dann mit einer Kurbelbewegung zurück in die neutrale Leerlaufstellung, wieder vor auf Fahrt und dann langsam, Klick für Klick abbremsend bis zur Stopp-Position. In einem speziell angelegten Heftchen notierte ich mir die jeweilige Typennummer auf dem Fahrstand und die Nummer der jeweiligen Triebwagen. Ich entwickelte sehr bald Vorlieben für bestimmte Typen, deren Nummern ich inzwischen auswendig kannte und ließ schon die eine oder andere Bahn aus, bis einer meiner Lieblingstypen eintraf. Bei Ankunft bestieg ich die Bahn übrigens nicht während der Halte-Phase, sondern ließ sie erst anfahren und lief dann mit einer Hand an der vertikalen Messing-Griffstange zunächst mit, um dann auf die unterste der drei Stufen zu springen. Der Ehrgeiz zu sportlicher Optimierung des späten Aufspringens geriet jedoch recht schnell an seine Grenzen. Als wieder einmal die Straßenbahn kam und hielt, nahm ich beim kurzen Plattform-Check dort eine junge Dame wahr, die beim Anfahren der Bahn interessiert meinen Einstiegssport verfolgte. Spurtend und zugleich abgelenkt durch ihre attraktive Erscheinung verpasste ich den gewohnten Moment zum Aufsprung. Die Bahn nahm an Fahrt zu, ich natürlich auch, die linke Hand schon am Griff, hatte ich doch irgendwie den richtigen Moment zum Aufspringen verpasst. Mit der Absicht, mein Vorhaben abzubrechen, lockerte ich den Griff etwas, was zur Folge hatte, dass ich die Ecke der Tritteinbuchtung ins Kreuz bekam. Loslassen ging nicht mehr, denn über die Konsequenzen war ich mir blitzschnell bewusst. Somit blieb nur die Option zu einem mut(h)igen Sprung hinauf. Das Lächeln der Dame war zwar mehr spöttisch, doch ich nahm es als Anerkennung meines sportlichen Wagemuts hin. In meinem späteren Leben wurde ich immer wieder an diese Situation erinnert: Etwas wagen, doch sich der Konsequenzen bewusst sein und handeln.

Ein weiteres einprägsames Erlebnis war, als ein GI, der sich vor einer Kaserneneinfahrt an seinen Wagen lehnte und sich mit einem anderen GI unterhielt, mir seine Zigarettenkippe vor die Füße schnippte. Ich blickte kurz runter, setze aber meinen Marsch fort. Kaum hatte ich die Einfahrt, die von zwei MP-Posten mit weißen Helmen, Koppeln und Gamaschen flankiert wurde, passiert, vernahm ich einen Pfiff: „Hey guy, stop!" Ich blieb stehen und drehte mich um. Einer der MPs kam auf mich zu, fasste in eine seiner Taschen und reichte mir mit der Bemerkung: „Respect, young man, have a gum", eine Packung Kaugummi. Eine kleine, flache, rechteckige, weiße Packung mit dunkelgrüner Beschriftung „Wrigley`s Spearmint". Es hatte ihm offensichtlich sehr imponiert, dass ich die Kippe, eine höchst begehrte und aufmerksam gesammelte Rarität, nicht aufgehoben hatte. Meine Eltern hatten uns Buben sehr früh den Unterschied zwischen Arroganz und Stolz erklärt, und wie man sich im Falle von Provokationen verhält. Wichtig bei uns waren Höflichkeit, generelles Benehmen, wie auch zu Tisch das Erbitten und Bedanken, die Verbeugung vor Älteren, die Bedeutung und richtige Anwendung eines Handkusses. Auch wurden wir Kinder schon früh auf Reisen mitgenommen. In Hotel-Restaurants saßen wir aufrecht am Tisch, die Hände auf dem Tisch, die Arme senkrecht nach unten, eng am Körper geführt und wenn einer von uns die beigebrachten Regeln nicht befolgte, so genügte nur ein Blick unserer Mutter, um uns zu disziplinieren. Man stand auf, erhielt den Zimmerschlüssel, verbeugte sich, verließ den Speisesaal und ging auf das Zimmer. Die Mutter ließ nicht lange auf sich warten. Eine derart strenge Erziehung mag besonders heute vielleicht unverständlich erscheinenen, doch war dies die Basis für mich, um all den Anforderungen, Ereignissen, Gefahren und Situationen im Leben später innerlich gewachsen zu sein.

In jeder Freitagsausgabe einer Berliner Tageszeitung gab es eine Comic-Serie, in deren Zentrum Orje, ein kleiner Hans Dampf in wohl allen Berliner Gassen, stand. Knappes Mäntelchen, blonder Lockenschopf, clever und gewitzt, jeder Situation gewachsen und das mit stets flotten Sprüchen. Was die Frisur und das Mäntelchen betraf, konnte ich mich mit dieser Figur durchaus identifizieren. Das Mäntelchen, welches mir in Berlin aus einem ehemaligen SA-Mantel geschneidert wurde, Lederhose, die in ihrer Universalität auch in Preußen von Buben zwischen sechs und zwölf Jahren geschätzt und getragen wurde. Nackte Beine mit knappen Söckchen und Sandalen waren mein tägliches Outfit, wobei die Söckchen wegen des knappen Bestands, nur sonntags erlaubt waren. Nach knapper Erledigung der notwendigen Schularbeiten machte ich mich zu nachmittäglichen Ausflügen quer durch Berlin auf. Eine Netzkarte für Straßen, S- und U-Bahn ermöglichte meine persönliche Mobilität. Ich empfand nackte Füße als nicht adäquat, das passte nicht zu meiner, sich schon früh entwickelnden stilistischen Gesamtauffassung. So versteckte ich die Söckchen vor dem Verlassen des Hauses zunächst in der Manteltasche und zog sie mir in sicherer Entfernung an. Eines Tages, ich wartete nach einem Streifzug durch Berlins Mitte am S-Bahnhof Alexanderplatz, welcher zu der Zeit überhaupt „das" Zentrum des Tauschens und Handelns war, kam mal wieder die S-Bahn und hielt. Die Türen öffneten sich und mein Vater und mein Bruder stiegen aus dem Zug. Sie gingen aber, ohne mich anzusprechen, an mir vorbei. Wir waren wohl alle drei über die

Verwaltungsgebäude der Firma Nitsche & Günther KG

unerwartete Situation erschrocken. Beim Abendbrot zunächst die üblichen Abläufe und Gespräche, wobei ich innerlich doch etwas unruhig wurde. „Knäblein", so begann mein Vater dann endlich, „heute Nachmittag hatten wir eine sehr eigenartige Begegnung. Als wir aus der S-Bahn stiegen, stand da ein Knäblein, das genauso aussah wie Du!" „Wirklich?", so meine Antwort: „Das ist ja witzig, da seid Ihr wohl Orje begegnet?" Keine weiteren Fragen. Man ließ mich schmoren, überließ mich meinen eigenen Gedanken dazu, was mir sehr imponierte und ich lernte mehr daraus als aus einer Ermahnung oder gar Strafe.

Im Frühjahr 1948 wurde ich mit meiner Schwester in einen Omnibus gesetzt. Die Puppe war wieder dabei, aber diesmal auch ein 40 Pfund schwerer Koffer. Wir wurden heimlich in einem der Schweizer Kinderhilfetransporte untergebracht. Die Grenzüberquerung mit der russisch-ostdeutschen Kontrolle verlief problemlos, es wurde lediglich durchgezählt. In Frankfurt am Main wurden wir von den Begleitern des Kindertransports verabschiedet. Hier stand ich nun mit Schwester, Puppe und dem 40 Pfund schweren Koffer. Wie von meinen Eltern gelernt, rief ich nach einem Träger, der mir den Koffer abnahm und uns zum richtigen Gleis zur Weiterfahrt nach Solingen, dem neuen Wohnort meines Vaters, begleitete. Ich gab ihm aus meinem Reisebudget, das sich aus kleinen Scheinen zusammensetzte, einen Zwanziger-Schein.

Das war nicht viel, aber nach meinem damaligen Verständnis waren Scheine immer mehr wert als Geldstücke. Er akzeptierte es mit einem verständnisvollen Lächeln und wünschte uns eine gute Weiterfahrt. In Solingen war mein Vater zusammen mit einem bekannten Rasierklingen- und Apparate-Hersteller eine Kooperation eingegangen, um der Firma Nitsche & Günther eine gesunde Basis zur Weiterführung zu geben. Die Stammfirma in Rathenow hatte die russische Besatzungsmacht der Stadt Rathenow zum „Geschenk" gemacht, und diese nahm später unter der Firmierung Rathenower Optische Werke die Produktion auch wieder auf. Da der neue Partner meines Vaters an der Herstellung von Brillen Gefallen fand, übernahm er die Erstellung einer modischen Linie mit eigenem „Atrio"-Branding. Diese neue Doppelkonstellation erwies sich als sehr tragfähig. Ich wurde in das Schwertstraßen-Gymnasium eingeschult. Das für mich neue Fach Latein war nun absolut nicht mein Ding. Ich fand diese Mutter aller Sprachen holprig, ohne Leichtigkeit oder Eleganz gegenüber der Französischen oder gar dem leichten und exakten Englisch. Was mich jedoch interessierte, war die römische Geschichte, besonders Cäsars gallischer Krieg. Meine Begeisterung übertrug sich allerdings nicht auf das Erlernen der lateinischen Vokabeln und Grammatik. Ich konzentrierte mich hingegen auf die Visualisierung der Legionäre, deren Ausstattungen, Waffen und Geräte, den Bau von Kastellen und Schlachtaufstellungen. Alles fein säuberlich und stimmig mit Bleistift und Tusche ausgearbeitet. Meine entsprechende Interpretationen von Cäsars Texten und den oft darin wiederkehrenden, immer wieder gerne verwendeten Floskeln zu Satzanfängen oder Übergänge brachte mir viel Begeisterung seitens meiner Schulkameraden ein. Der Lateinlehrer hingegen fand weder diese „Auslegungen", noch meine zeichnerischen Beiträge den Vokabeln und der Grammatik ebenbürtig. Ich wurde mit einer Fünf benotet. Es gab zahlreiche Ausgaben der deutschen Übersetzung zu Cäsars Gallien-Feldzug, in allen Größen und Ausführungen. Man konnte sie, je nach eigener Finesse, auf den Knien, in Taschenuhren bei entfernten Zeigern oder Pullover-Stulpen zur hilfreichen Verwendung bei Klassenarbeiten positionieren. Ich wurde vorne an das Pult neben dem Katheder gesetzt, Gesicht zur Klasse, um ein wohl öfters bemerktes Abschreiben zu verhindern. Was der Lehrer nicht wusste, war, dass ich das Lesen der Buchstaben „über Kopf" geübt hatte. So stand er neben mir und sah wie ich zügig, mit Blick auf das gerade Geschriebene des Kameraden in der ersten Reihe rechts, in mein Heft schrieb.

Beruhigt verließ er mich und machte seine Runde durch die Klasse. Für mich eine Erleichterung, denn nun konnte ich in das mir kurz entgegengehaltene Heft des hilfreichen Mitschülers in korrekt lesbarer Form einsehen. Es blieb auch nach solchen Manövern bei der bekannten Benotung. Meine Einstellung dazu war: Cäsar ja, Latein nein! Auch das Auswendiglernen beschaulicher Texte aus deutscher Lyrik lehnte ich ab. Ein Eintrag in das gefürchtete Buch eines Deutschlehrer fiel schlecht aus. Es war ein Aufsatz als Hausarbeit aufgegeben worden, der sich aber in der Ausarbeitung wegen der intensiven Pflege meines Fahrrads zeitmäßig nicht mehr realisieren ließ. Wohl ahnend, wieder einen potentiellen Delinquenten der Faulheit zu erwischen, rief mich der Lehrer zum Vortragen auf. Ich stand auf, nahm mein Heft und begann, auf das leere Innenblatt blickend, einen Text frei zu erdichten und diesen recht flüssig vorzutragen. Was ich dabei nicht wahrnahm war, dass der Lehrer mir über die Schulter ins leere Heft blickte. Er ließ mich aber weiter vortragen und meinte dann schlicht „Muth, Du kannst Dich jetzt setzen". Am Ende dieser für mich so besonderen Deutsch-Stunde meinte er: „Ich bewundere deine blühende Phantasie. An und für sich wäre da ein Eintrag fällig, doch, was du da so aus dem Nichts improvisiert vorgetragen hast, das imponiert mir!"

Ein junger Mann braucht Geld. Taschengeld war wegen der damaligen wirtschaftlichen Lage so gar kein Thema und somit versuchte ich, selber Geld zu verdienen. Wir waren in eine größere Wohnung umgezogen, sehr nahe dem Schlagbaum, einer wichtigen Kreuzung in Solingen. Im Erdgeschoß befand sich das Kolonialwarengeschäft Bohnen. Bei diesem heuerte ich für Liefergänge an. Zunächst konnte ich ein Fahrrad aus seinem Bestand benutzen, was zwar nützlich war, mich aber wegen seiner funktionalen Kargheit nicht befriedigte. Von dem verdienten Geld kaufte ich mir ein gebrauchtes, in Schwarz lackiertes Fahrrad. Ich demontierte alles, was nicht meiner Vorstellung entsprach und ersetzte es durch entsprechend „sportliche" Komponenten. Bei der Firma Voss, einem BMW-Motorrad-Händler, erwarb ich eine kleine Mofa-Telegabel. Zusammen mit einem kleinen, rechts und links abgesägten Lenker, einem Scheinwerfer mit kleiner verchromten Schirmblende, gekürzten Schutzblechen und einer Simplex-6-Gang-Schaltung entstand meine „persönliche BMW", wenn auch, mit Pedal- statt Kardanantrieb. Den Rahmen ließ ich im vorderen Gabelkopf-Bereich nach hinten auslaufend mit silberner Farbe lackieren. Ich wusste zu der Zeit nicht, dass ich mich 24 Jahre später bei einer „Farb-Entscheidung" daran erinnern würde.

Das Treten wurde mit nachgeahmten Motorengeräuschen untermalt, präzise Schaltvorgänge wurden durch die Bedienung der Schaltung mit dem kleinen, auf dem Rahmenrohr befestigen Schalthebel vollzogen. Dieses wahrlich besondere „Fahrrad" wurde nun zum Fokus all meiner Freizeitaktivitäten. Mittlerweile hatte ich zwei Freunde gefunden, die ebenfalls „zweiradinfiziert" waren, und deren Räder ebenfalls nach den von mir aufgestellten stilistischen Vorgaben getrimmt wurden.

Jeden Samstag unternahmen wir Fahrradtouren rund um Solingen mit seinen topografischen Herausforderungen, manchmal sogar bis nach Köln und zurück. Auch der Nürburgring zum Formel-1-Rennen war ein Ziel. Später, nach Schulwechsel auf die Wuppertaler Privatschule Hoppmann, der ersten Liebe frönend, fuhr ich mit dem Fahrrad von Solingen aus über Wuppertal bis nach Gevelsberg hin und zurück, immerhin zirka 40 km. Dort traf ich mich mit Camilla. Auf dem Weg zur Eisdiele versuchte ich, auf meinem Fahrrad mit dem typischen Freilaufklickern, lässig den Lenkervorbau zwischen Daumen und Zeigefinger der linken Hand führend, das rechte Hosenbein mit einer Klammer zusammengehalten, ihr meine Huldigungen darzubringen. Nach einer Stunde aber musste ich schon wieder zurück. Pünktlich um 19 Uhr wurde zu Abend gegessen, das hieß, ich musste mindestens eine halbe Stunde vorher daheim sein, um das Fahrrad zu versorgen und um mir die Hände zu schrubben, unter besonderer Berücksichtigung der Reinigung der Fingernägel, auf der ein besonderer Augenmerk meines Vaters lag.

Der wahre Auslöser meiner Begeisterung für BMW-Motorräder war ein visuell-akustischer: An einem für mich etwas langweiligen Samstag, wir hatten gerade die Wohnung im Hause Bohnen bezogen, schaute ich mittags aus dem Fenster. Interessiert den unten vorbeifahrenden Autos folgend, vernahm ich ein außergewöhnliches Brummen mit kurzen, sich wiederholenden aber überlagernden Unterbrechungen. Gespannt blickte ich nach unten, da erschienen hintereinander in Reihe fahrend, vier schwarze 500 ccm-BMW-Maschinen. Nach Überquerung der Schlagbaum-Kreuzung beschleunigten sie und schalteten hoch. Die Fahrer, fast aufrecht sitzend, mit Schirmmützen und Rennfahrerbrillen, den festgebundenen Schal vorne in den Sportjacketts steckend, mit eng anliegenden Hosen und Schaftstiefeln, die Handschuhe mit kurzen Stulpen. Die Maschinen schwarz glänzend, die seitlich tief gezogenen Vorderkotflügel mit feinen Streben gehalten und mit weißer Linierung im Radius betont, der tropfenförmige Tank mit umlaufender weißer

Doppellinierung und dem blau-weißen BMW-Markenzeichen. Die fast majestätisch, hoch angesetzten, geradeaus das Ziel weisenden Scheinwerfer erschienen mir zunächst im Fokus, gefolgt von der vorderen Telegabel mit gerippten Gummimuffen; jede Ein- und Ausfederung war nachvollziehbar zu erkennen. Das aluminiumfarbige Motorgehäuse mit den typischen, eng gerippten Zylinderköpfen und den horizontal geführten Auspuffrohren, an den verchromten Auspufftöpfen mit vertikalen Fischflossen endend. Souverän in Erscheinung, Ausdruck und Klang. Das alles war für mich der Inbegriff einer harmonischen Integration von Mann und Maschine, er wurde zugleich für mich zu einer ständigen Motivation für mein späteres Wirken im Mobilitäts-Design.

Es gab zu viel Interessantes, was mich von den gestellten Anforderungen und Aufgaben der Schule abhielt. Da lockte die amerikanische Firma Revell mit bisher nicht bekannten Plastik-Modellbausätzen von Autos, Flugzeugen und Schiffen in verschiedenen Maßstäben. Diese für mich unwiderstehlichen Verlockungen wurden, da sehr zeitraubend, in die Winterzeit verlegt. Die in keiner Weise befriedigenden Noten, abgesehen von denen in Englisch, Musik, Zeichnen, Turnen sowie Religion, erforderten einen Wechsel auf die Hoppmann-Privatschule. Den Weg dahin legte ich mit Straßenbahn und der Wuppertaler Schwebebahn zurück. Meine Klasse war ein bunt zusammengewürfelten ausgeprägter Individualisten – und damit von den Lehrern geradezu gefürchtet. Direktor Hoppmann hatte ein Problem: Er bekam kein geeignetes Lehrpersonal und war somit gezwungen, diejenigen einzustellen, die sich gerade so anboten. Häufig musste der Direktor dann selbst als Vertretung einspringen, ein Umstand, der sich für mich aber als glücklich erweisen sollte.

Hoppmanns eigentliche Passion galt der Geschichte, besonders dem Preußisch-Französischen Krieg. Im Unterricht spielte er mit uns begeistert ganze Szenarien dieses Krieges durch. Wir Schüler als Infanterie, Kavallerie oder Dragoner bestimmt und eingeteilt, während er selbst als schlachtführender Moderator fungierte. Konnte man auf seine spontanen Fragen nach bestimmten historischen Ereignissen dieses Krieges korrekt beantworten, ließ er einen anschließend mit den akuten fachlich Abfragen in Ruhe. In der Schule ging eine Legende um, wie Hoppmann sein Personal anheuerte: Er fuhr zum damaligen Durchgangslager Friedland und stellte den ankommenden Flüchtlingen seine beliebten historischen Fragen: Konnten diese richtig antworten, wurden sie angeheuert und eingestellt!

Es waren wohl all diese Gegebenheiten, die ungewohnte Leichtigkeit des Schulklimas sowie der beidseitig gezollte Respekt von Lehrer und Schüler, die mich zu Interesse und Einsatz für die Fächer motivierte, denen ich bisher nur wenig Enthusiasmus entgegengebracht hatte. Mathematik und Geometrie entlockten mir nun engagierte Beiträge, die sich in den Zeugnissen ungewohnt erfreulich niederschlugen. Das war für meinen Vater ebenfalls eine wunderbare Bestätigung.

Der 100-Meter-Spezialist beim Solinger Leichtathletik-Club SLC

Teil 4 Über Mut(h) und was wir für die Zukunft brauchen

Die Schule entließ mich mit der Mittleren Reife. Für meinen Vater war es klar, mich als seinen Nachfolger in der Kunst der Brillenfertigung auszubilden, denn so war es bei uns Tradition. Er hatte schon vorgesorgt und mich als Werkzeugmacher-Lehrling In der Lehrwerkstatt der Industrie- und Handelskammer Solingen angemeldet.

So schlüpfte ich nahtlos in einen dunkelblauen Overall und nahm als Nr. 174, einer von vier Jungaspiranten dieser Zunft, an einem stabilen quadratischen Werktisch meinen Platz ein. Vor mir ein imposanter Schraubstock, in der unteren Ablage ein Kasten mit Werkzeugen, darin zwei große, schwere Feilen. Dazu eine im Futteral geschützte Schublehre, eine Schmiege und ein kleines Haarlineal zum Überprüfen der Gradlinigkeit der Flächen. Über der verglasten Doppeltür zum Maschinenraum befand sich eine Tafel mit unseren Namen; auf der oberen horizontalen Linie befanden sich neben Datum und Objekt die jeweiligen Bewertungskriterien, wie Maßgenauigkeit, Sauberkeit, Zeitvorgabeneinhaltung oder Arbeitsqualität. Das Ganze als Matrix, die Tag für Tag von einem Lehrgesellen ständig mit Kreide vermerkt und für alle sichtbar den jeweiligen Leistungsstand von uns aufzeigte. Es gab einige, deren Bewertungskurve so steil nach unten bis zum Tafelboden verlief, dass man wohl den aktuellen Stand nur durch einen Gang in den Keller erfahren konnte.

Die erste Aufgabe war, einen fast quadratischen Klotz von 10 cm zu einem quadratisch exakten Würfel von 5 cm zu feilen. Dies mit einer dieser schweren Feilen, die auf der einen Seite grob und auf der anderen fein zur Schlichtung der groben Fläche war. Hatte man das nach ständigem Überprüfen hinsichtlich gerader Flächen und eingehaltener rechter Winkel geschafft, musste man es dem Lehrgesellen vorzeigen.

Durch das Auflegen des Haarlineals auf die Flächen, überkreuzt und diagonal und gegen das Licht haltend, kann man durch einen sich ergebenden Lichtschimmer die Qualität der Arbeit beurteilen. Buckel und Löcher zwangen zur Überarbeitung, die je nach Stand der erforderten Maßvorgabe sehr aufwendig waren, da immer alle Würfelflächen zur Nacharbeit einbezogen werden mussten, um das geforderte Maß zu erreichen. Das hatte zur Folge, dass der Würfel immer kleiner wurde und somit die geforderte Maßvorgabe unterschritt.

Ich prüfte mit den beiden gegebenen Messgeräten nach, es stimmte alles: Flächen, Winkel und das geforderte Maß von 5 x 5 x 5 cm. Ich legte meine Geräte und Werkzeuge auf das graue Tuch neben dem Schraubstock und ging zum Lehrgesellen, der hinter seinem erhöhten Podium stand, um ihm meine Arbeit zur Prüfung zu zeigen. Er nahm den Würfel, betrachtete ihn von allen Seiten, überprüfte alles mit Schublehre, Haarlineal und Schmiege, nickte mir zu und meinte: „Nicht schlecht, Muth!" Dann reichte er mir den Würfel – und ließ ihn dabei „zufällig" fallen! Ich bückte mich, hob ihn auf und schaute ihn verdutzt an. „Aufpassen, Muth", war sein knapper Kommentar. Aus seinem bisherigen Umgang mit mir hatte ich den Eindruck, dass er mich in die Kategorie „besonders feiner Pinkel" einreihte. Ich entsprach nicht seinem Normalbild eines demütigen, ungeschickten und faulen Lehrlings. Deshalb provozierte er mich bei jeder sich bietenden Gelegenheit. Zum Tagesschluss wurden wir, aufgereiht wie auf dem Kasernenhof, zum Säubern der Maschinen, Säle sowie Schmiede und Toilette eingeteilt. Es wurde in Reihe durchgezählt, doch bei der Toilette, wanderte sein Finger in die andere Richtung und blieb bei mir hängen. Für mich war klar, das mache ich nur einmal und dann nie wieder. Kniend mit Reinigungsmittel und Bürste schrubbte ich die Rinne und ließ mich auch nicht durch das plötzliche Auftauchen des Lehrgesellen ablenken, der forschend auf meine Tätigkeit blickte und dabei ungeniert in die Rinne urinierte. So sauber war die Toilette noch nie. Seit dieser Begebenheit kamen wir recht gut miteinander aus. Ich hatte ihm den Schneid abgekauft. Wir wurden mit allen zur Metallbearbeitung nötigen Prozessen und Maschinen vertraut gemacht. Wir feilten, hämmerten, löteten, schweißten, härteten und schmiedeten, um dann zum Abschluss dieser handwerklichen wie fachlichen Ausbildung kleine Folgeschnitt-Werkzeuge zum Stanzen von gelochten Alu-Blechen, fachgerecht, fast professionell, zu erstellen.

Trotz aller handwerklichen Anforderungen, der Verantwortung an den Maschinen und der psychischen Belastung ergaben sich für mich Basiserfahrungen und Erkenntnisse für meine weitere Entwicklung: eine positive Einstellung zu Aufgaben, ein konsequentes Denken und Handeln, eigene Disziplin und Mut zur Selbstkritik, Demut, Geduld und Integrationsfähigkeit. Dies waren die Bausteine für meine weitere Entwicklung.

Nach Beendigung der Lehre und dem Erhalt meines Zeugnisses zum Werkzeugmacher begann ich ein Praktikum bei der Firma meines Vaters. Eine Brille in der Silhouette betrachtet, ähnelt schon sehr dem Layout eines Zweirads!

Durch Zufall entdeckte ich in einem Magazin einen Bericht über eine Werkkunstschule in Wuppertal. Als ich meinen Vater auf diese Option ansprach, war er nicht spontan ablehnend, obwohl er hoffte, sich einen Nachfolger heranzuziehen. Er sagte: „Packe all deine Zeichnungen zusammen und versuche, einen Termin zu arrangieren. Sollte der Eindruck entstehen, dass Du damit in Zukunft nicht Dein Geld verdienen kannst, dann Brille." ESeitens des Direktors der Wuppertaler Werkkunstschule gab es keine Bedenken, und mein Vater überließ mich meinem Wunsch. Ich belegte die Fächer Grafik und Industriedesign. Meine Mitstudenten, Männlein wie Weiblein in illustrer Zusammensetzung, einte äußerlich der standesgemäße weiße Kittel, lässig offen über der individuellen Kleidung getragen. Die Professoren und Dozenten gaben uns Einblick in die Erarbeitung der diversen Darstellungstechniken, in die Kunst, die Redisfeder zu kunstvoller Schrifttechnik zu führen, in die pointierte Strichführung mit Bleistift und Kugelschreiber, in Aquarell- und Deckfarben-Techniken sowie in die Geheimnisse der Perspektive und deren Anwendungen. Der Professor für Grafik, Otto Schulze, war ein älterer Herr mit grauem, wallenden Haar und Bart; er war wortkarg und beharrlich in der Umsetzung seiner Anweisungen und Ratschläge.

Gewöhnlicherweise betrat er das Studio, grüßte kurz und leise und begab sich zu seinem gewohnten Rundgang von Student zu Student, beugte sich kurz und tief über die jeweilige Arbeit, um sich mit einem „Soso, naja", zum Nächsten zu wenden. Es erfolgte keine individuelle Bewertung von dem, was man tat und was er da sah. Wir rätselten und wunderten uns schon sehr darüber. So beschloss ich, hinter die Art der Beurteilung zu kommen. Statt einer Arbeit legte ich einen weißen DIN-A3-Karton, den man zu einer farblichen Darstellung nutzt, auf meinen Tisch. Er machte wieder seine üblich Runde, kam zu mir, beugte sich über die blütenweiße Fläche, beäugte diese, den Kopf schüttelnd und meinte wie gewohnt „Sssso, naja" und wandte sich ab. Nach einigen Schritten drehte er sich um und meinte: „Muth, nun können Sie es nur noch verderben." In der Industriedesign-Klasse war ich der einzige Student. Der Fachdozent, ein Herr Schrievers, übergab mir die Themen, kam öfters vorbei, schaute sich die Ergebnisse meiner Arbeiten an, stellte kurze Fragen und gab hie und da einen Tipp. Das gewählte Thema war das Automobil und mit diesem interessanten und vielseitig zu behandelnden Komplex füllten sich meine Semestermappen.

Zum neuen Semesterbeginn, kaum hatte ich in der Klasse Platz genommen, wurde ich zum Direktor gerufen. Auf meine Arbeiten deutend meinte er: „Das sind ja nur Autos, haben Sie denn gar nichts anderes im Sinn?" Es hieß, ich sollte das vergangene Semester noch einmal durchlaufen, um die vorgegebenen Aufgaben zu erfüllen. Ich sammelte meine Arbeiten vom Tisch, verstaute diese in den Mappen, verbeugte mich kurz und verließ nicht nur sein Zimmer, sondern die Schule.

Von den Eltern einer meiner Fahrrad-Freunde mietete ich mir einen leerstehenden Raum. Sie hatten eine kleine Besteckfa-

Ohne Zweifel sind Sportwagen für Formgestalter leichtere Aufgaben als viertürige Limousinen. Im Grunde ist es nicht schwierig, einen Wagen elegant zu machen, der niedrig und womöglich offen ist, eine lange Motorhaube haben darf und nur für zwei Personen Sitzplätze zu bieten braucht. Das Auto als „fahrender Raum" mit viel Platz für Menschen und wenig Raum für Technik ist eine zwar oft notwendige, aber trotzdem noch immer nicht beliebte Konzeption, warum würden sonst die USA-Personenwagen so niedrig und langgestreckt, daß sie ihren simplen Transportzweck fast ganz verleugnen und sich den Maßverhältnissen zweisitziger Coupés annähern? Im Grund ist darum jeder Stilist froh, wenn er einmal einen Sportwagen zeichnen darf, denn da tut sich doch vieles leichter. Und so ist es auch nicht verwunderlich, daß sich der Nachwuchs diesem Objekt besonders gern zuwendet. Hier zeichnete der erst 22jährige Hans A. Muth seine Vorstellung von einem Mercedes-Benz 220 SL, und zwar einmal mit dem traditionellen Mercedes-Kühler, das andere Mal mit dem modifizierten SL-Gesicht. Beide Modelle sind als Roadster und Coupé gedacht. Ob der Nachfolger des 190 SL so oder ähnlich aussehen wird, kann jetzt noch niemand außerhalb des Werkes sagen, trotzdem sind die Entwürfe des talentierten jungen Mannes, der aus seiner Leidenschaft, Karosserien zu zeichnen, natürlich gern seinen Beruf machen möchte, bemerkenswert. Sie zeigen, daß entschlossene Linien und klare Konturen möglich sind, ohne gleich das Gesicht des europäischen Sportwagens zu amerikanisieren. Das große Gestaltungsproblem, technisch und räumlich bedingte Formen mit den Elementen der Bewegung in Einklang zu bringen, ist auch hier nicht vollständig gelöst. Wie jedes Problem läßt es sich aber auch nur lösen, wenn man sich ernsthaft darum bemüht. Dazu sind Anregungen immer gut, mögen sie nun jenseits oder diesseits des Atlantik entstanden sein. *

Die Reifeprüfung: Motor-Revue-Beitrag zu Mercedes-Sportwagen

Porsche – mal anders

brik. Durch Reduzierung ihrer Produktion stand dieser Raum jetzt zur Verfügung. So verlegte und verwandelte ich das offizielle Wuppertaler Studium in ein inoffizielles Solinger „Studium" und setzte dieses nun dort autodidaktisch fort.

Wie üblich verließ ich morgens das Elternhaus, doch ging ich nicht mehr zur Straßenbahn-Haltestelle, sondern mit auf Umwegen zu meinem „neuen Studio", um dort konzentriert und zielbewusst an der Optimierung der diversen Darstellungstechniken wie auch an Design-Studien zu arbeiten. Motiviert wurde ich durch diverse nationale wie internationale Auto-Journale und Kataloge. Ich knüpfte Kontakte zu Mercedes-Benz in Stuttgart mit der Bitte um Unterstützung für meine eigenen Studien hinsichtlich Fotos sowie technischen Aufrissen, Layout-Zeichnungen von den derzeitigen Modellen. Mercedes war in dieser Zeit wieder aktiv im Renn- und Motorsport geworden, und die Silberpfeile holten wieder Gold für den Stern. Zu jedem der gewonnen Rennen fertigte ich Rötel-Zeichnungen mit Motiven aus dem jeweiligen Rennen an und sandte diese zum Dank für die Unterstützungen an die Presseabteilung. Während der offiziellen Semesterferien, während der mich mein Vater noch immer auf der Werkkunstschule wähnte, musste ich natürlich auch so tun, als ob ich frei hätte. Ich fragte bei dem Mercedes-Benz-Pressechef Arthur Keser an, ob die Möglichkeit bestünde,

Der erste Mercedes-Werbezeichnung-Auftrag: Gouache-Rendering

Die blau-weiße Marke stets im Fokus meines Interesse: Entwürfe für BMW-Sportwagen

im Museum für einige Wochen Zeichenstudien zu machen. Die Antwort kam in Form einer offiziellen Einladung.

Man reservierte mir ein Zimmer, holte mich dort morgens ab und brachte mich ins Werk Zuffenhausen, fuhr mit mir zu Mittag, einmal sogar mit Hermann Lang in einem Flügeltüren-SL 300, und brachte mich zurück zu meiner Pension. Von dort aus ging es zum Abendessen in die Alte Kanzlei. Dazwischen saß ich im Museum und zeichnete alles, was sich mir dort in seiner Vielfalt anbot. Was für eine Referenz an einen interessierten, begeisterten und zielstrebigen jungen Mann. Diese Großzügigkeit, Offenheit und Förderung hat mich sehr beeindruckt und setzte somit einen Maßstab für spätere Bewertungen.

Auch deshalb widmete ich mich in meinen Design-Studien der persönlichen Auffassung zu der damaligen Mercedes-Designsprache. So entstanden drei Studien zum damaligen Typ „220“. Diese schickte ich an H.U. Wieselmann, dem verantwortlichen Chefredakteur von „Auto, Motor und Sport“ sowie der „Motor Revue“. Hier wurden meine Entwürfe zusammen mit einem von ihm geschriebenen Text veröffentlicht. Von nun an entwickelt sich alles im Domino-Effekt. Die „Motor Revue“ war ein exklusives Magazin und erschien nur einmal im Jahr. Nach der Publikation bekam ich eine Einladung von Professor Wilfert, Chef der Mercedes-Stilistik in Sindelfingen.

Mein Vater war sehr überrascht über diese Entwicklung und bot sich an, mich zu begleiten. Professor Wilfert lobte die Arbeiten seines Sohnes und bot mir eine Stellung in der Stilistik an. Das Angebot war kaum ausgesprochen, die Hand des stolzen Vaters anerkennend auf meiner Schulter, da betrat ein Herr im weißen Kittel den Raum. Er stellte sich als Herr Geiger vor, derselbe also – so mein spontaner Gedanke – der die mir zugesandten Fahrzeugaufrisse abgezeichnet hatte. „Ja, was meinen Sie Herr Muth, würde Sie das reizen?“, wurde ich gefragt und ich antwortete nach kurzer Überlegung mit einem: „Schon, doch nicht so!“ Die beiden Herren und natürlich auch mein Vater schauten mich sehr verwundert an. „Herr Professor Wilfert, Herr Geiger, ich danke Ihnen sehr für dieses Angebot, doch ich bin noch sehr jung und möchte mich noch etwas umsehen. Bei einer Anstellung werde ich wohl auch so einen weißen Kittel tragen und ab und zu eine Gehaltsaufbesserung bekommen. Nein, ich würde mich da schon etwas beengt fühlen und würde erst einmal selber meine eigenen Studien weiterverfolgen wollen.“ Was für stolze, entschiedene Worte, ich war selber über mich erstaunt und hatte auf der Rückfahrt ins Rheinland Mühe, meinem Vater, meine Entscheidung zu erklären. Ein paar Tage später, ich war gerade im Elternhaus einer neuen Liebe in Wuppertal, läutete das Telefon. Ihr Vater nahm es ab, hörte kurz rein, blickte zu mir und reichte mir mit den Worten: „Es ist für Sie, Ihr Vater,“ den Hörer. „Knabe, Du hast ein Telegramm von Mercedes bekommen. Ich habe es aufgemacht, hier der Text: „Lieber Herr Muth, wenn sie schon für uns nicht gestalten wollen, so zeichnen Sie doch für uns. Bitte melden Sie sich bei Herrn Blessing, Werbeabteilung.“ Das tat ich mit einem Telefonat. „Kommen Sie doch nach Stuttgart und arbeiten sie für uns, wir bezahlen Sie“, war seine Einladung und avisierte ein entsprechendes Schreiben. Diesmal akzeptierte ich das Angebot, beginnend mit grafischen Beiträgen zur neuen Werbekampagne, die man wieder von fotografischen Darstellungen auf Gezeichnetes umstellen wollte. Der erste Auftrag war eine perspektivische Darstellung eines „Unimog“. Nach einem detailliertem Briefing über die Darstellungsart und Farbgraduierung begann ich sofort mit der Arbeit. Nach der Fertigstellung sandte ich die Zeichnung, in Temperatechnik auf einem DIN-A2-Schoeller-Hammer-Karton und geschützt durch eine transparente Abdeckung nach Untertürkheim. Es erfolgte eine Einladung zu einer Besprechung zu diesem ersten Auftrag.

Das Mercedes-Hauptwerk in Untertürkheim war durch Bombenangriffe stark in Mitleidenschaft gezogen. Das Museum stand noch, doch auf dem Grund der ehemals gegenüberliegenden Bauten standen nun Behelfsbaracken. In einer davon befand sich die Werbeabteilung. Der Eingang befand sich in einem Verbindungsbau zwischen den beiden Baracken. Also nahm ich dort Platz und wartete auf Abholung, denn ich war ja von der Pforte her angemeldet. Doch es passierte nichts. Nach einer Weile durchquerte wieder ein Mitarbeiter den Warteraum und zeigte sich wohl erstaunt, mich noch immer dort sitzend vorzufinden. Nachdem ich ihm den Namen meiner Zielperson genannt hatte, versprach er, sich sofort darum zu kümmern. Ich sah ihn im Gang eine Tür öffnen und „Wolfgang, Du hast Besuch!“, hineinrufend. Er wandte sich mir wieder zu und fragte nach meinen Namen. Darauf erschien Herr Blessing, den ich selber schon während meines Wartens immer wieder gesehen hatte. Er kam mit auf mich gerichtetem Zeigefinger auf mich zu und fragte verblüfft: „Sie sind Herr Muth, Sie haben diesen Unimog gezeichnet?“ Er war begeistert und verblüfft zugleich. Der nächste Auftrag war ein LKW-Typ „LP 327“. Und somit begann eine kontinuierliche Zusammenarbeit.

Mein erstes Auto: Ein roter MG 1500 TF, genannt „das Feuerzeug"

25 Stuttgart – die Karriere startet

Mitte 1958 zog ich nach Stuttgart, nachdem ich meinen Vater über den Status meines autodidaktischen Studiums informiert hatte, was er mit dem Einwand kommentierte: „Du kannst doch nicht einfach das Studium unterbrechen!“ Mithilfe eines Kredits, den mir der Freund meines Vaters gewährte, begann ich meine Selbstständigkeit. Von meinem Vater erhielt ich 5 DM, die er mir mit zögerlichem Griff in seine Jackentasche mit der Bemerkung: „Du brauchst ja auch bestimmt auch etwas Geschirr“, beim Abschied in die Hand drückte. Eine kleine Atelierwohnung im dritten Stock eines Gebäudekomplexes am Ende der Stuttgarter Gaisburgstraße wurde zu meinem Domizil und Studio. Die Karriere konnte beginnen.

Meine ersten Aufträge, neben den von Mercedes bereits erteilten, erhielt ich unter anderem für die Magazine „Hobby“ und „Motor Presse“. Die Aufgaben waren vielseitig und interessant. Denn neben Darstellungen alter Automobile und Rennwagen, die auch gesondert in zwei Bildmappen erschienen, wurde ich zu Design-Projektionen aufgefordert, darunter Porsche, Volkswagen und City-Car-Projekte.

Mit der Gestaltung von Titelblättern für „Auto, Motor und Sport“ setzte ich die Arbeiten meines Großvaters A.G. von Loewe fort, der seinerzeit für „Das Auto“, so der damalige Titel der späteren „Auto, Motor und Sport“ im Vogel-Verlag/Pößneck, entworfen und gezeichnet hatte. Der Schuler Verlag beauftragte mich mit der Erstellung von zeichnerischen Darstellungen zu Serien historischer Segelschiffe, Kutschen, Flugzeugen und Feuerwehren, die sich bis hin zu alten Pistolen erweiterten. All diese Themen verlangten eine intensive Recherche sowie eine spezifische Darstellungstechnik. Das Honorar war mäßig, doch für den Verlag äußerst einträglich, fand man doch diese Drucke als Wandausstattungen sogar in amerikanischen Fernsehserien.

In kurzer Zeit entwickelte sich ein weitläufiges Beziehungsgeflecht mit möglichen Auftraggebern, aber auch mit neuen Freunden. Dadurch öffneten sich mir fremde Türen, Kontakte zu Künstlern und Architekten sowie Begegnungen mit interessanten Menschen, Ästheten, Maler, Grafiker und Galeristen, Journalisten und Anglophile, die mitunter in Kooperationen mündeten.

Stuttgart ist eine automobilorientierte Stadt, umgeben von einem Ring bekannter Autohersteller: im Westen sitzt Porsche, im Osten liegt Untertürkheim mit dem damaligen Hauptsitz von Mercedes-Benz, und im Süden befindet sich Sindelfingen mit den Mercedes-Entwicklungs- und Fertigungsstätten. Mit den NSU-Werken in Neckarsulm schließt sich nördlich der Ring. Es blieb nicht aus: Die Versuchungen und Sehnsüchte nach einem eigenen, aktiven Mobilitätsobjekt waren einfach zu verlockend. Ein roter MG TF 1500, bestückt mit Drahtspeichenrädern, wurde zum Objekt meiner automobilen Begierde und sicherte meine Mobilitätsbedürfnisse. Der Pförtner in der Mercedes-Anmeldung vermeldete dann stets: „Herr Blessing, der Herr Muth mit seinem Feuerzeug wäre für Sie da.“

Einige der neuen Freunde machten sich wohl Sorgen über meine vermeintliche Einsamkeit und verbreiteten die Botschaft des „Neuen mit dem Neuen“. So füllten sich meine Studioräume schnell und zum Teil unerwartet mit Berufskollegen, Gleichgesinnten und inspirierenden, interessanten sowie illustren Charakteren. Schnell wurde mein Studio zu einem „coolen Stuttgarter Treffpunkt“. Ein Freund wollte mir dann auch zu einer Partnerin verhelfen. Ich fand meine Frau, für mich die Verkörperung von Weisheit, Tugend und Schönheit, ganz dem antiken Ideal entsprechend. Wir heirateten innerhalb von einem Jahr.

Ein Auftrag war zum Beispiel eine Beteiligung an kreativen Denkbeiträgen zu dem von den NSU-Werken geplanten Kleinwagen „Prinz“. Dieser orientierte sich in seiner Grundgestaltung am Chevrolet Corvair, dem ersten amerikanischem 6-Zylinder-Heckmotorwagen. Dieses, als „Clamshell“ bezeichnete Design, charakterisierte sich durch eine umlaufende Trennlinie zwischen dem oberen und dem unteren Karosserieaufbau, welche durch einer Chromleiste verdeckt wurde: fertigungstechnisch wie optisch – auch hinsichtlich der Proportion – einfach „logisch“.

Es blieb, was das Design betraf, zunächst bei diesen Design-Projektionen, doch entwickelte sich daraus eine enge Zusammenarbeit mit der Werbeabteilung, die auch dem PR-Chef Arthur Westrup unterstand. Klare Vorgaben und die Bereitschaft zur offenen Einbeziehung meiner Ideen – und das alles bei kurzen, direkten Entscheidungswegen, in einer erfrischend lockeren Atmosphäre – ließen eine in sich geschlossene Werbekampagne in Form von Katalogen und Plakaten entstehen. Durch diese Arbeiten auf mich aufmerksam geworden, erschloss sich mir eine weitere interessierte Klientel wie Volkswagen, Porsche und die McCann Werbegesellschaft in Frankfurt am Main, die für die Werbung der Opel AG verantwortlich waren.

Mein MG TF war zwar ein wunderschönes Auto, doch kaum hatte ich den Stuttgarter Zirkel verlassen, erfolgte eine Panne nach der anderen. Der Grund lag meistens an den SU-Vergasern, welche die Freude an diesem „Feuerzeug“, wie auch meinen Geldbeutel stark beeinträchtigten. Ich verkaufte ihn und es folgte ein kirschrotes Alfa-Romeo-1900-Coupé mit Pininfarina-Karosserie – in ähnlicher Dach- und Fensterauslegung analog zum 1953er-Ferrari „250 MM“ – mit Drahtspeichen-Rädern und Rechtslenkung, die in den 1950er-Jahren zwar bei uns ungewöhnlich war, doch in Italien nicht, bot sie doch fahrerische Vorteile.

Doch auch hier bereitete die Lenkung durch plötzlich auftretendes Flattern der Vorderräder meiner sportlichen Fahrweise unerwartete Grenzen. Die einzig richtige Adresse für solche Probleme war Charlie Frey, ein Schweizer, der in der Nähe des Stuttgarter Marienplatzes seine Werkstatt hatte und sich einer ungemein vielschichtigen, wie dankbaren Klientel solcher Exoten-Fahrzeuge erfreute. Sein Kommentar: „Häns´gen, das wird nichts mehr“, und dabei ließ er die Asche seiner ständig im Einsatz befindlichen Zigarette in den offenen Motorraum fallen.

Der Händler, bei dem ich den Alfa erwarb, ahnte wohl ein gutes Geschäft. Er hatte in der Bahnhofsnähe einen kleinen Verkaufspavillon, in dem er ein kleines, in französischem Renn-Blau lackiertes Abarth-750-Monomille-Coupé ausgestellt hatte. Statt auf mein Alfa-Problem einzugehen, führte er mir dieses Auto in all den Eigenheiten und Vorzügen vor und lud mich zum Probesitzen ein, was ich natürlich interessiert annahm.

Mit Nardi-Lenkrad, kurzem Schaltknüppel, die Instrumentierung in Form eines groß dimensionierten „Jaeger“-Drehzahlmessers mit einem langen Zeiger: „Starten Sie ihn doch einmal!“ – „Hier im Laden?“ – „Freilich.“ Gesagt, getan, den Schlüssel auf Zündung, den Anlasser betätigend, kurz auf das Gaspedal wippend, und schon schnellte der Drehzahlzeiger blitzschnell empor, um sich dann verzögernd zitternd wieder auf Leerlaufposition zu senken. Synchron dazu der frech fordernde Sound aus dem Doppelauspuff, das typische Markenzeichen der Firma Abarth. Der Auspufftopf in schwarzem

Meine italienische Geliebte: Fiat Abarth 750 Monomille

Meine Frau Gudrun, die Geliebte meines Lebens

Kräusellack, die beiden Rohrenden verchromt mit schrägem Endschnitt nach unten. „Das Auto ist gekauft, den Alfa bekommen Sie wieder." Der Händler, Herr Hestler, war mit dem Deal einverstanden. Wie oft auch später, waren es die kleinen Dinge, die optisch, haptisch und akustisch für mich intuitiv repräsentativ für das Gesamte galten und mich zu einer spontanen Kaufentscheidung führten. In diesem Fall waren es diese besondere Bewegung des Zeigers und der typische Motoren-Sound, der dieses kleine Coupé in seinem Charakter repräsentierte. Wieder ausgestiegen, schaute ich mir nun das Auto von außen genauer an. Besonders die kleinen parallelen Auswölbungen im Dach für die Kopffreiheit von Fahrer und Beifahrer,

Walter Gotschkes Wünsche

Die Hochzeitsanzeige – Liebe auf Rädern

die hintere, aus Beatmungsgründen leicht angestellte Motorhaube und die durch Plexiglas aerodynamisch verschalten Scheinwerfer, die mit kleinen vertikalen Gummis bestückten Stoßfänger, nicht zu vergessen das Abarth-Markenzeichen, ein schwarzer Skorpion auf gelb-rotem Wappenfeld sowie das kleine emaillierte Typenemblem hinter den Türen machten dieses Auto zu einem für mich unwiderstehlichen Objekt.

Das Kennzeichen wies sich als „S – JN 25" aus, woraus der Kosename „Julchen" entstand. In ihr fuhren meine zukünftige Frau im langen weißen Hochzeitskleid und ich zur kirchlichen Trauung. Mein Vorbild, Freund und Mentor, Walter Gotschke, ein international renommierter Automobilzeichner, Autokenner und Auto-Formkritiker, schickte uns einen selbst gezeichneten Glückwunsch, auf dem ich im Frack abgebildet war, meine Frau auf den Armen tragend, ihr Körper als „Julchen-Karosserie" und darunter die Zeilen: „Herzliche Glückwünsche, viel Glück und Verstand." Genau das brauchten wir! Eine zufällige Begegnung mit einem amerikanischen Geschäftsmann erwies sich für mich als Richtungsweiser zum Design. Mr. Sommer, ein braun gebrannter, sportlicher und unkomplizierter Typ, hatte die Idee, das in den USA so erfolgreiche Ford-Modell „Mustang" nach Europa zu importieren. Die Karosserie sollte in eine mehr europäisch mediterrane Version eines Sportwagens geändert werden. Ich hörte mir seine Vorstellungen dazu an und fand diese realisierbar. Denn sie deckten sich mit dem Image, das mir schon vorschwebte.

Den Entwurf zeichnete ich perspektivisch auf einem grauen Canson-Bogen mit Marker, Farbstiften und Kreide. Sommer war vom Resultat begeistert und lud mich zu einem einwöchigen Segeltörn auf den Genfer See ein. Zu dritt enterten wir eine Ketsch, die einem jungen Ehepaar gehörte. Einzige Bedingung war, dass einer der beiden den Skipper stellte. So erschien jeden Morgen eine attraktive, energische junge Dame und segel-

te mit uns kreuz und quer über den Genfer See. Abends ging sie an Land, und wir übernachteten auf dem Boot.

Die schweizer Sonne brannte und meinte es zu gut mit uns, sodass sich eine Rasur an Bord für mich als sehr schmerzhaft erwies. So kehrte ich ungewohnt bärtig zurück, widerstand aber selbstbewusst den kritischen Blicken, Bemerkungen und Aufforderungen, die seemännische Barttracht zu entfernen. Doch der Bart blieb. Wie sich erst später herausstellte, war der Segeltörn als Honorar gedacht.

Da ich danach keinen weiteren Kontakt zu Mr. Sommer hatte, wusste ich nicht, dass er den Entwurf zum Ford-Hauptsitz nach Dearborn/Michigan geschickt hatte, um damit sein Projektvorhaben zu erläutern. Erst ein Brief von den Ford-Werken in Köln, Abteilung Stilistik, brachte mir zwar keine Informationen über das angedachte Mustang-Projekt, wohl aber einen Eindruck, was der Entwurf für mich bewirkt hatte. Ford Köln nervte wohl die USA-Mutter wegen mangelnder, professioneller Designer-Besetzung. Und nun flatterte dort ein Entwurf eines deutschen Designers ins Haus. Man riet Ford in Köln, sich doch einmal mit mir in Verbindung zu setzen, was auch geschah. Ich wurde zu einem Gespräch eingeladen und nach Abwägungen mit meiner Frau folgten wir dieser. Dort wurde ich vom Chefdesigner Wesley „Wes“ Dahlberg und seinem Design-Executive Uwe Bahnsen, der mit mir dann das Vorstellungsgespräch führte, begrüßt. Er bot mir eine interessante Stelle als First Designer für das Exterior-Studio an. Nach all der freiberuflichen Unabhängigkeit und den damit verbunden Konsequenzen im Auf und Ab sicherte dieses Angebot eine gewisse Kontinuität, welche für meine Frau schon ein sehr überzeugendes Argument war. Ende März 1965 bezogen wir eine Wohnung in Bensberg-Frankenforst und ab 1. April 1965 begann ich in meinem Job in der Stilistik.

Die regelmäßigen Einkünfte erlaubten es mir nun auch, meiner Liebe zum motorisierten Zweirad nachzugehen. Als erstes erstand ich eine Honda „Dax“. Die passte wegen ihrer bescheidenen Dimensionen in meine überfüllte Doppelgarage und wurde von der ganzen Familie vollauf akzeptiert. Als sich Honda mit kleinen roten Motorrädern in den USA etablierte, bewarb man ein kleines 50 ccm-Bike vom Typ „C 100 Super CUB“ mit dem Slogan „You meet the nicest people on a Honda“, der dann zu einem generellen Begriff für Hondas Motorräder wurde. Die neuere „Dax“ gestaltete sich viel moderner und „knuffiger“. Mit klappbaren Lenkerhälften und 16“-Rädern machte sie in der unkomplizierten Auslegung und Handhabung einfach nur Spaß. Der Dax-Appetit war geweckt.

An einer Tankstelle entdeckte ich eine zum Kauf angebotene Yamaha AS1, eine zierliche Maschine in Blau Metallic mit Chromapplikationen, motorisiert mit einem 2-Zylinderzweitakt und Doppelauspuff. Ich erkundigte mich nach den Details inklusive Preis. Der Tankwart erklärte mir alles sehr genau und ließ die Maschine an: Da war es wieder, das akustische Phänomen. Der hinreißend singende Ton des Motors, der mich sofort an meinen Jugendtraum einer „M 250 S Adler-Twin“ erinnerte, löste in mir intuitiv wieder eine bestimmte Reaktion aus: Spontan kaufte ich die Maschine. Nun waren es schon zwei. Sie schürten in mir den Wunsch, meine Kreativität, bisher nur auf Autos angewandt, professionell auf Motorräder zu transferieren. Der Presse entnahm ich, dass sich BMW wieder zur Produktion von Motorrädern entschlossen hatte.

Dass ich meinen Wechsel vom Vier- zum Zweirad über den Motorradhersteller NSU mithilfe von Arthur Westrup einleitete, entsprach schon einer strategischen Logik, wenn auch zunächst mit einem Intermezzo über das BMW-Fahrzeug-Interieur. Nach insgesamt sechs interessanten und intensiven Jahren voller, in den internationalen Ford-Welten erworbenen, lehrreichen Erfahrungen, wurde es nun Zeit für neue Herausforderungen, welche ich mit dem Einstieg als Chef-Designer für das Fahrzeug-Interieur bei BMW begann.

Teil 4 Über Mut(h) und was wir für die Zukunft brauchen

26 Das moderne Motorrad

Das technische Abenteuer „Motorrad“ mit all seinen Faszinationen und Reizen an ästhetisch sichtbarer Technik und Mechanik konnte in der Vergangenheit durch die bedingungslose Unterwerfung des „Piloten“ (heute salopp als „Biker“ bezeichnet) realisiert werden. Denn während sich die anderen technisch ausgerichteten Mobilitätsdisziplinen, wie Auto, Eisenbahn oder Flugzeug, voll den Transportbedürfnissen der Nutzer anpassten, blieb das Motorrad sozusagen „souverän“, also ein „Exerzierplatz“ für motorbegeisterte Tüftler und Konstrukteure, PS-Doktoren, Fahrwerkswissenschaftler und „Ventiltriebler“. Der klassische Pilot schien geduldeter Gastlotse zu sein, sein Copilot im Ausguckposten auf erhöhtem Masttop positioniert, dem separaten Schwingsattel.

In den zum Teil beibehaltenen und konservativen Fahrwerksauslegungen, wie auch den nichthomogenen Bedienungsabläufen wurde nicht nur die Sicherheit der „Besatzung“ gefährdet, unergonomische Sitzpositionen beeinträchtigten das Fahrverhalten und zehrten bei schnellem Tempo an der Konzentration und am Genuss, an der ersehnten Fahrfreude. Das änderte sich in den 1970er-Jahren mit der neuen Bedeutung und Rolle des Motorrads; weg von dem rein zweckmäßigen und preisgünstigeren Automobil-Ersatzfahrzeug-Image, hin zu einem begehrten, individuellen Freizeit-Mobilitätsobjekt. Dank der vielfältigen Auswahl, dem sich stetig ändernden Angebotswandel und der Betonung des Designs als emotionaler Differenzierungsfaktor verwandelte sich das Motorrad zum persönlichen „Mobilitäts-Lustobjekt“.

Das Motorrad wurde zwar in Europa erfunden, doch erst im fernen Japan weiterentwickelt und dann in technisch aufgewerteter, preisgünstiger und populärer Form bei uns salonfähig gemacht (ein Schicksal von vielen heimischen Erfindungen). Das moderne Motorrad, von Europa in den 1950er-Jahren leichtfertig vernachlässigt, in Japan interessiert aufgenommen, seziert und mit gezieltem technischen Impact wie auch mit modernen Impulsen weiterentwickelt und zurückgesandt, ist ohne den japanischen Einfluss also undenkbar.

Die 1970er-Jahre gestalteten sich für das Motorrad in der bewussten Hinzuziehung, Integration und Nutzung des Faktors „Design“ als der einflussreichste Zeitraum. Ausgelöst durch BMWs Wiedereinstieg mit den Modellen der /6er-Baureihe – diese zwar noch nüchtern, doch technisch wie ergonomisch modern – bewies sich dieser Faktor in den „mut(h)ig initiierten“ Modellen R 90 S, R 100 RS / RT, R 45/65 bis hin zur G/S 80 als Ausgangspunkt für die heutigen Erfolgsmodelle, wie die Retro-Version R nineT oder die R 1250 GS. Die funktional ästhetische Klarheit der Formen wie die gelungenen Kompromisse zwischen traditioneller Technik und moderner Emotionalität sind bei all diesen Modellen authentisch überzeugend verwirklicht worden. Dies erklärt sich aus dem starken Marketingeinfluss. Denn dort hatte man schnell „Design“ als strategischen Faktor erkannt, um die geänderten Ansprüche und Begehrlichkeiten der Verbraucher nicht nur zu erfüllen, sondern diese verlockend einzusetzen: Design als bewusster Kaufanreiz!

Die führenden japanischen Hersteller, angeführt von Honda mit den Modellen CB 750 Four, CB 900 Bol d'Or, GL 1000 Gold Wing und VF 750F Interceptor, Yamaha mit der urgesteinartigen XT 500 und V-MAX sowie Kawasakis MACH III und GP 900 R, boten typische Interpretationen ihrer Auffassung zum Thema Motorrad. Sie unterschieden sich deutlich von den europäischen Modellen, wie zum Beispiel die italienische MV Agusta 750 S, Ducati 750 SS, Laverda 750 SFC oder Moto-Guzzis 750 Le Mans. Die Italiener bestachen durch eine sportliche, gestreckte Gesamtauslegung, wobei Farbe als Identitätsmerkmal stets eine bedeutende Rolle spielte, von der Rennmaschine bis hin zum mutierten Café Racer.

Basierend auf meiner Konzeptphilosophie über das japanische Samuraischwert Katana präsentierte die Firma Suzuki Motor Corporation im Herbst 1980 auf der IFMA-Messe zwei Modelle unter diesem Namen, eine GSX 650 G und eine GSX 1100 S. In ihrem radikal differenzierte Erscheinungsbild stellte die Katana eine Zäsur in der Motorradentwicklung und der formalen Repräsentation dar. Das Design mit der emotionalen Aussage und Funktionalität rückte gegenüber der Leistungsfähigkeit in den

BMW R Nine T Racer in Szenario-Varianten: Basis , Racer, Urban

Vordergrund und drängte sogar den Herstellernamen Suzuki in den Hintergrund: Design repräsentiert!

Das derzeitige Motorradangebot zergliedert sich in eine illustre Typenvielfalt wie Café- und Pseudo-Racer, GS-Touring, Sports-Tourer, Cruiser, Scrambler, Roadster Heritage, die Retros und Bobber, welche das „customized" Motorrad repräsentieren. Das stellt generell keine wirklichen Neuheiten mit Zukunftsbonus dar, sondern zeigt, wie geschickt die module Baukastenstrategie agiert: „Aus eins mach deins." Um neue Kaufanreize zu schaffen, werden mit wenig Aufwand einzelne Elemente substrahiert beziehungsweise addiert, wie etwa mit trendiger „Szenario-Benennung" á la „Custom" oder „Urban". Gerade hat man eine Maschine erworben und sich mit der neuen „Geliebten" vertraut gemacht oder sogar identifiziert, da lockt schon wieder ein neues „Madl" auf zwei Rädern mit entsprechender Verheißung. Es fehlt hier ganz klar an fundierter Authentizität und Substanz. Angeboten werden stattdessen beliebig viele trendige Styling-Maskeraden. Auch Kreativität und Design haben eine Gesamtverantwortung als Kulturträger. Es geht nicht darum, sich rein formale Kriege nach aggressiv dynamischer „StarWars"-Manier zu liefern. Auch das Motorrad muss sich in seiner bisherigen Bedeutung und Rolle, im Umbruch und über die Neuausrichtung der Gesamtmobilität neu definieren. Klare Produkt-Statements und nachvollziehbare Zweckgebundenheit könnten eine zukunftsweisende Formel dazu sein.

► Yamaha XT 500, 1976, Honda Boldor, Kawasaki Mach III, 1969, Ducati 750 SS, 1974 (rechte Seite linke Spalte von oben nach unten Honda Gold Wing, Moto Guzzi Le Mans 1, 1978 (rechte Seite, rechte Spalte)

KAWASAKI

HONDA
GOLDWING

MOTO GUZZI
850 Le Mans

Teil 4 Über Mut(h) und was wir für die Zukunft brauchen

27 Projektionen zur Zukunft

Die Design-Zukunft von Fahrzeugen, egal ob Auto, Motorrad, Flugzeug oder Eisenbahn, wurde meistens mit Anspielungen auf die Aerodynamik abgebildet: „geduckt", homogen, windschlüpfrig, die aerodynamischen Widerstände unterlaufend. Das fand progressiv in den letzten 70 Jahren statt, und die angewandte Aerodynamik zeigte, was in Beibehaltung ihrer funktionalen Erfordernisse so alles an formalen Möglichkeiten in ihr steckt. Hier hat das Motorrad der vierrädrigen Schwester so manche gestalterische Hilfestellung gegeben. Die Bewältigung von technischen und ergonomischen Anforderungen in Verbindung mit einer repräsentativen Design-Aussage, der Produktidentität, findet beim Motorrad im Gegensatz zum Auto auf kleinstem Raum statt. Das führte, auch funktional bedingt, zu den expressiven Formspielen und modellierten Flächenbereichen, wie Frontverschalungen, Tank, Sitzbankrahmen und Heck.

Doch so einfach ist es nicht mehr, die Zukunft des Motorrads rein aerodynamisch-formalen Spekulationen zu überlassen. Das zukünftige Motorrad-Design wird von wieder neuen, ganz anderen Faktoren bestimmt und beeinflusst werden.

Wir leben in einer Zeit mit schnell wechselnden Begriffen und schnell wechselnden Dingen. Die Wandlung beim Auto, der Wechsel vom autark aktiven Piloten zum passiven Gastkommandanten, von persönlich manuell ausgeführter Bedienung zu digitalisierter Bevormundung, was mit einer Entmündigung durch das Delegieren der eigenen Sensibilitäten an digitale Technologien einhergeht, wird durch das Design kompensiert werden. Das Motorrad wird zum hoch begehrten Mobilitäts-Fun-Tool. Es wird eine Kompensation der verlorenen Romantik beim Auto stattfinden. Das Motorrad wird emotional. Es stimuliert und dient der individuellen Wunscherfüllung.

Die Romantik verlor sich auch durch die gleichartigen, somit langweiligen Erscheinungsbilder im SUV-Style. Der Trenc, das Auto zum autonomen, informativ vernetzten Kokon zwischen Haus und Businessstätte zu gestalten, ist längst nicht mehr aufzuhalten. Damit büßt das Auto viel von der bisherigen, selbstbestimmten Fahrweise und gehörig an Faszination ein. Alles, was in seiner „romantischen Vergangenheit" der Begriff „Auto" beinhaltete, könnte sich aber nun auf den Begriff „Motorrad" übertragen.

Die ökologischen und verkehrstechnischen Probleme zwingen auch das Motorrad in der Nutzung zu einer angemessenen, geänderten Gangart. Das könnte auch das fahrerische Ausleben der Kraftentfaltung des Produkt-Images beeinflussen.

Das Motorrad mit seinen faszinierenden Details, mit der erforderlichen, doch selbst bestimmten Bedienungsabläufen und mit seiner symbolischen physischen Verbundenheit zum Menschen, Stichwort „Zentaur", könnte zum neuen Objekt der Begierde werden. Somit wäre die Frage nach der heutigen und zukünftigen Existenzberechtigung des Motorrads als individuelle, agile wie flexible, effiziente und emotional erfüllende Form der persönlichen Mobilität beantwortet.

Ein französischer Motorradmechaniker bringt es auf den Punkt: „Ein gutes Motorrad muss nicht unbedingt das schnellste sein, aber es muss Charakter und eine Seele haben."

Das Motorrad der Zukunft ist nicht durch eine schmissige, einfach mal so hingeworfene Designdarstellung – einem „Buidl", wie es zumeist salopp, wie entwertend von so manchem Auftraggeber bezeichnet wird – zu entwerfen. Ein neues Produkt muss den aktuellen Gegebenheiten und Bedingungen genau entsprechen. Denn diese Faktoren beeinflussen den Menschen in seinen zukünftigen Bedürfnissen, Möglichkeiten, Wünschen und Verhaltensweisen. Der Wechsel vom Telefon über das Handy zum Smartphone etwa war eine kontinuierliche, logische Entwicklung. Die Umwandlung vollzog sich nachvollziehbar. Sie entsprach dem Wunsch der Gesellschaft nach spontaner Kommunikation und ständiger Erreichbarkeit. Erkennbare Gedanken zu einem zukünftigen Image des Motorrads zeigten bisher KTMs schwedische Tochter Husqvarna mit ihren Vitpilen-Modellen und Yamaha mit der MT-9. Beide wenden sich in der fast spartanisch auf Technik fokussierten Gesamtauslegung dem Begriff „Motor-Rad" zu. Aber auch Honda mit dem Sports-/Café-Konzept schließt sich hier an, wobei die CTX 1300 und die NM4-VULTUS gegensätzliche Richtungen zu den Begriffen „Touren und Cruisen" aufzeigen.

Differenzierte Versuche in Richtung Zukunft beschreiten da die Firmen Suzuki und Yamaha. Erstere knüpft durch ein Re-Dressing der Katana emotional an die Motorrad-Ikone aus den 1980er-Jahren an. Yamaha wiederum präsentiert mit dem Modell „Niken" eine technisch höchst aufwendige wie ungewöhnliche Interpretation.

Mit seiner bumerangförmigen Zukunftsprojektion „Vision Next 100" feierte die BMW-Motorrad-Sparte das hundertjährige Fir-

Ducati XDiavel, 2018 (links)
Husqvarna Vitpilen 701, 2018 (rechts)

Honda Sports Café Concept, 2018

Honda NM 4 Vultus, 2014

Yamaha MT-09, 2017

Honda CTX 1300, 2014

menjubiläum im Jahr 2017. Diese soll, so der Pressetext, eine perfekte Einheit zwischen Mann und Maschine ergeben. Es ist die Verschmelzung des Piloten mit der Maschine. Er wird Teil des Ganzen in Optik, Akustik, Haptik und der Usability, um sich somit gedanklich in die wohl angestrebte neue, digital vernetzte Welt zu projizieren.

Der Begriff „Vision Next 100" ergibt jedoch keine klare Definition über die angestrebte Zielsetzung: Soll sie eine Projektion bis hin oder zum Jahr 2117 darstellen? Meiner Meinung nach sehr weit gegriffen, da ein Produkt immer ein Spiegel der jeweiligen Zeit ist. Obwohl älter in der Erstehung, erscheinen mir da meine Motorrad-Advanced-Studien „Moduro" und „S-X2", die ich in den 1970er- und 1980er-Jahren für BMW und Suzuki erstellt hatte, diesbezüglich weitaus näher und realisierbarer wie zukunftsträchtig. Aber es fehlte hier wohl letztlich der Mut zur Umsetzung.

Doch nach der – inzwischen aktualisierten – BMW-Studie haben die fernöstlichen Wettbewerber Honda, Suzuki und Yamaha mit eigenen gleichartigen Studien nachgezogen. Hier wurde wohl ihr Ehrgeiz angestachelt, besonders da doch elektronische Spielrafinessen eine Domäne der Japaner ist. Es scheint, dass man beim Motorrad eine ähnliche Tendenz hin zu in digitale Abhängigkeiten anstrebt, wie es beim Auto gerade heilversprechend gepredigt wird. Dies entspräche dann nicht dem wahren Begriff „Motor-Rad" und wäre das Gegenteil zu dem von mir angewandten Begriffs des „Zentauren" in dem

Yamaha Nikken, 2018

Suzuki Katana GSX 1000, 2018

harmonischen Zusammenspiel von Mann und Maschine. War bisher der Zentaur das Image der engen, Mann-Maschine-Verbindung, abgeleitet aus der Ross-Reiter-Verbindung, so strebt man nun danach, sich das moderne Ross elektronisch einfach gefügig zu machen. Teils durch direkte Ansprache, teils durch Handbewegungen oder per Module befiehlt man der Maschine, dem Menschen zu folgen, stehenzubleiben, sich zu ducken bis hin zum Schwänzeln, was eher einem hierarchischen Hund-Herrchen-Verhältnis entsprechen würde, mit der Ausnahme, dass man sich auf einen Hund nicht setzen kann.

Was ist hier die bezweckte Botschaft? Welche auch immer, mir scheint es, dass es sich um eine selbstverschuldete Entmündigung handelt, um eine Delegierung unserer Sensibilitäten und physischen Fähigkeiten an digitale Technologien, was auch eine Verlagerung der Verantwortungen bedeutet.

Im Streben nach Maximierung durch Delegierung und Reduzierung könnten sich die großen Hersteller auch beim Motorrad vermehrt auf die Erstellung von Basismodulen konzentrieren. Die spezifischen Wünsche der Kunden und Märkte hinsichtlich Individualisierung, Personalisierung oder Optimierung zur generellen Aufwertung wären dann Aufgabe der Händler, die

Triumph Thruxton 1200 R, 2018

stets näher am Kunden sind. Das Motto, aus „Eins mach meins" wird schon heute von einem der ältesten und größten BMW-Motorrad Händler nachvollziehbar und erfolgreich umgesetzt.

Die Firma BMW Motorrad Martin ist schon seit langem Anlaufstation für die professionelle Umsetzung individueller Motor-

Kawasaki ZX-1000 Ninja, 2018

radwünsche. Hervorgehoben soll an dieser Stelle auch die zur Auswahl bereits erstellten „Martin"-eigener Interpretationen von den seriengefertigten Modellen der BMW-Palette.

MV Agusta „Prova", 1980

Suzuki Studie SX-2, 1987

MV Agusta F4 Z „Zagato", 2016.

In der individuellen, aktiven Mobilität sind ein Fahrrad wie auch ein Auto ein Muss; ein Motorrad hingegen ist ein additives Extra, somit ein Kann.

„Martinizing" aber will die personalisierte Interpretation von „customized" beschreiben. Bei Martin wird der Händler zum aktiven Bindeglied zwischen den individuellen Vorstellungen der Klientel und der personalisierten professionellen Umsetzung. Der Händler ist nicht mehr nur reiner Vermittler zwischen Produkt, Hersteller und Kunde. Er gestaltet mit und betreibt eine Art „Instant design transfer". Das Ergebnis: Jede Maschine ist ein Unikat. Die real umgesetzte Zukunft hat hier schon längst begonnen!

Auf der Suche nach einer passenden Formel für die Zukunft könnten die Gedanken des italienischen Autors Italo Calvino Anregung (vgl. sein Werk „Sechs Vorschläge für das nächste Jahrtausend. Harvard-Vorlesungen") bieten. Diese waren zwar im Hinblick auf die zukünftige literarische Entwicklung gedacht, doch sie lassen sich frappierend auch auf andere kreative Disziplinen und Szenarien übertragen. In seinen sechs Vorschlägen für das nächste Jahrtausend, welches wir ja inzwischen betreten haben, vermittelt er Gedanken zu „Leichtigkeit – Schnelligkeit – Genauigkeit – Anschaulichkeit – Vielschichtigkeit und Haltbarkeit, im Sinne der Konsequenz". Diesen letzten, so wichtigen Gedanken konnte er nicht mehr formulieren. Er verstarb kurz vor der geplanten Abreise zu Vorträgen in die USA.

Die Voraussetzungen zur weiteren Entwicklung des Motorrads ist die Begeisterung dafür. In Japan gehört ein Motorrad zur

Fahrzeugkategorie „Motorized wheeler", somit ist die Anzahl der Räder nicht genau definiert.

Die kommenden Zeiten werden entscheiden, woher die Impulse kommen. In Sachen Zeit ist uns Japan hierzulande jedenfalls stets sieben bis acht Stunden voraus.

Alles was der König Kunde begeistert aufnahm, benutzte und womit er sich identifizierte, wurde nicht von ihm eigens erdacht, gewünscht oder gefordert. Es entstand auf Designer- und Herstellerseite durch individuelle Begeisterung und den Mut zu kreativ innovativen Impulsen und Umsetzungen; es wurde von engagierten Herstellern kreiert, entwickelt und produziert und dem Kunden offeriert. Die damit stets verbundenen Risiken wurden durch die eigene Überzeugung minimiert.

„Create opportunities" nennt es der Amerikaner, „Gambatene" der Japaner. Letzteres heißt soviel wie „Packen wir es an". Das sind die Formeln für unsere Zukunft, nicht nur für das Motorrad.

BMW Studie „Vision Next 100". Hier sind Fahrer und Maschine durch zuviel Digitaltechnologie voneinander entfremdet (oben rechts)

„Martinized" Editions-Modelle „Bavarian Nero" und „Daytona Sunset" (unten)

Glossar

Advanced	fortgeschritten, fortschrittlich
Amilcar CGSS	französischer 1,7 Liter, 4-Zylinder Sportwagen der 1920er Jahre aus St. Denis/Paris
Ästhetik	Wissenschaft von den sinnlich wahrnehmbaren Erscheinungen durch den Menschen
Beemer	englisch/amerikanische Bezeichnung des BMW Boxermotors und zugleich der BMW Boxer-Motorräder
Blue-Smoke	Unbegrenztes, phantasievolles Denken
Bugatti 35	Bugatti-Baureihe, 1924, die zu einer der erfolgreichsten Renn- und Sportwagen der Motorsportgeschichte der 1930er Jahre aufstieg
Bumper	englisch für Stoßstange oder vorderer & hinterer formintegrierter Aufprallschutz
Borani	italienischer Hersteller für Speichenräder im automobilen Bereich
Briefing	Beschreibung und Auflistung aller das Produktdesign betreffenden Anforderungen
CAD	computergestützte Ausarbeitungen, in Design und Technik
Clay-Modell	im Design angewandte Modellbautechnik mittels Industrie-Plastilin
Cockpit	beim Motorrad als kleine Frontverkleidung mit integrierten Instrumenten bezeichnet
Corporate Design	Wiedererkennbares Unternehmens-Erscheinungsbild
Corporate Identity	nach innen und außen gerichtete Selbstdarstellung eines Unternehmens
Creative Sketching	spontane Sichtbarmachung einer Design-Idee als Form-Image, meist mit Stift oder Kugelschreiber
Customizing	individuelle Umgestaltung eines bestehenden Produktes
Dawn Patrol	unerwarteter Besuch vom höheren Management
Design	Gestaltungsplanung zu einem umfassenden Problemlösungsprozess für Produkte und Dienstleistungen
Design Language	erkennbare, generelle und spezifische Gestaltungsform eines Designers oder Herstellers
Design Referenzmodell	nicht funktionsfähiges Modell, welches das zukünftige Erscheinungsbild des Produkts exakt wiedergibt
Ergonomie	Wissenschaft von der Anpassung des Produkts an den Menschen
Equinox	bezeichnet die absolute Gleichheit und Übereinstimmung
Facelifting	optische Korrektur oder formales Up-Dating eines bestehenden Modells
Feasibility	Durchführbarkeit, Machbarkeit einer Entwicklung
Flyline	durchgängig nachvollziehbare Formen integrierende Gestaltungslinie eines Design-Themas
Funktionsmodell	Modell zur Überprüfung technischer Funktionen, unabhängig vom Design
Gadgets	additive technische Spielereien ohne Fahrzeug-relevante Funktionen
GFK	glasfaserverstärkter Kunststoff
Industrial Design	Gestaltungsplanung von industriell herstellbaren Produkten oder Systemen, zugleich kultureller, gesellschaftlicher, strategischer und ökologischer Faktor
IFMA	internationale Fahrrad- und Motorrad-Ausstellung
IMOT	Internationale Motorrad-Ausstellung
Image	beanspruchtes Aussehen, Renommee, auch als Vorstellungsbild eines Designs und Produkts verwendet
Lastenheft	Auflistung aller das Produkt betreffenden Anforderungen, Funktionen und Zielausrichtungen
Lean-Machine	dreirädrige Fahrzeug-Studie von GMC, bei der die Kabine sich in die Kurve neigt
Leporello	buchartig gefalteter Bogen, dessen Seiten harmonikaähnlich auseinandergezogen werden können: hier verwendet als beliebige Vielfältigkeit
Manolo Blahnik	spanischer Schuhdesigner, der Schuhe als „flüchtige Augenblicke" bezeichnet
Mock-Up	Begriff für ein nicht funktionsfähiges Designmodell im Maßstab 1:1 (auch in kleineren Maßstäben)
Nardi Lenkrad	italienisches Autolenkrad aus Aluminium mit hölzernem Griffkranz
Orje	Berliner Comic-Figur: keck, frech und nicht unterzukriegen
Package	technische Zeichnung, welche alle festgelegten und erforderlichen Schlüsselmaße zu den technischen, ergonomischen und gesetzlichen Anforderungen an ein Fahrzeug beinhaltet
Pininfarina	italienischer Karossier und Fahrzeugentwickler mit entsprechenden Versuchswerkstätten (Windkanal)
Produktidentität	nachvollziehbar erkennbare Produktaussage zu den Ansprüchen eines Herstellers
Prototyp	handgefertigtes Modell einer Neuentwicklung, welches in Form und Funktion weitgehend dem späteren Serienmuster entspricht
Re-Design	gestalterische Überarbeitung hinsichtlich Aktualisierung und Optimierung eines bestehenden Produktes
Rendering	manuell angefertigte, repräsentative Darstellung
Scribble	englisch für schnell angefertigte Freihandskizze
S.I.E.	Suzuki International Europe
Sketch	englisch für manuelle, zeichnerische, jedoch nicht verbindliche Darstellung mittels Stift oder Kugelschreiber
SMC	Suzuki Motor Corporation
Struktur	organische Gegebenheit
Styling	Im Gegensatz zu Design bezieht sich Styling nur auf die Oberfläche orientierte und reduzierte Produktkosmetik
Studie	zwei- oder dreidimensionale Entwurfsdarstellung
Tape Rendering	Darstellungstechnik für Fahrzeugkonturen mittels Tapes, selbstklebende Bänder in diversen Größen
Touch-Up	letzter Check an und zu Allem, besonders vor Präsentation
Usability	Bedienungsfreundlichkeit eines Produkts und Überprüfung der logischen und intuitiven Ablaufprozesse einer Handhabung
Vignale	bekannter italienischer Karosseriebauer
Wahrnehmungen	die fünf Sinne: akustisch, haptisch, optisch, taktil, olfaktorisch (siehe auch Ästhetik)
Zentaur	griechisches Fabelwesen, oben Mensch unten Pferd; beim Motorrad analog, meine Mensch-Maschine-Philosophie